십대에게 들려주고 싶은

밤하늘 이야기

십대에게 들려주고 싶은 밤하늘 이야기

에밀리 윈터번(Emily Winterburn) 지음 | 어충호 옮김

The Stargazer's Guide

How to Read Our Night Sky

갈매나무

차례

화보

오스트레일리아 원주민 천문학 프로젝트(Australian Aboriginal Astronomy)를 이끄는 레이 노리스Ray Norris의 아들인 바너비 노리스Barnaby Norris가 찍은 사진(Barnaby Norris 제공, www.emudreaming.com 참고). 밤하늘의 에뮤자리와 그 아래의 에뮤 암각화를 보여 준다. 관련된 내용은 106~108쪽에서 확인할 수 있다.

제임스 비셀 토머스James Bissell-Thomas의 생각에 기반을 두고 만들어진 이 천구의는 전통적인 별자리들을 루이스 캐럴이 쓴 《이상한 나라의 앨리스》에 나오는 인물들로 대체했다(Globemakers Greaves & Thomas(www.globemakers.com) 제공). 관련된 내용은 121~123쪽에서 확인할 수 있다.

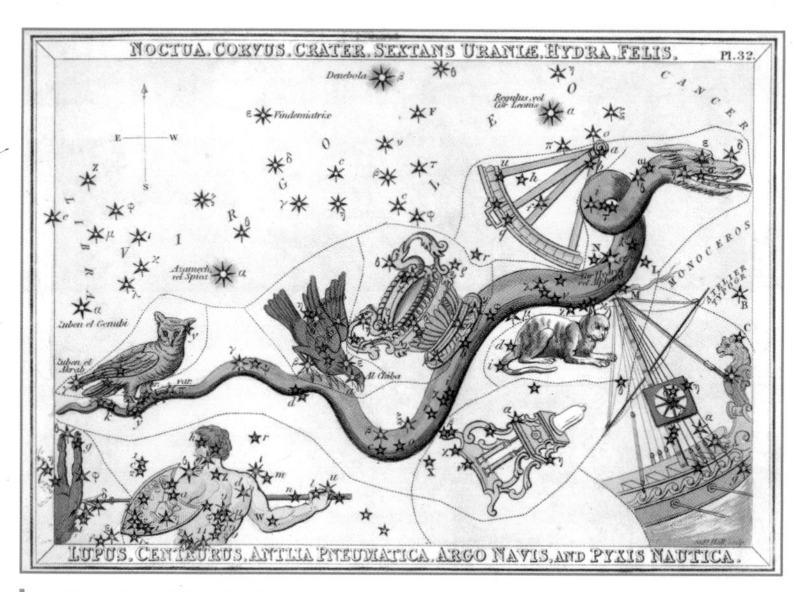

바다뱀자리가 더 작은 별자리들로 둘러싸여 있는 이 그림은 19세기의 교육용 카드인 '우라니아의 거울Urania's mirror'에 그려진 것이다(National Maritime Museum, Greenwich, London 제공). 작은 별자리들 중에는 새로 만든 별자리도 있고, 오래된 별자리도 있고, 오늘날 더 이상 사용되지 않는 별자리도 있다. 관련된 내용은 136~137쪽에서 확인할 수 있다.

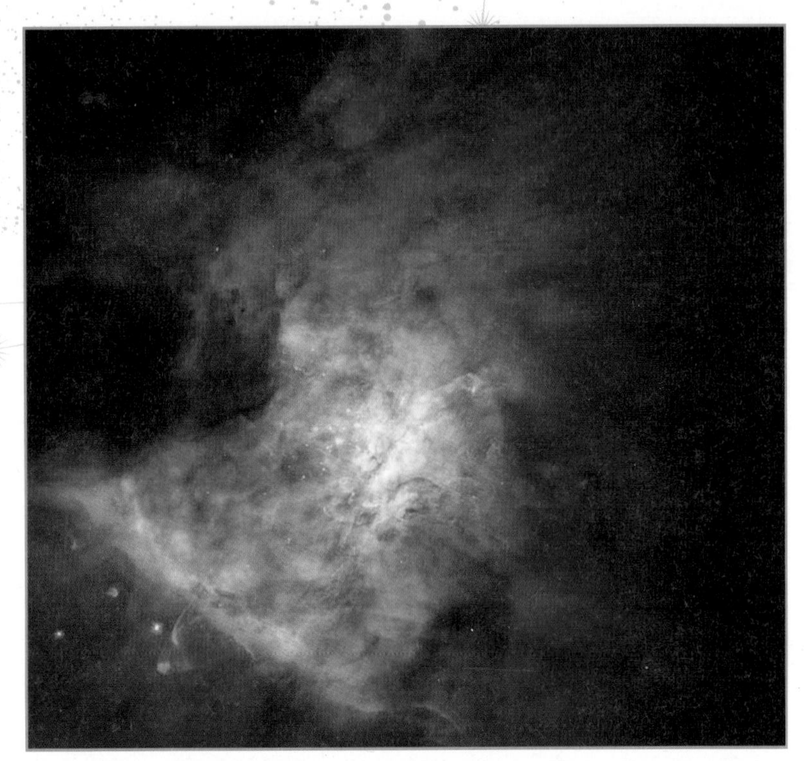

허블 우주 망원경으로 촬영한 오리온성운(STScI, NASA, C.R. O'Dell and S.K. Wong(Rice University) 제공). 오리온성운에서는 별들이 탄생한다. 뿐만 아니라 원시 행성 원반도 많이 발견되어, 지금까지 발견된 태양계는 전체 중 일부에 지나지 않는다는 것을 말해 준다. 관련된 내용은 195~196쪽에서 확인할 수 있다.

아마추어 천문학자이자 천체사진가인 로버트 젠들러가 찍은 안드로메다 은하(M31) 사진(Robert Gendler 제공). 안드로메다은하와 관련된 내용은 236~238쪽에서 확인할 수 있다.

헤르쿨레스 구상 성단(STScI(http://hubblesite.org) 제공). 관련된 내용은 68~70쪽에서 확인할 수 있다.

1995년 인도에서 관측된 개기 일식(Fred Espenak, NASA/Goddard Space Flight Center 제공 http://eclipse.gsfc.nasa.gov/eclipse.html 참고). 관련된 내용은 99~100쪽에서 확인할 수 있다.

산개 성단 중 하나인 플레이아데스 성단(Robert Gendler 제공). 관련된 내용은 315~316쪽에서 확인할 수 있다.

프롤로그

밤하늘 여행자를 위한 안내서

수많은 별이 반짝이는 밤하늘은 바다처럼 우리에게 경이감을 불러일으킨다. 도시의 밝은 불빛에 방해를 받지 않는 들이나 산, 사막, 바닷가에서 밤하늘의 별들을 바라보고 있으면, 누구나 경이로운 감정에 쉽게 빠져든다. 광대한 우주 전체가(적어도 맨눈으로 보이는 우주 전체가) 바로 우리 눈앞에 펼쳐져 있다! 밤하늘은 그 자체만으로도 충분히 아름답고 매력적이다. 하지만 밤하늘의 역사와 과학을 좀 안다면, 밤하늘을 감상하는 일이 더 즐거워질 것이다.

천체 관측은 여러 가지 면에서 눈으로 보는 역사와 비슷한 것이라고 할 수 있다. 밤하늘의 별들을 볼 때 우리는 과거를 본다. 밤하늘에서 길을 찾는 데 사용하는 패턴(별자리)은 오늘날의 연구에서 나온 게 아니라, 고대 문화 사람들이 만든 이야기에서 나왔다. 그리고 각각의 별에 대한 지식은 수백 년 혹은 수천 년 동안 축적된 연구와 이야기에서 나온 것이다. 게다가 우리가 지금 보는 별의 모습은 그 빛이 별을 떠나던 때의 모습이다. 지금 현재 그 별의 모습이 어떤지는 우리가 볼 수도 알 수도 없다. 예를 들어 알데바란은 65광년 거리에 있기 때문에, 우리가 보는 알데바란은 실제로는 65년 전의 모습이다.

별을 관측하는 사람들은 먼 옛날부터 늘 있었는데, 그들은 그저 밤하늘에 대해 좀 더 많은 것을 알고자 했을 뿐이다. 사실, 밤하늘의 별을 바라보면서 경이로움을 느끼는 것은 모든 인류의 보편적인 취미인 것 같다. 이 활동을 좀 더 과학적으로 발전시킨 분야가 천문학인데, 천문학은 인류 역사에서 오랫동안 점성술 중에서 실용적인 측면에 치중하는 한 갈래로 간주돼 왔다. 천문학자는 모든 별과 행성과 혜성의 위치를 정확하게 관측하고 기록한 반면, 점성술사는 그 자료를 바탕으로 지도자를 위해, 그리고 나중에는 돈을 지불하는 일반인을 위해 미래를 예언했다. 17세기 후반과 18세기의 천문학자들이 점성술사들의 주장을 반박하고 나서면서 천문학과 관련된 강연과 책, 게임이 일종의 '이성적 레크리에이션'으로 큰 인기를 끌게 되었다. 별과 별자리에 관한 이름이나 이야기를 배우고, 천문학의 최신 이론이나 발견에 대해 대화를 나누면서 저녁 시간을 보내는 것이 새로운 유행으로 자리 잡았다. 천문학자는 유명 인사로 인기를 끌었고, 일반 대중 사이에서는 천문학자의 강연을 듣는 것이 최신 유행에 동참하는 일이 되었다.

나는 과학, 특히 천문학 지식을 좀 알아야 최신 유행에 뒤처지지 않는다고 여기던 그 시절이 무척 부럽다. 유행에 둔감했던 청소년 시절에 나는 버크벡 칼리지Birkbeck College와 왕립연구소에서 과학 강연을 들으며 많은 저녁 시간을 보냈는데, 그 당시에는 그런 취미가 별난 행동으로 취급받았다. 나는 나중에 가서야 1790년대에는 이것이 오히려 시대 정신과 유행에 부합하는 취미였음을 알게 되었다.

과학에서 가장 오래된 분야 중 하나인 천문학은 매력적인 역사를 지니고 있다. 나는 이 책에서 과거에 하늘과 관련된 이야기가 전해지

〈켄트의 홉 상인과 광학 강연자The Kentish hop merchant and the lecturer on optics〉라는 이 판화 작품은 19세기 초에 제작되었다.(British Optical Association Museum/The College of Optometrists, London 제공)

던 방식을 깊이 파고들어 그것을 21세기의 청중에게 들려주고, 새로운 세대에게 천체 관측의 즐거움을 알려 주고 싶다.

대학 시절에 나는 물리학을 전공하면서 덤으로 천문학을 배웠다. 나는 지난 10년 동안 왕립 그리니치 천문대에서 천문학 컬렉션 큐레이터로 지내면서 하늘에서 볼 만한 게 뭐가 있고, 밤하늘은 왜 흥미로우며, 이전 세대들은 밤하늘을 어떻게 보고 해석했는지에 대해 때로는 배우고 때로는 남들에게 설명했다.

얼마 전에는 망원경과 그 매력을 보여주는 전시회를 기획하고 진행하는 일을 맡았다. 그 일을 위해 많은 천문학 시설에서 일한 경험이 있는 한 미술가와 그 프로젝트에 대해 토의를 했다. 그는 여러 가지 면에서 일반적으로 오늘날의 사람들이 천문학에 대해 아는 것이 이전 세대보다 더 적다고 했다. 도시에 사는 우리는 많은 별을 제대로 보지 못하며 은하수는 더더욱 말할 것도 없다. 우리가 매일 경험하는 에너지는 옛날처럼 조수와 강물의 흐름(이것들은 달의 움직임과 관련이 있음)에서 나오지 않고 전지와 발전소에서 만든 전기에서 나온다. 그리고 우리는 더 이상 별과 행성이 우리의 육체나 정신에 어떤 영향을 미친다고 믿지 않는다. 그러나 우리는 이런 상황에 변화가 일어나고 있는 것처럼 보인다는 데 의견이 일치했다. 여러 가지 이유로 우리는 환경에 더 많은 관심을 보이게 되었고, 많은 사람들이 자연계와의 관계를 다시 정립하기 위해 노력한다. 별, 별과 계절의 관계, 별과 시간과 밤낮의 자연적 리듬에 대한 지식은 그런 노력에 꼭 필요하다. 따라서 가까운 장래에 천문학이(아니면 적어도 천체 관측이) 큰 인기를 끄는 최신 유행으로 부활하는 모습을 다시 보게 될지도 모른다.

오늘날 우리는 밤하늘을 보기에 아름답고, 탐구할 만한 가치가 있고, (그리고 신문에 실리는 수많은 별자리 운세를 감안한다면) 미래에 대해 뭔가를 알려 주는 대상으로 여기는 경향이 있다. 그런데 역사적으로 볼 때 밤하늘은 이보다 훨씬 구체적인 효용이 있었다. 밤하늘은 달력과 시계를 만들고 조정하며, 땅 위와 바다에서 항행을 하고, 진단과 치료를 돕는 데 이용되었다.

고대 문화는 밤하늘에서 본 것을 바탕으로 지구와 하늘과 인류가 어떻게 탄생했는지 설명하는 이야기를 만들었다. 나중에는 신들이 우리에게 어떻게 살아가라고 가르쳤으며, 세상의 만물을 어떻게 만들어냈는가에 관한 이야기도 밤하늘과 관련지어 지어냈다. 오늘날 천문학자들은 다양한 도구를 사용해 우주를 관측하고, 개개의 별과 별들의 집단을 자세히 살펴본 결과를 바탕으로 여러 가지 질문에 대해 과학적 설명을 내놓는다. 그런 질문에는 별은 어떤 물질로 이루어져 있는가, 별은 어떻게 탄생하고 어떻게 종말을 맞이하는가, 별은 어떻게 움직이는가 등이 있다. 이 모든 것은 우리 자신과 세계를 바라보는 방식에 큰 도움을 준다.

옛날의 천체 관측자들은 창조 이야기와 신과 인간 사이의 상호 작용에 관한 이야기만 지어내는 데 그치지 않고, 그와 함께 체계적인 천체 관측 기록도 남겼다. 그들은 각각의 별과 행성이 뜨고 지는 것이 농사에 큰 영향을 미치는 계절 변화와 어떤 관계가 있는지 주목했다. 시간이 지나면서 자료가 쌓이자, 특별한 관계가 발견되었다. 예를 들면, 고대 이집트인은 큰개자리의 시리우스가 동트기 전에 떠오르면 연례 행사처럼 일어나던 나일 강 홍수가 시작된다는 사실을 발견했다. 나중에는 태양과 별들의 규칙적인 움직임을 이용해 밤낮을 작은 단위들로 쪼개고, 낮에는 해시계를, 밤에는 아스트롤라베astrolabe를 사용함으로써 시간을 알 수 있었다.

배들이 지형지물이 전혀 없는 망망대해로 모험 여행에 나서자 별들은 유일한 항해 표지로 그 중요성이 점점 더 커졌다. 별에 대한 지식이 있으면, 동서남북 좌표를 쉽게 파악할 수 있었다. 또한 적절한 천문표를 사용하여 별들을 관측함으로써 배가 있는 곳의 경도(영국의 그리니치를 지나가는 본초 자오선을 기준으로 동서로 얼마나 멀리 떨어져 있는지를 나타내는 위치)를 알 수 있었다. 육지에서도 별들은 지형지물이 없는 사막이나 그 밖의 황야를 항행하는 사람들이 자신의 위치를 파악하는 데 큰 도움을 주었다. 옛날의 과학 장비들을 자세히 살펴보면, 나침반이 없던 시절에 여행을 하던 이슬람교도들이 메카를 찾아갈 때 별들을 사용했다는 사실을 알 수 있다.

시간 측정과 항해는 천문학에 가치 있는 목적을 부여함으로써 초기에 국가적 지원을 전폭적으로 이끌어 내는 데 큰 도움이 되었지만, 사실 천문학이 발전하는 데 가장 크게 기여한 것은 점성술이었다. 고대 그리스 시대부터 의학과 점성술은 서로 밀접한 관계에 있었다. 행성들은 점액의 균형을 변화시키고, 황도 12궁의 각 별자리는 인체에서 각각 다른 부분을(예컨대 양자리는 머리를, 물고기자리는 발을) 지배한다고 알려져 있었다. 진단은 별점을 토대로 내렸고, 치료는 점성술과 적절한 연관이 있는 식물이나 광물을 선택하는 방법을 바탕으로 했다.

1세기 무렵에 이르자 이 이론은 더 확장되어 육체뿐만이 아니라 마음과 성격 또는 기질도 별과 행성에 영향을 받는다는 생각이 널리 퍼졌다. 세계 역사에서 일어난 주요 사건을 점성술에서 중요한 하늘의 변화와 연결 짓는 이론들도 나왔다. 그래서 인류의 역사 자체가 인간과 하늘을 연결하는 관계와 밀접한 관련이 있다고 믿게 되었다. 게다가 개인적으로 별점을 치는 일도 유행했는데, 뻔뻔한 사기꾼뿐만 아니라 유명한 천문학자도 별점에 몰두했다. 오늘날의 천문학자들은 별점을 치지 않지만, 400년 전만 해도 별점은 많은 천문학자에게 중요한 호구지책이었다. 케플러의 법칙을 비롯해 천문학과 수학 분야에서 중요한 이론을 많이 발견한 요하네스 케플러Johannes Kepler는 평생 동안 별점을 약 400번이나 친 것으로 알려져 있다.

이 책의 목적은 하늘의 모습을 여러분에게 생생하게 보여 주기 위한 것이다. 그래서 나는 별자리들을 일반인을 위한 다수의 천체 관측 안내서처럼 알파벳순으로 소개하는 대신에 하늘에서 그 별자리가 잘 보이는 달에 따라 분류했다. 이 책은 순전히 아마추어 천문인을 위해 쓴 것이 아니다. 물론 아마추어 천문인도 얼마든지 볼 수 있지만, 이 책은 하늘에서 별자리를 하나 발견할 때마다 하나씩 체계적으로 체크 표시를 해 나가며 봐야 하는 전통적인 교과서 같은 천체 관측 안내서가 아니다. 독자들은 성도를 이용해 큰곰자리를 찾은 뒤, 그 곰의 아들인 작은곰자리를 찾고 싶은 마음이 들 수도 있다. 혹은 목동자리의 목동을 따라가 보고 싶은 생각이 들 수도 있는데, 목동은 사냥개자리의 사냥개들을 데리고 북극성 주위를 도는 곰들에게 길을 안내하기 때문이다. 또, 이 별자리들이 어떻게 생겨났는지 궁금할 수도 있고, 여러 별자리에 얽힌 이야기를 알고 싶을 수도 있다.

별자리에 관한 그리스 신화는 이 책에서 여러분이 읽게 될 이야기 중 서막에 지나지 않는다. 국제적으로 공인된 별자리는 모두 88개가 있다. 그중에서 고대 그리스인이 묘사한 별자리는 48개뿐이다. 그 후 나머지 별자리들을 발견하고 정한 이야기도 흥미진진하다. 그리고 우리에게서 가장 가까운 별인 태양이 있다. 태양을 맨눈으로 직접 쳐다보는 것은 아주 위험하지만, 태양은 아마추어 천체 관측자와 전문 천문학자 모두에게 별을 아주 가까이에서 관측할 수 있는 기회를 제공한다. 특히 일식은 이 특별한 사건을 관측하려고 세계의 오지로 여행을 떠나기에 좋은 핑계뿐만 아니라, 별의 바깥층 대기를 자세히 관찰할 수 있는 기회도 제공한다. 달과 행성에 관한 이야기는 지나가는 길에 짧게 언급하는 정도로 그칠 텐데, 이 책은 어디까지나 별을 보는 사람들을 위한 안내서이기 때문이다. 달과 행성은 별이 아니므로, 별과 혼동해서는 안 된다. 이 점은 혜성과 유성도 마찬가지다. 달과 행성을 이 책에 포함시키지 않은 또 한 가지 이유는 이 천체들은 일 년을 주기로 규칙적으로 나타났다 사라졌다 하지 않아 월별로 분류한 밤하늘의 별 안내서에서 어디다 끼워 넣어야 할지 애매하기 때문이다. 달은 하늘에서 불규칙한 길을 따라 움직여 18년에 한 번씩 같은 장소로 되돌아온다. 행성은 관측하기가 더 어려운데, 얼핏 보기에는 별과 아주 흡사해 보인다. 행성은 지구처럼 태양 주위를 돌지만, 태양 주위를 도는 속도가 제각각 다르다. 그래서 행성은 다른 별자리들과 보조를 맞추지 않으며, 그 사이에서 이리저리 마음대로 돌아다니는 것처럼 보인다. 물론 행성이 실제로 별들 사이를 돌아다니는 것은 아니지만, 지구에서 볼 때에는 별들 사이로 이리저리 움직이는 것처럼 보인다. 실제로는 별은 행성보다 훨씬 먼 곳에 있다. 이 책에서는 혜성과 유성우, 위성도 각자가 지닌 나름의 이야기와 함께 다룬다. 즉, 이들 천체가 어떻게 발견되었고, 옛날 사람들과 다른 문화권은 이 천체들을 어떻게 해석했으며, 그리고 인공위성은 어떻게 그곳에 올라가 있는지도 살펴볼 것이다.

천문학은 항상 큰 인기를 끈 과학 분야였는데, 그것은 낭만적인 매력이 있기 때문이다. 별에 관한 동요와 시도 아주 많으며, 영화에서도 별을 바라보는 장면을 특별히 매력적이고 상상력이 풍부하고 이상주의적인 인물을 등장시키는 장치로 사용할 때가 많다. 18세기와 19세기에 큰 인기를 끌었던 카드 게임과 보드 게임, 장난감을 박물관에서 볼 수 있다. 오늘날 천문학 게임과 책, 강연, 모임은 범위가 훨씬 좁고 더 헌신적인 '아마추어 천문학'의 청중을 대상으로 삼는 경향이 있다. 이러한 활동은 아주 매력적인 취미 활동인데, 천문학은 아마추어도 중요한 발견을 할 수 있는 몇 안 되는 과학 분야 중 하나이기 때문이다. 1995년에 미국의 아마추어 천체 관측자 토머스 밥Thomas Bopp은 천문학자 앨런 헤일Alan Hale과 동시에 새로운 혜성을 발견하여, 그 혜성에는 '헤일-밥 혜성Hale-Bopp Comet'이란 이름이 붙었다. 하지만 그저 하늘의 낭만에 흥미를 느끼는 보통 사람들은 이처럼 매우 헌신적인 열정과 노력이 필요한 아마추어 천문학 활동은 엄두를 내기 어렵다.

이 책은 바로 그러한 사람들, 즉 하늘의 별을 취미로 바라보는 평범한 사람들, 특히 한창 꿈이 많은 시절을 보내고 있는 청소년들을 위해 썼다. 이들은 별을 바라보면서 자신이 바라보는 것에 대해 더 많은 것을 알고 싶어 하는 사람들이다. 별을 보는 데에는 별다른 장비가 필요 없다. 편안한 자리와 성도 정도만 있으면 충분하다. 대부분의 사람에게 별 보기는 시간이 날 때 가끔 일상에서 벗어난 장소로 가 편안하게 할 수 있는 취미 활동이다. 도시의 불빛과 구름 낀 날씨를 피해 별을 보려면 휴일에 시골이나 해변으로 가는 게 좋다. 때로는 사막 같은 장소로 모험을 떠나는 것도 생각해 볼 만하다.

도시의 밝은 불빛에서 벗어나면 하늘에 갑자기 많은 별이 나타나기 때문에, 하늘의 별들을 체계적으로 분류한 별자리를 왜 만들었는지 금방 이해가 된다. 별자리를 도로 표지처럼 잘 활용하면 하늘에서 길을 잃지 않고 돌아다닐 수 있다. 그런데 도시에서도 별자리를 이루는 밝은 별을 일부 볼 수 있다. 예를 들면, 큰곰자리와 오리온자리에는 밝은 별이 여러 개 포함돼 있어, 고층 건물이 빽빽하게 들어선 장소에서도 이런 별들을 볼 수 있다.

여러분이 서 있는 장소가 지구 위 어느 곳이건, 별들은 항상 나머지 모든 별들과 함께 움직이는 것처럼 보인다.(물론 실제로 움직이는 쪽은 별이 아니라, 지구와 우리 자신이다.) 행성들은 별자리들 사이에서 이리저리 돌아다니는 것처럼 보이는데, 태양과의 거리와 실제 운동 속도에 따라 움직이는 속도가 달라 보인다. 혜성은 몇 개월 동안 나타났다가 다시 사라진다. 위성은 수십 분 간격으로 나타났다 사라지는 반면, 유성(별똥별)은 하늘에서 갑자기 길게 선을 그리며 나타났다가 불과 몇 초 만에 사라진다. 이 책은 이런 현상들의 차이점을 알려 주고, 여러분이 본 것을 해석하는 방법을 설명할 것이다. 그리고 그것들을 보려면 어디를 보는 게 가장 좋은지 가르쳐 줄 것이다.

이어지는 장들에서 우리는 달별로 하늘을 여행하면서 그 달에 볼 수 있는 별자리와 각 별자리를 이루는 별들을 만날 것이다. 각각의 별자리와 별은 그리스 신화나 역사적 발견 이야기나 점성술의 예언 같은 나름의 이야기를 담고 있다. 이 책을 다 읽고 나면, 여러분은 구름이 없는 밤이면 항상 밖으로 나가 하늘을 바라보고 싶어 몸이 근질근질할 것이다. 심지어 옛사람들처럼 열정에 사로잡혀 하늘을 바라볼지도 모른다.

1

4월, 곰 두 마리

별을 보는 것은 마치 우리와 함께 돌아다니는
살아 있는 박물관을 가진 것과 같다.
그리고 그곳에 전시된 작품들은 인간이자
세계 문화의 일부인 우리 자신에 대해
소중한 비밀을 알려 준다.

밤하늘 여행의 시작

내가 언제부터 별을 보는 사람이 되었는지는 나도 잘 모른다. 큰곰자리, 작은곰자리, 오리온자리를 처음 배운 때가 정확하게 언제인지 기억이 나지 않는데, 이 사실로 미루어보아 아주 어렸을 때 배웠을 것이다. 1986년에 세상을 떠들썩하게 하면서 돌아온 핼리 혜성을 보려고 애썼던 기억은 나지만, 그런 흥미가 천문학에 대한 완전한 열정으로 바뀐 시점이 정확하게 언제인지는 기억나지 않는다. 하지만 별을 보는 것은 단순히 취미 활동이 아니다. 그것은 사그라지지 않고 계속 이어지는 호기심에 더 가깝다. 별을 보는 것은 마치 우리와 함께 돌아다니는, 살아 있는 박물관을 가진 것과 같다. 그리고 그곳에 전시된 작품들은 인간이자 세계 문화의 일부인 우리 자신에 대해 소중한 비밀을 알려 준다.

천체 관측은 집에서 조용하게 하는 활동이 될 수도 있다. 여러분 중에는 이미 그렇게 하고 있는 사람도 있을 것이다. 겨울철에 어둠이 깔린 시각에 일을 마치고 집으로 돌아가면서 하늘의 별을 바라볼 수도 있다. 거기서 잘 알려진 별자리들을 몇 개 알아볼 수도 있을 것이다. 예를 들면, 북반구에서는 큰곰자리를 볼 수 있고, 남반구에서는 남십자자리를 볼 수 있다. 둘 다 외딴 벽지는 물론이고 혼잡한 도시 중심에서도 쉽게 볼 수 있다. 두 별자리는 천체 관측의 출발점으로 삼기에 아주 좋은 표적이다. 이들의 이야기는 덜 알려진 별자리들까지 함께 끌어들이며, 이 별자리들을 둘러싼 신화는 하늘이 어떻게 움직이는지 단서를 제공하고, 이것은 다시 같은 현상에 대한 현대적 설명으로 이어진다. 이들이 안내하는 생각과 문제, 역사와 과학적 개념은 우리가 일 년에 걸친 별 관측을 시작하는 데 아주 훌륭한 기반을 제공한다.

가장 잘 알려진 이 별자리들이 관측하기 편리한 하늘 한복판에 오는 4월에 우리의 여행을 시작하기로 하자. 이것은 옛날 사람들과 천문학이 점성술에 진 빚을 인정하는 행동이기도 하다. 점성술사는 일 년의 시작을 봄으로 잡았다.(이것은 지금도 마찬가지인데, 대부분의 별자리 운세를 보면 백양궁, 즉 양자리부터 시작한다.) 봄은 전통적으로 새로운 시작, 새로운 사람, 농사의 시작과 밀접한 관련이 있는 것으로 간주되었다. 고대 문명에서 별들을 관측하고 별자리를 만든 한 가지 이유는 봄부터 시작해 각 계절이 시작되는 때를 예측하기 위해서였다. 황도대에 위치한 별자리들은 이 예측에 아주 중요한 단서를 제공했는데, 황도 12궁의 각 별자리를 묘사한 그림은 지금도 해당 계절을 강하게 암시하는 것이 많다. 처녀자리를 묘사한 처녀는 여름의 열매를 상징하는 옥수수 이삭을 들고 있고, 양자리는 전통적으로 수컷의 생식력과 새로운 생명의 시작을 상징하는 숫양으로 묘사했다. 이론적으로는 일 년은 어떤 시점에서 시작해도 된다.(오늘날 사용하고 있는 그레고리력은 일 년이 1월 1일부터 시작하지만, 이것은 임의적으로 선택한 것이다.) 하지만 이 책은 천체 관측과 그 유산을 다루는 책이므로, 북반구에서 춘분이 막 지난 시점인 4월을 일 년의 시작으로 잡는 게 적절해 보인다.

관측을 방해하는 도시의 불빛

나는 줄곧 도시에서 살아왔다. 도시에서는 별을 보기가 무척 어려운데, 거리의 불빛뿐만 아니라, 높은 건물과 거기서 뿜어져 나오는 조명이 아주 밝은 별 몇 개만 빼고 나머지 별들의 빛을 집어삼키기 때문이다. 그래서 도시에서는 아주 맑은 날 밤에도 극히 일부 별만 볼 수 있다.

천문학자들과 환경 단체들은 광공해光公害 문제를 줄이기 위해 다양한 캠페인을 벌이고 있지만, 아직까지 그 성과는 미미하다. 하지만 도시의 밝은 불빛 문제를 해결하는 데 도움을 주는 방법들이 있다. 예를 들면, 유럽 북방 천문대의 다양한 천체 망원경이 설치돼 있는 카나리아 제도의 테네리페 섬과 라팔마 섬에서는 천문학자의 어두운 밤을 보호하기 위한 법이 시행되고 있다. 가로등은 거리만 비추고 하늘을 비추지 않도록 반드시 아래쪽을 향해 설치해야 한다. 게다가 광고판 같은 옥외 조명을 규제하는 법도 있다. 그런데 어두운 밤은 단지 천문학자에게만 좋은 게 아니다. 환경운동가들도 에너지 낭비를 줄일 수 있다는 측면에서 어두운 하늘을 좋아한다. 또, 환한 밤은 곤충과 새를 비롯한 동물의 생체 시계에도 영향을 미쳐 포식 동물의 공격에 취약하게 함으로써 생태계의 균형을 깰 수 있다.

미국항공우주국NASA의 인공위성이 밤에 지구를 찍은 사진을 보면 이 문제가 얼마나 심각한지 감을 잡는 데 도움이 된다.(사실, 다음 사진은 각 나라가 밤에 어떻게 보이는지 보여 주기 위해 여러 장의 사진을 합쳐 만든 것이다.)

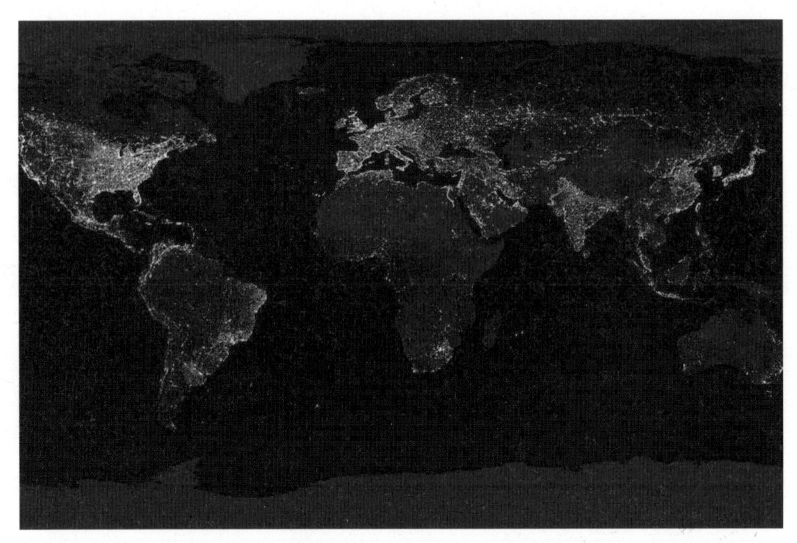

밤중에 우주에서 촬영한 지구의 모습을 보면, 도시 지역의 광공해 문제가 얼마나 심각한지 알 수 있다.(NASA Visible Earth(http://visibleearth.nasa.gov) 제공)

위 사진을 보면 북아메리카와 유럽, 일본은 별을 보기에 좋지 않은 장소라는 걸 알 수 있다. 그뿐만이 아니다. 도시들이 많이 모인 지역이 어느 정도나 밝은지도 알 수 있다. 어느 한 나라를 선택해 자세히 살펴보면, 이 점은 더욱 분명해진다.

다음 페이지에 있는 사진은 영국을 보여 주는데 런던과 리즈, 맨체스터, 리버풀 같은 대도시 지역이 아주 밝게 빛나는 것을 볼 수 있다. 반면에 도시에서 멀리 떨어진 지역일수록 어둡다. 특히 스코틀랜드 북부와 웨일스 지역은 광공해가 거의 없어 별을 보기에 환상적인 장소이다.

따라서 밤하늘을 관측하려고 할 때에는 어디가 가장 좋은 장소인지 생각할 필요가 있다. 도시에서도 아주 밝은 별이나 행성을 볼 수 있고, 때로는 혜성이나 위성도 볼 수 있지만, 그 밖의 것은 보기가 어렵다.

이 사진은 밤에 영국의 도시들이 얼마나 밝은지 잘 보여 준다. 빨간색으로 나타난 지역이 광공해가 심한 곳이다.(Campaign to Protect Rural England 제공)

반면에 사막이나 넓은 바다 한가운데에서는 맑은 날 밤에 믿을 수 없을 만큼 많은 별을 볼 수 있다. 다만, 별이 너무 많다 보면 익히 알던 별자리를 찾기가 힘들 수 있다. 따라서 현실적으로는 대도시에서 멀리 떨어진 시골이나 바닷가 지역이 가장 좋은 관측 장소일 수 있다. 도시 지역에서 멀리 떨어진 야영장이나 축제 장소도 괜찮다. 그러니 평소에 잘 보이지 않던 별자리를 보려면, 이런 장소들을 선택하는 게 좋다.

큰곰자리

하지만 4월의 두 주요 별자리인 큰곰자리와 남십자자리는 도시에서도 충분히 볼 수 있다. 큰곰자리는 가장 오래된 별자리 중 하나로, 이 별자리에 얽힌 신화는 이미 그 이름이 알려 준다. 4월에는 큰곰자리가 바로 머리 위에 보인다. 봄철 성도를 펼쳐 보면, 중앙 부근에서 큰곰자리를 찾을 수 있다. 익히 아는 이 별자리를 찾았으면, 곰의 등을 이루는 두 별(메라크에서 두베 쪽으로)을 지나 죽 나아가면 아주 밝은 별에 이르게 된다. 이 별이 바로 북극성이다. 북극성이란 이름은 하늘의 북극에 해당하는 별이란 뜻인데, 지금은 전체 하늘이 이 별을 중심으로 빙빙 도는 것처럼 보인다. 하지만 세차 운동 때문에 이 상태가 영원히 유지되지는 않는다. 세차 운동이란 팽이가 약간 기울어진 채 돌 때, 기울어진 그 회전축이 천천히 원을 그리며 도는 것처럼 지구의 자전축이 오랜 시간에 걸쳐 서서히 움직이는 것을 말한다. 따라서 시간이 지나면, 북극점 바로 위에 있는 별이 북극성이 아닌 다른 별로 변하게 된다. 세차 운동은 지구 주위의 천체들이 끌어당기는 힘인 중력 때문에 생기는데, 특히 태양과 달의 중력이 가장 큰 영향을 미친다.

북극성은 현재 하늘의 중심에 있는 별일 뿐만 아니라, 작은곰자리의 꼬리 끝 부분이기도 하다. 목동자리를 찾으려면, 다시 큰곰자리로 돌아가야 한다. 구부러진 꼬리를 따라 죽 나아가면, 또 하나의 밝은 별에 이르게 된다. 아르크투루스는 목동자리에서 가장 밝은 별인데, 성도를 참고하면 아르크투루스 위쪽에서 목동자리를 이루는 나머지 별들을 확인할 수 있다. 마지막으로, 목동이 데리고 다니는 사냥개인 사냥개자리를 큰곰자리의 꼬리 바로 아래에서 찾을 수 있다.

밝은 별들이 알려주는 것들

목동자리의 아르크투루스는 밤하늘에서 아주 밝은 별이다. 그 이름은 '곰의 수호자'란 뜻인 그리스어 '아르크투루스Arktourus'에서 유래했다. 아르크투루스는 실시 등급(겉보기 등급이라고도 함)이 −0.05 등급으로, 큰개자리의 시리우스(−1.47등급)와 용골자리의 카노푸스(−0.72등급) 다음으로 밝은 별이다. 지구에서 보이는 별의 밝기는 실시 등급으로 나타내는데, 숫자가 작을수록 밝은 별이다. 그래서 아주 밝은 별은 실시 등급이 음수로 표시되는 반면, 실시 등급이 큰 별은 아주 희미해 성능이 좋은 망원경으로 봐야 볼 수 있다. 실시 등급의 기준이 되는 별은 거문고자리의 직녀성(베가)이다.(직녀성과 거문고자리는 나중에 더 자세히 살펴볼 것이다.) 직녀성의 실시 등급은 0이다. 그래서 직녀성보다 밝은 별은 실시 등급이 음수로 나타난다. 예를 들면, 태양의 실시 등급은 −27이다. 직녀성보다 어두운 별은 실시 등급이 양수로 나타나며, 더 어두운 별일수록 그 값이 크다. 시력이 좋은 사람은 맨눈으로 6등성까지 볼 수 있다. 지금까지 성능이 좋은 망원경으로 볼 수 있었던 가장 희미한 별은 38등성이었다.

아주 밝은 별들을 자세히 살펴보면, 여러 종류의 별을 이해하는 데 큰 도움이 된다. 별을 분류하는 방법은 여러 가지가 있는데, 가장 많이 쓰이는 방법은 그 별이 전체 생애 중 어떤 시기에 있는가로 나타내는 것이다. 별은 성운 속에서 태어난다. 성운은 우주 공간에 먼지와 가스가 모여 구름과 같은 형태를 하고 있는 것으로, 그 속에서 물질들이 중력에 끌려 밀도가 높은 덩어리로 뭉치면 거기서 별이 태어날 수 있다. 처음에는 먼지와 가스가 중력 때문에 공 모양으로 뭉치면서 빙빙 회전하는 원시별로 시작한다. 원시별은 모든 물질을 중심으로 끌어당기는 중력 때문에 수축하면서 점점 뜨거워지는데, 충분히 뜨거워지면 마침내 중심부에서 핵융합 반응이 일어난다. 핵융합 반응은 한 종류의 원자(더 정확하게는 원자핵. 별 중심부에서는 온도가 아주 높아 원자핵과 전자가 서로 분리된 채 존재한다.)들이 들러붙어 다른 종류의 원자로 변하는 과정이다. 핵융합 반응이 일어날 때에는 전자기 복사(열과 빛도 전자기 복사의 일종)의 형태로 많은 에너지가 나온다. 원시별은 대부분 수소로 이루어져 있기 때문에, 수소 원자핵끼리 융합하여 헬륨 원자핵이 만들어진다. 일단 핵융합 반응이 시작되어 여기서 나오는 전자기 복사의 압력(복사압)이 중력과 균형을 이루면(복사압은 바깥쪽으로 밀어 내는 힘으로, 중력은 안쪽으로 끌어당기는 힘으로 작용함), 원시별은 이제 어엿한 '주계열성'이 된다. 태양도 주계열성이며, 직녀성도 주계열성이다. 사실, 밤하늘에서 보이는 별들은 대부분 주계열성에 속한다. 그러다가 중심부의 연료가 거의(전부 다는 아니더라도) 바닥나면, 이제 헬륨 원자핵끼리 융합해 탄소 원자핵으로 변하는 핵융합 반응이 일어나는데, 이 단계에서 별은 바깥층이 크게 팽창하면서 적색 거성(혹은 더 큰 초거성)으로 변한다.

이 별들을 주계열성으로 분류하는 또 한 가지 이유는 이 별들이 H-R도(189쪽 참고)에서 차지하는 위치 때문이다. H-R도는 1910년에 덴마크의 천문학자 아이나르 헤르츠스프룽Ejnar Hertzprung과 미국의 천문학자 헨리 노리스 러셀Henry Norris Russell이 만든 것으로, 별의 밝기인 절대 등급과 온도를 함께 나타낸 도표이다. 별의 질량과 함께 H-R도를 참고하면, 별의 과거와 미래를 예측할 수 있다. 어쨌거나 대부분의 별들은 H-R도상에서 주계열성으로 나타난다. H-R도는 나중에 다시 자세히 다룰 텐데, 전체 생애 중 서로 다른 단계에 있는 별들의 관계를 분명하게 보여 주기 때문에 중요하다. 하지만 여기서는 그저 몇몇 용어만 알고 넘어가기로 하자.

우주 공간에서 일어나는 물질의 순환

질량이 아주 큰 상태로 시작한 별(태양 질량의 6~150배에 이르는 별)은 비교적 수명이 짧아 수백만 년 정도밖에 살지 못하며, 중심부에서 더 이상 핵융합 반응이 일어나지 않게 되면 초신성으로 폭발하면서 최후를 맞이한다. 초신성은 거대한 폭발과 함께 바깥층을 우주 공간으로 날려 보내고, 중심부에 남은 물질은 중력 때문에 극도로 짜부라져 중성자별이나 블랙홀이 된다. 반면에 작은 질량으로 시작한 별은 수명이 아주 길어 수십억~수백억 년 동안 오래 산다. 태양처럼 질량이 작거나 중간 정도인 별도 생애의 막바지에 이르면 바깥층이 우주 공간으로 빠져 나간다. 결국 중심부에는 아주 작은 핵만 남고, 밖으로 퍼져 나가는 가스 물질은 밝은 색으로 빛나게 되는데, 이 단계의 천체를 행성상 성운이라 부른다. 가스 물질은 계속 밖으로 퍼져 나가고, 중심부의 핵은 결국엔 백색 왜성이 되었다가 점점 식어 흑색 왜성이 된다. 초신성과 행성상 성운, 그리고 밖으로 퍼져 나간 물질에는 수소가 많이 포함돼 있는데, 이 물질들은 결국 우주 공간에서 성운이 된다. 그리고 그 성운에서 다시 별이 태어나면서 전체 순환이 반복된다. 질량이 아주 작은 별(태양의 절반 미만인)은 중심부에서 핵융합 반응이 아주 느리게 일어나는 적색 왜성이 되며, 연료를 태우는 속도가 아주 느리기 때문에 수명이 아주 길다.

아르크투루스는 적색 거성인데, 비교적 질량이 작으며(아주 작진 않지만), 전체 생애 중 거의 마지막 단계에 이르렀다. 중심부에서 수소가 헬륨으로 변하는 핵융합 반응이 끝났으며, 그 바깥층이 팽창하면서 식어 가고 있다. 다음에는 중심부가 수축하면서 온도가 더 높아져 헬륨이 탄소와 산소로 변하는 핵융합 반응이 일어날 것으로 예상된다. 이 핵융합 반응에서도 에너지가 전자기 복사(열과 빛을 포함한)의 형태로 나온다. 중심부를 둘러싼 가스층 껍질은 나중에 밝게 빛나기 시작할 텐데, 그러면 아르크투루스는 행성상 성운이 될 것이다. 행성상 성운이란 이름은 순전히 그 모양 때문에 붙은 것으로(지구에서 볼 때 행성처럼 구형으로 생겨서), 행성하고는 아무 관계가 없다. 행성상 성운을 이루는 물질이 우주 공간으로 퍼져 나가고 나면, 남은 중심부는 헬륨이 더 무거운 원소로 변하는 핵융합 반응도 더 이상 일어나지 않아 에너지를 전혀 만들지 못한다. 처음에는 흰색으로 아주 뜨겁고 밝게 빛나는데, 이 단계의 별을 백색 왜성이라고 한다. 하지만 백색 왜성은 점점 식어 가면서 어두워진다. 태양도 약 50억 년 뒤에 중심부의 수소 연료가 바닥나면, 아르크투루스와 비슷한 길을 밟을 것으로 예상된다.

아르크투루스는 지구에서 36.7광년 거리에 있어 우리에게서 비교적 가까이 있는 별이다. 실제로 뿜어내는 빛의 양도 많지만, 이렇게 가까운 거리 때문에 아르크투루스는 밤하늘에서 아주 밝게 빛난다. 반면에 작은곰자리에 있는 북극성은 약 400광년 거리에 있다. 하지만 옛날부터 북극성을 하늘 전체는 아니더라도 북반구에서 가장 밝은 별로 생각한 사람들이 많았다. 실제로는 북극성은 실시 등급이 1.97등급으로, 48번째로 밝은 별에 지나지 않는다. 그런데도 많은 사람들이 북극성을 매우 밝은 별로 오해한 이유는 아마도 북극성이 바로 머리 위에 떠 있고, 언제나 쉽게 찾을 수 있었기 때문일 것이다. 북극성은 황색 초거성이다. 별빛은 그 표면 온도를 알려 주는데, 빨간색 별은 약 3000K로 비교적 온도가 낮고, 파란색 별은 약 5만 K로 아주 뜨거우며, 노란색 별은 6000K 정도로 그 중간에 해당한다.(K는 절대 온도의 단위인 켈빈Kelvin을 나타낸다. 절대 온도는 기본적으로 섭씨 온도와 동일하지만, 다만 섭씨 온도에서는 물의 어는점이 0°C인 데 반해 절대 온도에서는 273K라는 점이 다르다. 절대 영도라고 부르는 0K는 열이 하나도 없는 상태를 말하는데, 그 어떤 것도 이보다 더 낮은 온도로 내려갈 수 없다. 절대 영도는 −273.15°C에 해당한다.) 별의 색은 맨눈으로도 충분히 알 수 있는 경우가 있지만, 분간하기가 어려워 그냥 그러려니 하고 믿어야 할 때가 많다. 북극성은 아주 큰 별로, 질량이 태양의 약 6배나 된다. 그래서 중심부에서 헬륨 원자핵끼리 융합하여 탄소 원자핵을 만드는 핵융합 반응이 일어나기 시작할 때, 거성 대신에 초거성이 될 것이다.

이 밝은 별들을 포함한 별자리들은 두 곰에 관한 그리스 신화에 등장하는 인물들과 그 행동을 대표한다.

두 곰자리에 얽힌 전설

그리스 신화에 따르면, 큰곰자리와 작은곰자리에 있는 두 곰은 제우스의 바람기 때문에 하늘로 올라가게 되었다. 제우스는 올림포스 12신(올림포스 산 정상에서 사는 열두 신. 제우스, 헤라, 포세이돈, 데메테르, 아레스, 헤르메스, 헤파이스토스, 아프로디테, 아테나, 아폴론, 아르테미스, 헤스티아를 말한다.) 중에서도 신들의 왕이었다. 그중에는 제우스의 여동생이자 아내인 헤라도 있고, 제우스의 사생아 딸로 태어난 아르테미스도 있었다. 헤라는 결혼의 여신이고, 아르테미스는 사냥과 야생 동물과 황야의 여신이다. 아르테미스는 활과 화살로 무장하고 충성스러운 님프들을 데리고 다니면서 숲과 그 주변 지역에서 사자와 표범과 수사슴을 사냥했다.(그리고 혼란스럽게도 보호도 했다고 한다.) 그리스 신화에 나오는 님프는 모두 여성이다. 님프는 18세기와 19세기에 유럽의 신고전파 그림에 많이 등장했는데, 대개 아름다운 나체의 모습으로 묘사되었다. 님프는 물이나 산과 들, 나무 같은 자연물에 깃들여 있다고 하는데, 자연물에 따라 각각 그 이름이 다르다. 예를 들면, 이 이야기의 주인공이자 아르테미스를 따라다닌 님프인 칼리스토는 숲의 요정이었다. 그런데 아르테미스의 님프들은 순결을 지키겠다는 맹세를 해야 했다.

하지만 천하의 바람둥이인 제우스가 그런 것에 아랑곳할 리 없었다. 제우스는 변장을 하고(아르테미스의 모습으로 변했다는 이야기도 있음) 칼리스토에게 접근해 그녀를 유혹했다(혹은 겁탈했다고 하는 이야기도 있음). 칼리스토는 아르카스라는 아들을 낳았다. 제우스는 헤라의 질투와 아르테미스의 분노로부터 칼리스토를 보호하려고 그녀를 곰으로 변하게 했다. 칼리스토가 곰으로 살아가는 동안 아르카스는 무럭무럭 자라 활솜씨가 뛰어난 사냥꾼이 되었다. 하루는 아르카스가 숲으로 사냥을 나갔다가 곰을 발견하고 활을 겨냥했다. 그런데 그 곰은 어머니인 칼리스토였다. 절체절명의 순간에 제우스가 개입해 이번에는 아르카스를 곰으로 변신시켰다. 그러자 아르카스가 어머니를 알아보았고, 어머니를 죽이는 불행을 피할 수 있었다. 그러고 나서 제우스는 두 곰을 하늘로 올려 보내 그곳에서 살게 했고, 그래서 큰곰자리와 작은곰자리가 생겨났다고 한다.

그런데 이 이야기는 이것으로 다 끝난 게 아니다. 헤라도 마침내 칼리스토에 관한 비밀을 알게 되었다. 제우스 대신에 칼리스토에게 복수를 하기로 결심한 헤라는 포세이돈(바다의 신이자 제우스와 헤라의 형제인)에게 두 곰에게 불멸의 바다에서 절대로 목욕을 하지 못하게 하라고 간청했다. 그래서 두 별자리는 절대로 수평선 아래로 내려가지 않는다고 한다. 두 별자리는 늘 밤하늘에 높이 떠서 북극성 주위를 돈다.(적어도 대부분의 북반구 지역에서는 그렇다.) 그리고 목동자리의 목동은 자신의 사냥개인 사냥개자리와 함께 두 곰이 북극성 주위를 돌면서 함께 붙어 다니게 하고 바다에 가까이 다가가지 못하게 감시한다.

존 베비스의 성도

아래에 있는 큰곰자리 그림은 18세기 중엽에 존 베비스John Bevis가 만든 아름다운 성도에서 나온 것이다. 대부분의 성도와 마찬가지로 베비스의 성도도 정보를 제공하기 위한 것이었을 뿐 아니라 사람들의 관심을 끌기 위한 목적으로도 제작되었다. 속표지에는 다음과 같은 글이 실려 있는데, 이 성도를 제작하는 데 아주 많은 비용이 들었음을 짐작할 수 있다.

유럽의 최고 미술가들을 썼기 때문에 판화 제작에 아주 막대한 비용이 들었고, 박식하고 독창성이 뛰어난 이 작업의 미술가들과 책임자들

큰곰자리(베비스 아틀라스 이미지(Bevis Atlas images), Manchester Astronomical Society(UK)(www.manastro.org) 제공)

은 한 질에 5기니의 구독료를 받고 팔기로 결정했다. 이 작업에 든 과다한 비용 때문에 그들 중 일부는 파산했고, 일부는 죽음을 맞이했으며, 그 밖에도 이런저런 사건으로 현 시점인 1786년까지 출판이 지연되었다. 또, 화재와 이사로 많은 책이 사라졌다. 얼마 안 남은 책들은 한 질에 1.5기니에 팔기로 했다.

이 우아하고도 유익한 작품은 서적상에게서는 살 수 없으며, 서적상의 손에 넘어간 적이 결코 없다. 남아 있는 책들은 모두 초판본이어서 모든 서재에 귀중한 장식물이 될 것이고, 과학을 사랑하는 모든 사람의 관심과 애호를 받을 가치가 충분히 있다.

'장식물'을 강조한 것이 흥미로운데, 베비스가 기대한 이 성도의 용도를 짐작하게 하기 때문이다. 성도는 단지 자기 분야에 모든 것을 쏟아붓는 열정과 헌신적 태도를 가진 천문학자만을 위한 것은 아니었다. 그것은 박학다식해 보이기 위해 서재를 매력적이고 풍부하게 꾸미는 유행에 큰 관심을 보였던 엘리트 집단을 겨냥한 것이기도 했다. 천문학은 그런 관심과 학식을 과시하기에 아주 좋은 분야였다.

하지만 유행은 변하게 마련이다. 이 놀라운 성도는 사람들의 무관심 때문에 기억에서 거의 사라져 가다가 1997년에 영국의 맨체스터 천문학회MAS가 이 성도와 그것을 만든 사람을 널리 알리기 위해 전 세계에 남아 있는 책들을 추적 조사했다.

존 베비스는 영국의 의사이자 천문학자로, 자신이 만든 성도와 1731년에 황소자리에서 게성운(M1이라고도 함)을 발견한 것으로 유명하다. 베비스가 게성운crab nebula의 발견자로(혹은 중국 천문학자들이 그 존재를 1954년에 언급했기 때문에 공동 발견자로) 인정받는 이유는 이 성도에 게성운을 표시했기 때문이다.

베비스는 영국의 위대한 아마추어 천문학자 중 한 명이었다. 그는 의사로 일하면서 생활비를 버는 한편으로 남는 시간과 돈을 천문학에 쏟아부었다. 그 당시 영국에는 전문 천문학자가 딱 한 명밖에 없었는데, 바로 그리니치 천문대의 왕실 천문관이었다. 따라서 현대의 관점에서 그 당시의 아마추어 천문학과 전문 천문학을 구분하는 것은 아무 의미가 없다. 18세기에 전문 천문학은 항해에 도움을 주는 실용적인 천문학을 의미했다. 그것은 본질적으로 아주 따분하고 단조로운 일이어서 취미 활동으로 선택할 사람은 아무도 없었다. 대신에 아마추어들은 재미있는 일들을 선택했다. 그들은 혜성을 발견했고, 18세기가 끝날 무렵에는 심지어 새로운 행성과 소행성까지 발견했다. 그런 아마추어 천문학자 중에는 교육을 잘 받고 소득과 여유 시간이 넉넉해 취미 생활로 천문학을 할 수 있는 의사와 성직자가 많았다. 베비스 같은 위대한 아마추어는 배율과 크기 면에서 왕이 자신의 천문학자를 위해 마련해 준 것에 전혀 뒤지지 않는 망원경을 자랑했는데, 그것은 오늘날의 아마추어는 그저 꿈만 꿀 수 있는 수준의 망원경이었다. 베비스는 런던 북부의 스토크뉴잉턴에 마련한 개인 천문대에서 게성운을 발견하고 성도를 만들었다. 또 에드먼드 핼리Edmund Halley가 1759년에 다시 돌아오리라고 예언했던 혜성을 관측하고 확인한 영국 천문학자는 딱 두 명밖에 없었는데, 그중 한 명이 바로 베비스였다. 베비스는 천문학의 영웅답게 76세 때 망원경에서 굴러 떨어져 죽었다.

베비스의 성도에 실린 각각의 그림은 그 당시의 천문학 후원자들에게 헌정한 것이다. 큰곰자리는 아이작 뉴턴Isaac Newton을 배출하고 후원한 케임브리지대학교에 헌정했다. 뉴턴의 연구와 그 후에 그것을 이해하기 위한 대중의 관심이 폭증한 것은 18세기에 천문학계 전체를 크게 발전시키는 원동력이 되었다. 뉴턴이 죽은 뒤, 수학을 사용하지 않고 뉴턴의 연구를 설명하는 책이 많이 나왔다. 순회 강연자의 수요 증가는 적절한 교육을 받고 천문학적 소양을 가진 사람들에게 새로운 일자리를 제공했다. 강연은 다양한 장소에서 벌어졌는데, 큰 인기를 끈 장소 중 하나는 커피하우스였다. 강연이 벌어지는 커피하우스는 1페니를 내면 강연을 들을 수 있다 하여 '페니대학교Penny University'라고 불리기도 했다. 18세기의 이 유행은 귀족과 왕족이 주도했다. 영국 왕실은 천문학에 큰 관심을 보였는데, 특히 1760년에 조지 3세George III가 즉위하면서 그런 경향이 더욱 강해졌고, 이러한 경향은 점점 더 아래 계층으로 확산돼 갔다. 베비스가 자신의 성도에 가격을 매기면서 각각의 그림에 쓴 헌사와 모든 서재에 귀중한 '장식물'이 되리라고 언급한 것은 이러한 계층들 중 맨 위층을 겨냥한 것이었다.

기울어진 자전축과 계절 변화

두 곰에 관한 그리스 신화에서 중심 주제는 하늘의 겉보기 운동이다. 이 신화에 따르면, 두 곰은 수평선 아래로 내려가는 법이 없는데, 실제로 베이징과 뉴욕과 아테네 북쪽에 사는 사람들이 볼 때에는 두 곰(적어도 두 곰 중 그들이 익히 알고 있는 부분)이 수평선이나 지평선 아래로 내려가는 법이 절대로 없다. 하지만 그 아래쪽에 사는 사람들이 볼 때에는 두 곰이 수평선 아래로 내려갈 때가 있으며, 계속 더 남쪽으로 내려가면 하늘에서 두 곰이 완전히 사라진다. 오스트레일리아의 앨리스스프링스, 브라질의 리우데자네이루, 칼라하리 사막 이남에서는 큰곰자리와 작은곰자리를 하늘에서 전혀 볼 수 없다. 왜 그럴까?

알다시피, 지구는 자전축을 중심으로 자전하기 때문에, 태양과 별들이 매일 동쪽에서 떠서 서쪽으로 지는 것처럼 보인다. 이 사실은 옛날 사람들도 이미 기원전 400년 무렵부터 알고 있었다. 지구는 이렇게 자전하면서 태양 주위를 도는데, 태양계의 나머지 행성들과 거의 똑같은 평면 위에서 태양 주위를 돈다. 우주 밖 먼 곳에서 바라본다면, 태양계는 태양이 가운데에 놓이고, 그 주위를 나머지 천체들이 둘러싸서 회전하는 원판처럼 보일 것이다. 지구의 자전축이 기울어져 있다고 말하는 것은 바로 이 평면을 기준으로 이야기하는 것이다. 다시 말해서, 지구의 북극점과 남극점을 잇는 자전축이 지구의 공전 궤도면에 대해 직각으로 서 있는 게 아니라, 비스듬한 각도로 기울어져 있다. '황도 경사'라고 부르는 이 기울기를 측정하고 더 정확한 값을 알아내기 위해 사람들은 먼 옛날부터 많은 노력을 기울였다. 고대 그리스인은 그 값을 23°에서 24° 사이라고 계산했는데, 이것은 오늘날 우리가 알고 있는 값과 아주 비슷하다.

어쨌거나 지구의 자전축이 기울어져 있기 때문에, 북극성은 적도 북쪽 지역에서는 지평선 아래로 지는 법이 없다. 앞에서 말했듯이, 이것은 또한 큰곰자리와 작은곰자리가 아테네 북쪽 지역에서는 지평선 아래로 지는 법이 없다는 것을 뜻한다. 거기서 남쪽으로 내려갈수록 늘 볼 수 있는 북반구 하늘의 별 수가 점점 적어진다. 그러다가 적도에 이르면 이제 균형추가 반대쪽으로 기운다. 적도에서 더 남쪽으로 내려가면, 이제 남반구 하늘의 별자리들이 나타나기 시작하고, 남극점에 가까이 다가갈수록 이들 중 하늘에서 지지 않는 별자리가 점점 많아진다.

계절은 변화하고……

지구의 자전축 기울기가 중요한 이유가 또 하나 있는데, 바로 이 기울기가 계절 변화를 일으키는 주요 원인이기 때문이다. 북극점이 태양 반대쪽으로 기울어질 때 북반구는 겨울이 된다.(사실, 이때에는 북극 지방은 햇빛이 전혀 비치지 않을 정도로 기울어져 몇 달 동안 해가 전혀 뜨지 않는다.) 반면에 같은 시기에 남극점은 태양 쪽으로 기울어져 남반구는 햇빛이 비치는 시간이 더 길어지고 날씨도 따뜻해져 여름이 계속

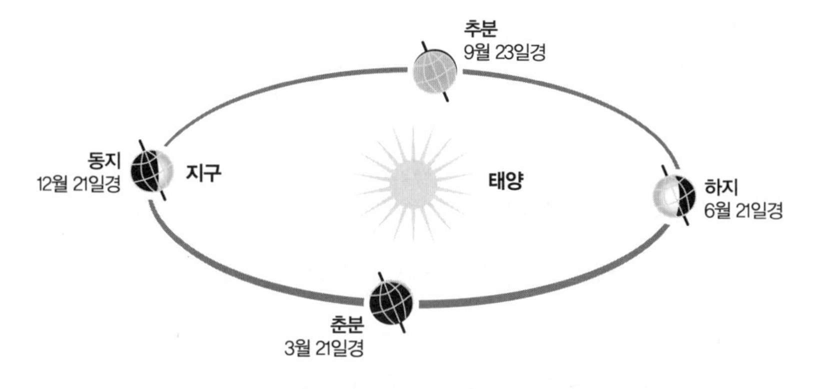

태양과 지구와 계절 변화. 이 그림은 지구의 자전축이 공전 궤도면에 대해 어떻게 기울어져 있으며, 일 년 중 시기에 따라 지구가 태양에 대해 어떤 방향으로 기울어지는지 보여 준다.

된다. 반대로 남극점이 태양에서 먼 쪽으로 기울어질 때에는 북반구에 여름이 찾아온다. 일 년 동안 지구가 태양 주위를 한 바퀴 도는 동안 태양이 하늘에서 가장 높은 위치(하지점)나 가장 낮은 위치(동지점)에 올 때가 있는데, 이 위치를 지점至點이라고 한다. 일 년 중 이런 일이 일어나는 날을 각각 하지와 동지라 부르는데, 이때 지구의 절반은 일 년 중 낮의 길이가 가장 긴 날이 되고, 나머지 절반은 낮의 길이가 가장 짧은 날이 된다. 북반구에서 동지(남반구에서는 하지)는 12월 21일 무렵이고, 하지(남반구에서는 동지)는 6월 21일 무렵이다.

이 외에도 여러 가지 천문학적 지표가 전 세계의 거의 모든 달력에 사용된다. 가을과 봄에는 태양이 하늘의 적도(지구의 적도처럼 하늘을 빙 두르는 가상의 선)를 지나가는 때가 있는데, 이 지점을 분점分點이라고 한다. 분점에는 춘분점과 추분점이 있으며, 태양이 춘분점과 추분점에 이르는 날을 각각 춘분과 추분이라 한다. 춘분과 추분에는 밤낮의 길이가 거의 똑같다. 북반구에서는 춘분이 3월 21일 무렵이고, 추분은 9월 23일 무렵이다(남반구는 춘분과 추분이 반대). 기독교의 부활절은 북반구의 춘분을 기준으로 계산하며, 유대교의 유월절도 마찬가지다. 많은 초기 문명에서는 춘분을 겨울이 끝나고 부활과 새 생명을 가져다주는 날이라고 믿어 일 년이 시작하는 시기로 축하했다.

영국 윌트셔 주의 솔즈베리 평원에 있는 스톤헨지Stonehenge는 고대 문화에서 이러한 천문학적 사건을 축하했음을 보여 주는 증거 중 가장 유명하다. 스톤헨지가 정확하게 어떤 용도로 쓰였는지에 대해서는 의견이 분분하고, 아직도 그것을 둘러싼 논쟁이 뜨겁다. 하지만 기원전 2000년 무렵부터 세워진 스톤헨지가 한쪽 방향으로는 하지에 태양이 떠오르는 방향으로, 반대 방향으로는 동지에 해가 지는 방향으로 배열돼 있다는 사실에 대해서는 별로 이견이 없다. 이러한 천문학적 사건을 축하하기 위해 더 나중에 세워진 고대의 기념물로는 페루의 마추픽추Machu Picchu가 있다. 마추픽추에는 춘분점과 추분점이 새겨진 돌기둥이 있다. 춘분과 추분 정오가 되면 태양이 인티우아타나Intihuatana라는 이 돌기둥 꼭대기 위에 걸터앉는 것처럼 보인다.

별자리는 언제부터 사용되었을까?

북반구 하늘의 네 별자리—큰곰자리, 작은곰자리, 목동자리, 사냥개자리—는 같은 이야기에 등장하지만, 네 별자리가 모두 같은 시기에 만들어진 것은 아니다. 목동자리를 언급한 기록 중 가장 오래된 것은 호메로스Homeros의 《오디세이아*Odysseia*》에 나온다. 《오디세이아》는 트로이 전쟁이 끝난 후 그리스의 영웅 오디세우스Odysseus가 고향으로 돌아가면서 겪는 모험을 그린 이야기이다. 호메로스는 님프 칼립소가 살던 섬에서 오디세우스가 배를 타고 출발할 때 목동자리를 길을 안내하는 표지로 삼았다고 이야기한다. 약 2700년 전에 쓴 이 작품에 목동자리가 나왔기 때문에, 《오디세이아》는 별자리를 언급한 최초의 문학 작품 중 하나로 간주된다. 호메로스는 비슷한 시기에 살았던 헤시오도스Hesiodos처럼 입을 통해 전해 내려오던 이야기들을 종합하고 기록한 것으로 보인다. 기원전 700년 무렵에 고대 그리스 제국은 남유럽과 중동, 북아프리카 지역에 걸쳐 뻗어 있었지만, 교역과 커뮤니케이션의 범위는 그보다 훨씬 멀리까지 뻗어 있었다. 그러자 시간이 지나면서 여러 문화의 구전 신화들이 그리스 신화에 섞이게 되었다. 그 이야기들의 정확한 기원에 대해 우리가 아는 것은 빈약하지만, 흔히 고대 그리스인 또는 프톨레마이오스Ptolemaeos(고대 그리스 시대의 모든 별자리와 천문학 지식을 종합해 기록한 천문학자)가 만들었다고 이야기하는 별자리들은 실제로는 그렇지 않은 경우가 많다. 한편 목동이 데리고 다니는 사냥개인 사냥개자리처럼 비교적 나중에 만들어진 별자리는 그 기원과 역사를 추적하기가 훨씬 쉽다.

헤벨리우스 부부의 성도

사냥개자리가 인쇄물에서 맨 처음 언급된 것은 1690년에 부부 사이인 요하네스 헤벨리우스Johannes Hevelius와 엘리사베트 헤벨리우스Elisabeth Hevelius가 출간한 책에서였다. 요하네스 헤벨리우스는 1611년에 단치히Danzig(오늘날의 폴란드 그단스크Gdansk)에서 태어났다. 그는 학교 교육과 개인 교습을 통해 폴란드어, 수학, 천문학, 도구 제작 등을 배웠고, 1630년에 법학을 공부하기 위해 레이던대학교에 들어갔다가 수학과 천문학을 더 배웠다. 1년 뒤에 그는 런던과 파리를 여행하면서 유명한 과학자를 많이 만났다. 1635년에 고국으로 돌아와 결혼을 하고, 아버지의 양조장에서 일을 했다. 그리고 주류 판매와 부동산으로 번 돈으로 자신의 집 지붕 위에 훌륭한 천문대를 지었다. 엘리사베트는 헤벨리우스의 두 번째 부인이다. 헤벨리우스의 첫 번째 부인이 죽었을 때 엘리사베트는 지적인 16세 소녀였는데, 과학을 연구하는 여성이 맞닥뜨리는 한계를 잘 알고 있었다. 그 당시 여성은 대학을 갈 수 없었고, 학회에도 가입할 수 없었으며, 학술지에 논문을 발표할 수도 없었다. 자기 이름으로 된 책을 출판할 수는 있었지만, 독자적인 연구를 통해 너무 많은 것을 주장하면 심한 비판이나 조롱을 받았다. 1740년 무렵에는 오늘날 볼테르Voltaire의 연인으로 유명한 에밀리 뒤샤틀레Émilie du Châtelet가 《물리학 강의*Institutions de physiques*》라는 책을 썼다. 에밀리 뒤 샤틀레는 같은 시대에 살았던 동료들 사이에서는 존경을 받았지만, 그래도 머리말에서 이 책은 자신의 새로운 연구 결과라고 주장하는 대신에 자신과 비슷한 어머니들이 아들을 가르치는 데 도움을 주기 위해 쓴 것이라고 말하는 조심성을 보였다.

헤벨리우스와 결혼하기 전에 엘리사베트가 어떻게 살았는지에 대해서는 부유한 상인 집안에서 자란 총명한 소녀라는 사실 말고는 알려진 게 거의 없다. 엘리사베트는 존경받는 천문학자의 아내가 되면, 훌륭한 개인 가정 교사뿐만 아니라 세계적 수준의 연구에 참여할 기회도 얻으리라고 생각했다. 이것은 그렇게 영악한 생각은 아니었다. 그 당시에는 경쟁 관계에 있는 집안끼리 협력을 도모하기 위해 정략 결혼을 하는 경우가 많았다. 또, 기여한 부분에 대해 인정을 받건 못 받건, 아내가 남편의 연구를 돕는 일도 비교적 흔했다. 헤벨리우스 부부의 경우에 특이한 점은 엘리사베트의 연구가 인정을 받았다는 사실이다.

두 사람은 1663년에 결혼했다. 1679년, 화재가 일어나는 바람에 헤벨리우스의 천문대는 관측 장비와 많은 필기 노트 등과 함께 사라지고 말았다. 새로운 성도를 만들려던 계획은 중단되었다. 그러나 다행히도 폴란드 왕 얀 3세 소비에스키Jan III Sobieski의 도움을 받아 두 사람은 천문대를 다시 지을 수 있었다. 헤벨리우스 부부는 갈릴레오 갈릴레이Galileo Galilei처럼 적절한 감사를 표시하는 게 중요하다는 사실을 잘 알았다. 갈릴레이는 자신이 망원경으로 발견한 목성의 네 위성을 후원자에게 경의를 표시하기 위해 '메디치의 별들Medici Planets'이라고 불렀다. 요하네스 헤벨리우스는 왕에게 감사를 표시하기 위해 자신이 새로 만든 별자리 중 하나를 '소비에스키의 방패자리' 혹은 줄여서 '방패자리'라고 불렀다. 그리고 엘리사베트는 성도의 서문에서 왕을 찬양했다.

요하네스는 책이 완성되기 전에 죽었지만, 엘리사베트는 그 작업을 계속했다. 그 결과 《천문학 서문*Prodromus Astronomiae*》이라는 헤벨리우스의 성도는 세 권으로 완성되었다. 첫 번째 권은 서문, 두 번째 권은 성도, 세 번째 권은 별자리 지도인데, 엘리사베트는 세 번째 권에 '소비에스키의 하늘*Firmamentum Sobiescianum*'이란 제목을 붙였다. 그들이 새로 정한 방패자리와 사냥개자리가 추가된 성도는 1690년에 출판되었다.

두 별자리는 시간의 검증에서 살아남아 1930년에 국제 천문학계가

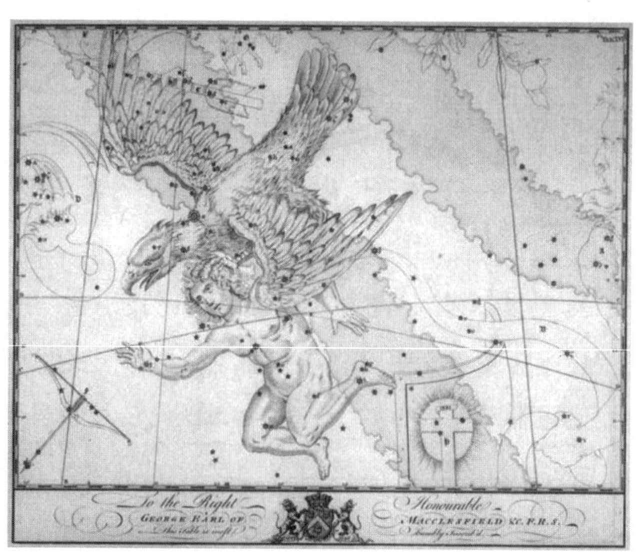

방패자리(베비스 아틀라스 이미지(Bevis Atlas images), Manchester Astronomical Society(UK)(www.manastro.org) 제공)

공식적으로 정한 88개 별자리에 포함되었다. 베비스의 성도에서 가져온 방패자리 그림은 헤벨리우스의 남반구 별자리들을 보여 주는데, 방패자리는 오른쪽 아래에 십자가가 새겨진 방패 모습으로 표시돼 있으며, 은하수를 나타내는 띠 안에 거의 완전히 들어가 있다.

그런데 방패자리에서는 '심원 천체深遠天體'를 볼 수 있다. 심원 천체란 바로 야생오리 성단인데, 맨눈으로는 보기가 어렵다. 야생오리 성단은 실시 등급이 6.3등급이서 쌍안경으로 봐야 제대로 볼 수 있다. 야생오리 성단은 산개 성단(이것은 뒤에서 더 자세히 다룰 것임)으로, 그 이름은 야생오리가 하늘을 날아가는 모습과 비슷하여 붙었다.

베비스의 이 그림에 표시된 주요 별자리는 독수리자리인데, 가니메데스라는 미소년을 독수리가 채 가는 장면이다. 제우스는 가니메데스를 술을 따르는 시종으로 쓰기 위해 독수리를 보내 납치했다. 독수리자리 역시 다음에 다시 나올 것이다.

남반구 별자리 중 가장 유명한 것

적도 이남에 사는 관측자는 두 곰자리와 그와 관련된 이야기에 별로 흥미를 느끼지 못할 것이다. 오늘날 우리가 알고 있는 남반구 별자리들은 거의 다 16세기와 17세기와 18세기에 만들어졌는데, 유럽인 여행가와 지도 제작자가 남반구의 여러 지역에서 사용되던 별자리들을 싹 무시하고 새로 만든 것이다. 오늘날 남반구 별자리 중 가장 유명한 것은 남십자자리인데, 이름 그대로 밝은 별 4개가 십자 모양으로 늘어선 별자리이다. 남십자자리는 봄철 성도 중앙에서 조금 남쪽으로 내려간 곳에서 볼 수 있는데, 이것은 4월 밤하늘에서는 바로 머리 위에 오지는 않지만 그래도 거의 그 가까이에 온다는 뜻이다. 남반구 하늘은 북반구 하늘과 달리 유일한 극성은 없지만, 남극점 바로 위 지점 가까운 곳에서 하늘의 남극 주위를 도는 별자리들이 있다. 지구 표면의 어떤 지점에서 볼 때, 천구의 극 주위를 돌면서 지평선 아래로 지지 않는 별을 주극성周極星이라 하고, 주극성으로 이루어진 별자리를 주극성 별자리라고 한다. 남십자자리도 주극성 별자리이다. 북반구에서 북극성 주위를 돌면서 지평선 아래로 지지 않는 별자리들을 볼 수 있는데, 이 별자리들 역시 주극성 별자리이다. 남십자자리는 남반구 대부분 지역에서, 적어도 시드니, 몬테비데오, 케이프타운 이남 지역에서는 절대로 지평선 아래로 지지 않는다. 또, 북반구에서도 적도에서부터 북쪽으로 홍콩, 메카, 아바나에 이르는 많은 지역에서 남십자자리를 볼 수 있다.

남십자자리는 고대 그리스 천문학자들도 알고 있었는데, 이집트 남부 지역에서 볼 수 있었기 때문이다. 하지만 그들은 남십자자리의 밝은 네 별을 켄타우루스자리(센타우루스자리라고도 함)의 일부라고 생각했다. 그런데 세차 운동(오랜 시간에 걸쳐 지구의 자전축이 흔들리는 현상) 때문에 남십자자리는 점점 북반구의 천문학자들의 시야에서 사라지게 되었다. 그래서 16세기에 남쪽으로 여행을 나선 유럽 탐험가들은 이 밝은 네 별을 새로 발견했다고 생각했다. 이 발견을 좋은 징조로 여긴 그들은 네 별이 기독교의 십자가와 비슷하다 하여 남십자자리라고 이름 붙였다. 아래 존 베비스의 성도에서도 남십자자리를 볼 수 있다.

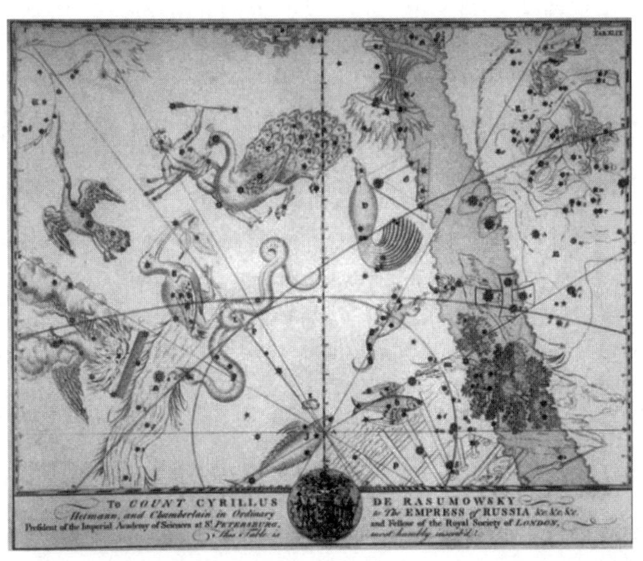

남십자자리(베비스 아틀라스 이미지(Bevis Atlas images), Manchester Astronomical Society(UK)(www.manastro.org) 제공)

하나의 별처럼 보이는 이중성

우리가 밤하늘에서 보는 별 중에는 하나의 별이 아닌 것이 많다. 그 중에는 이중성이나 성운, 성단, 심지어는 은하도 있다. 이것들을 구별하려면, 최소한 소형 망원경을 사용해야 한다. 천문학자가 새로 발견한 천체라면서 언론에서 보도하는 형형색색의 아름다운 이미지를 보려면 거대한 망원경이 필요하며, 심지어는 지구 대기권 밖에 설치한 망원경이 필요할 때도 있다. 이 망원경으로 얻은 정보를 해석하고 매력적인 사진으로 바꾸려면, 그 밖에도 많은 장비가 필요하다. 하지만 가끔 우리는 맨눈으로도 이러한 '심원 천체'를 몇 개 볼 수 있다. 분간하기가 비교적 쉬운 것 중 하나는 이중성이다. 이중성을 찾기에 아주 좋은 장소는 큰곰자리와 남십자자리이다.

이름이 말해 주듯이, 이중성은 얼핏 보기에는 하나의 별처럼 보이지만, 자세히 관찰하면 실제로는 2개의 별로 이루어진 별이다. 이중성은 쌍성과 광학적 이중성이라는 두 종류가 있다. 쌍성은 중력에 붙들려 서로의 주위를 도는 한 쌍의 별을 말한다. 광학적 이중성은 지구에서 볼 때에는 서로 가까이 붙어 있는 것처럼 보이지만, 실제로는 몇 광년 이상 멀리 떨어져 있어 서로의 중력에 붙들려 있지 않은 두 별을 말한다. 최초의 쌍성은 큰곰자리에서 발견된 미자르이다. 이탈리아의 예수회 소속 천문학자 조반니 바티스타 리치올리Giovanni Battista Riccioli는 1650년에 미자르가 쌍성이라는 사실을 발견했다. 망원경으로 이 별을 관측하던 리치올리는 미자르가 실제로는 서로의 주위를 도는 두 별이란 사실을 알아냈다. 하지만 1650년 이전에도 미자르가 이웃 별인 알코르와 아주 바짝 붙어 있는 이중성이 아닐까 하고 생각한 사람들이 있었다. 이 이중성의 특별한 아름다움은 망원경 없이도 두 별로 이루어져 있음을 볼 수 있다는 데 있다. 봄철의 성도를 참고해 하늘을 바라보면서 큰곰자리의 냄비 부분에 해당하는 부분을 찾아보라. 그 손잡이 끝에서 두 번째 별이 바로 미자르이다. 시력이 좋은 사람은 미자르 바로 옆에 약간 더 희미한 알코르가 바짝 붙어 있는 모습을 볼 수 있다. 아랍 사람들에게 '말과 기수'로 알려진 이 한 쌍의 별은 전통적으로 시력 검사용으로 쓰였다. 알코르를 볼 수 있는 사람은 시력이 아주 좋다는 평가를 받았다.

사냥개자리에서도 코르 카롤리Cor Caroli('찰스의 심장'이란 뜻)란 낭만적인 이름이 붙어 있는 이중성을 볼 수 있다. 35쪽에 있는 베비스의 성도에서 큰곰자리 그림을 다시 살펴보면, 분명하게 표시된 이 별을 볼 수 있다. 곰의 뒷다리 뒤쪽에서 짖어 대는 사냥개 머리들이 있는데, 바로 그 사이에 코르 카롤리가 심장과 왕관으로 표시돼 있다. 이 이중성은 청백색 별 2개로 이루어져 있는데, 맨눈으로는 볼 수 없지만 쌍안경으로 보면 2개의 별임을 분명히 볼 수 있다.

이 별의 완전한 이름은 코르 카롤리 레기스 마르티리스Cor Caroli Regis Martyris('순교왕 찰스의 심장'이란 뜻)로, 1649년에 일어난 청교도 혁명 때 처형당한 영국 왕 찰스 1세를 기려 붙인 이름이다. 이 이름은 1725년에 핼리 혜성이 다시 돌아올 것이라고 예언해 유명해진 에드먼드 핼리가 붙였다. 핼리는 왕실에 경의를 표시할 이유가 충분히 있었는데, 찰스 1세의 아들인 찰스 2세가 왕정복고로 왕이 된 뒤 왕립학회와 왕립 그리니치 천문대를 설립하는 데 지원을 아끼지 않았기 때문이다.

남십자자리에도 아주 밝은 이중성이 있다. 남십자자리에서 가장 밝은 별인 남십자자리 알파별도 큰곰자리의 이중성처럼 쌍성이다. 남십자자리 알파별은 그것을 이루는 두 별을 보려면, 코르 카롤리와 마찬가지로 약간 확대해서 볼 필요가 있다. 맨눈으로 보면, 비록 아주 밝긴 하지만, 하나의 별로 보인다.

지금까지 우리가 살펴본 별들은 먼 옛날에 생기거나 나중에 생긴 별자리에 들어 있으며, 각자 나름의 이야기를 지니고 있다. 두 곰자리와 남십자자리는 우리에게 아주 익숙한 별자리이기 때문에 하늘을 관측할 때 좋은 출발점이 된다. 하지만 하늘에는 그 밖에도 아주 놀라운 것이 많이 숨어 있다.

2

5월, 헤르쿨레스자리

여름철 대삼각형의 세 별과 목동자리와 그 밖의 밝은 별들은
고대 천문학자들과 항해가들에게 하늘의 이정표로 쓰였다.
특정한 시간에 보이는 별들을 바탕으로
자신의 위치를 알 수 있다는 사실도
사람들이 천문학을 중요하게 여긴 이유 중 하나였다.
이것은 시간을 알면 별들을 보고서 지구 위에서
자신이 어디에 있는지 알 수 있고,
또 반대로 자신의 위치를 알면 시간을 알 수 있음을 뜻한다.

그리스 신화가 밤하늘에 남긴 별자리

헤라클레스의 열두 가지 과제는 그리스 신화에서 유명한 이야기 중 하나이다. 헤라클레스라는 이름은 로마 신화에서는 라틴어로 헤르쿨레스가 되는데, 훗날 학자들이 라틴어를 쓰다 보니 별자리 이름도 헤르쿨레스자리로 정해졌다.(최근에 영어식 발음으로 허큘리스자리를 쓰는 움직임이 있으나, 이 책에서는 전통 표기법을 따르기로 한다.—옮긴이) 이 장에서 소개하는 별자리들은 잘 알려지지 않은 것이 많으며, 개중에는 1장에서 나온 별자리보다 보기가 더 힘든 것도 있다. 하지만 이 별자리들은 밤하늘의 다른 부분들이 서로 어떻게 연결되는지 보여준다.

그리스 신화에서 제우스의 사생아로 태어난 헤라클레스는 헤라의 질투와 복수심 때문에 미치고 만다. 그리고 미친 상태에서 아내와 자식을 죽인다. 정신이 돌아오고 나서야 비로소 자신이 무슨 짓을 저질렀는지 깨달은 헤라클레스는 델포이로 가 신탁을 구한다. 신탁은 그에게 티린스의 왕 에우리스테우스의 신하가 되어 그가 시키는 일은 뭐든지 다 하라고 한다. 에우리스테우스 왕은 도저히 불가능해 보이는 열두 가지 과제를 헤라클레스에게 내준다. 신탁은 만약 헤라클레스가 그 일을 해내는 데 성공한다면, 지은 죄를 씻고 불멸의 존재가 될 것이라고 예언한다.

고대부터 현대에 이르기까지 그림과 조각에서 헤라클레스의 열두 가지 과제 완수를 축하하는 의미를 담은 작품을 많이 볼 수 있다.

커피와 애니메이션

1997년에 디즈니사가 만든 애니메이션 〈헤라클레스〉는 비록 원래 이야기를 자세하고 충실하게 전달하는 데에는 실패했다 하더라도, 신화에 등장하는 많은 인물을 오늘날의 청중 앞에 생생하게 되살려 냈다. 이 영화는 원래 그리스 신화보다 상당히 부드럽게 각색한 것이다. 영화에서 헤라는 질투심에 사로잡힌 제우스의 아내가 아니라, 헤라클레스를 극진히 아끼는 어머니로 나온다. 영화에서는 열두 가지 과제를 수행하는 동기마저 다른 것으로 바뀌었다. 헤라클레스는 아내와 자식을 죽인 죄를 씻기 위해서가 아니라, 자신의 생물학적 가족과 함께 살고 싶은 시대착오적 소망에 사로잡혀 과제를 수행한다. 영화에서는 헤라클레스가 제우스의 아들이라는 사실이 아주 대단한 것인 양 강조한다. 마치 그리스 신화에 나오는 거의 모든 신과 주요 인물이 제우스의 형제자매나 애인 또는 자식이란 사실을 까맣게 잊어 먹은 듯이 말이다. 열두 가지 과제도 영화에서는 아주 간단하게 다룬다. 영화는 머리가 아주 많이 달린 히드라 같은 괴물을 죽이는 장면만 보여 주고, 어떤 사자나 새 떼가 물리쳐야 할 악당인지 아무 설명 없이 넘어간다. 그래도 이 영화는 나름의 장점이 있는데, 주요 인물과 그 이름과 기본 특징을 잘 알게 해 주기 때문이다. 이 영화는 어린이에게 아침에 일어나서 맨 먼저 해야 할 일을 선물하기에 딱 좋다. 여러분이 아침에 일어나 간밤에 별을 보느라 쌓인 피로에서 회복하기 위해 커피를 마시는 것처럼 말이다. 그리고 또 한 가지 흥미로운 부분은 맨 마지막 장면에서 헤라클레스가 밤하늘의 별자리로 만들어지는 것인데, 그럼으로써 신화를 별자리와 연결 짓는다.

맥락에서 벗어난 줄거리에 익숙해지게 하면서도 거기에 진정한 의미를 담는 방식에 대해 눈살을 찌푸리는 사람들이 많은데, 특히 과학자들이 그렇다. 하지만 이것은 새로운 분야에 효과적이고 쉽게 접근하도록 돕는 방법이 될 수 있다. 나는《은하수를 여행하는 히치하이커를 위한 안내서*Hitchhiker's Guide to Galaxy*》에서 브라운 운동이라는 용어를 처음 듣고 나서 몇 년 뒤 고등학교 물리학 시간에 브라운 운동이 실제로 어떤 것인지 배울 때 환희에 사로잡혔던 기억이 지금도 생생하다. 기억이 가물가물한 사람들을 위해 설명하자면, 브라운 운동은 유체 속에서 움직이는 입자들이 나타내는 무작위적 운동을 말한다. 내가 이미 그 용어를 알고 있다는 사실은 실제 개념을 이해하고 외우는 데 큰 도움이 되었다.

박물관에서도 유명한 역사적 인물을 미끼로 내세워 사람들을 전시회로 유혹할 때가 많다. 그러고 나서 정작 전시회에서는 그 인물에 대한 상식을 깨려고 하거나 새로운 통찰을 추가하려고 시도하지만, 어쨌든 익숙한 개념은 청중을 해당 주제에 발을 들여놓게 하는 데 아주 중요한 수단이 된다. 물론 이러한 시도가 하찮거나 비과학적인 것으로 간주될 때가 많긴 하지만, 이것은 과학에서도 써먹을 수 있다. 예를 들면, 대부분의 사람은 자신이 태어난 때의 별자리를 안다. 별자리가 사자자리인 사람은 일 년 중 태양이 사자자리에 있을 때 태어났다. 천문학자들이 자신이 하는 일이 점성술과 어떤 관계가 있다고 인정하길 무척 싫어한다는 점만 문제 되지 않는다면, 이것은 사람들에게 지식을 쌓는 데 도움을 주는 방법이 될 수 있다. 설사 디즈니 버전이라 하더라도 헤라클레스의 이야기를 앎으로써 그 이야기와 관련이 있는 별자리를 아무것도 모르는 상태에서 접했을 때보다 더 잘 이해하고 기억할 수 있는 것과 같은 원리가 여기서도 성립한다.

헤라클레스의 열두 가지 과제

헤라클레스의 열두 가지 과제 중 첫 번째 과제는 네메아의 사자를 죽여 그 가죽을 에우리스테우스 왕에게 가져오는 것이었다. 그런데 헤라클레스는 칼과 화살이 그 사자의 가죽을 뚫지 못한다는 사실을 몰랐다. 결국 헤라클레스는 맨손으로 사자의 목을 졸라 죽여야 했다. 이 이야기와 관련이 있는 별자리는 2개가 있는데, 하나는 사자자리이고, 또 하나는 헤르쿨레스자리이다. 헤르쿨레스자리의 헤라클레스는 늘 사자 가죽을 걸친 모습으로 묘사돼 왔다.

두 번째 과제는 머리가 많이 달린 레르나의 독사 히드라를 죽이는 것이었다. 히드라는 목을 베면 거기서 머리가 새로 생겨나는 괴물이었다. 헤라클레스는 조카인 이올라오스의 조언에 따라 머리를 베자마자 그 자리를 불로 지짐으로써 머리가 다시 생겨나지 못하게 하여 히드라를 죽일 수 있었다. 히드라 이야기와 관련이 있는 별자리는 바다뱀자리인데, 대개 9개의 머리 중 맨 마지막 머리만 붙어 있는 모습으로 묘사된다.(바다뱀자리는 라틴어나 영어로 Hydra라고 하니 히드라자리라고 하는 게 좋을 것 같지만, 이 별자리에 얽힌 또 다른 신화에서는 바다뱀으로 나오기 때문에 이렇게 정해졌다.—옮긴이)

세 번째, 네 번째, 다섯 번째 과제—아르테미스 여신의 암사슴 잡아오기, 에리만토스의 멧돼지 잡아오기, 아우게이아스의 외양간 청소하기—와 관련이 있는 별자리는 없다. 하지만 여섯 번째 과제와 관련이 있는 별자리는 3개나 있다. 여섯 번째 과제는 스팀팔로스 주변의 숲에 살면서 괴성을 지르고 사람을 잡아먹는 새들을 없애는 것이었다. 헤라클레스는 늪 사이를 돌아다니면서 새들을 일일이 화살로 쏘아 죽이기가 쉽지 않았다. 그래서 청동으로 된 징을 두들겨 큰 소리를 내 깜짝 놀란 새들이 하늘로 날아오를 때 화살로 쏘아 죽였다.(화살자리가 이 화살이라는 이야기도 있다.) 스팀팔로스의 새들은 부리와 발톱과 날개가 청동으로 되어 있었는데, 흥미롭게도 이 새들과 관련이 있는 세 별자리는 금속과는 거리가 먼 수리, 백조, 독수리를 나타낸다. 그런데 이 별자리들의 이름은 각각 독수리자리, 백조자리, 거문고자리이다. 거문고자리는 오늘날 그냥 거문고로만 묘사하지만, 과거에는 거문고를 붙들고 있는 독수리로 묘사했다. 거문고자리를 거문고를 붙들고 있는

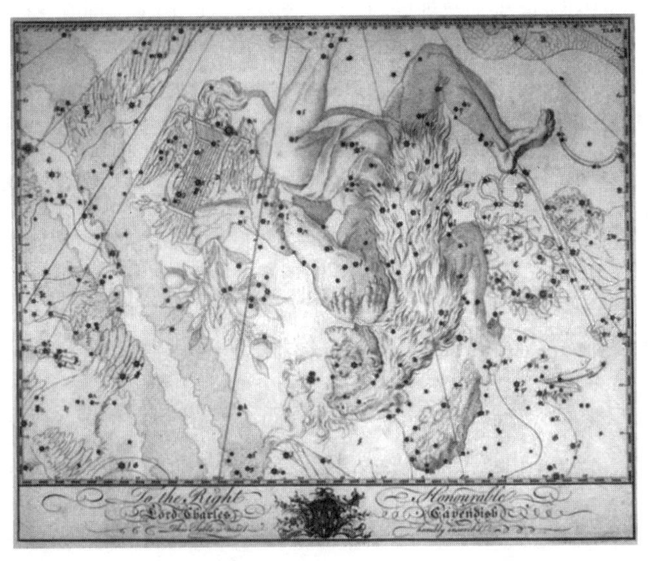

헤르쿨레스자리(베비스 아틀라스 이미지(Bevis Atlas images), Manchester Astronomical Society(UK)(www.manastro.org) 제공)

독수리로 묘사한 예는 헤르쿨레스자리 그림에서 볼 수 있다. 거문고자리는 헤르쿨레스자리의 오른쪽 팔과 무릎 옆에 있다. 헤라클레스는 거꾸로 선 자세로 묘사돼 있다. 그 이유는 밤하늘에서 그의 발이 북극성을 향하기 때문이다. 하지만 우리가 밤하늘에서 보는 헤르쿨레스자리는 이렇게 늘 거꾸로 선 모습이 아니다. 지구가 자전함에 따라 헤르쿨레스자리는 큰곰자리와 작은곰자리 그리고 북극성 주위에 있는 그 밖의 모든 별(주극성)과 함께 북극성 주위를 빙빙 돈다. 그래서 헤르쿨레스자리는 하루 중 시간에 따라 뒤집히기도 하고 바로 서기도 하면서 계속 변한다. 또, 지구가 태양 주위를 돌기 때문에 일 년 중 시기에 따라서도 그 형태가 변한다. 존 베비스는 확립된 지도 제작법의 관행에 따라 북쪽을 맨 꼭대기에 두었다. 그래서 헤르쿨레스자리가 거꾸로 선 모습으로 그려진 것이다. 일곱 번째, 여덟 번째, 아홉 번째, 열 번째, 열두 번째 과제—크레타의 황소 잡아오기, 디오메데스 왕의 야생마 잡아오기, 아마존의 여왕 히폴리테의 허리띠 훔쳐 오기, 게리온의 소 데려오기, 지하 세계의 수문장으로 머리가 셋 달린 개인 케르베로스 데려오기—와 관련이 있는 별자리는 하늘에 없다. 하지만 열한 번째 과제—헤스페리데스의 황금 사과 훔쳐 오기—와 관련된 별자리는 있다. 황금 사과를 따 오려면 영원히 잠자지 않고 그것을 지키는 용, 라돈을 지나가야 했다. 이 용에 해당하는 별자리가 바로 용자리이다.

용자리 그림이 분명하게 보여 주듯이, 용의 머리는 헤라클레스의 발 바로 아래에 있는 반면, 몸통은 작은곰자리의 발을 스쳐 지나가면서 북극성 주위를 빙 두르고 있다.(그런데 이 그림에서 원은 북극성 주위를 도는 주극성을 나타내는 원이 아니다. 황도대의 별자리들이 지구의 적도

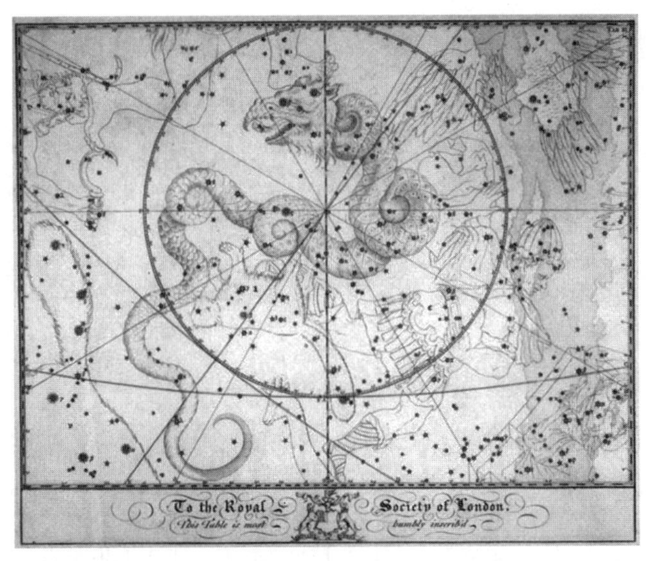

용자리(베비스 아틀라스 이미지(Bevis Atlas images), Manchester Astronomical Society(UK)(www.manastro.org) 제공)

와 평행하게 늘어서 있다고 봤을 때, 북극점 주위를 빙 두르는 원이다.) 다시 말해서, 베비스는 지구를 기울이지 않고 똑바로 세워 놓고 성도를 그렸다. 그의 성도에서 좌표는 순전히 별들과 별들 사이의 관계를 기준으로 했을 뿐, 지구에서 보이는 모습을 기준으로 하지 않았다. 이것은 고대 그리스인, 그중에서도 특히 프톨레마이오스에게서 물려받은 전통이다. 프톨레마이오스가 세운 체계는 고대 그리스 천문학의 기초가 되었다. 베비스는 자신의 성도 전체에 이 체계를 사용했는데, 유일하게 이곳에서만 독자에게 혼란을 초래할 염려가 있다.

황도대와 황도 12궁

헤라클레스의 이야기와 관련이 있는 이 별자리들을 찾으려면 봄철의 성도를 봐야 한다. 이 별자리들은 앞 장에서 본 목동자리와 큰곰자리 양편에 하나씩 두 집단을 이루고 있다. 헤르쿨레스자리와 용자리와 새 세 마리의 별자리가 한쪽에 있고, 다른 쪽에는 사자자리와 바다뱀자리가 있다.

사자자리와 바다뱀자리, 그리고 그 주변에 있는 별자리들은 5월에 북반구와 남반구에서 모두 쉽게 볼 수 있으므로, 이 별자리들을 살펴보는 것으로 우리의 여행을 시작하기로 하자. 사자자리는 황도黃道(하늘에서 태양이 지나가는 길. 지구가 태양 주위를 공전하기 때문에 지구에서 볼 때 태양이 일 년 동안 하늘을 한 바퀴 도는 것으로 보인다.) 가까이에 자리 잡고 있는데, 황도를 따라 죽 늘어선 띠인 황도대에는 황도 12궁의 별자리뿐만 아니라 태양과 달, 태양계의 행성들도 있다.

황도는 한때 하늘에서 태양이 지나가는 길이라고 생각했던 상상의 선이다. 물론 지금은 태양이 움직이는 게 아니라 지구가 태양 주위를 돌기 때문에 그렇게 보인다는 사실이 밝혀졌다. 하지만 황도는 여전히 기준선으로 남게 되었고, 그것은 이 선을 중심으로 그 남북으로 각각 약 8°의 폭으로 늘어선 띠인 황도대도 마찬가지다. 황도대는 적도에 대해 약 23.5°의 각도를 이루며 지구 주위를 빙 두르는 선이 하늘을 지나가며 만드는 띠이다. 이 하늘의 띠는 태양계 평면과 평행한데, 따라서 태양계의 모든 천체—태양과 달, 그리고 모든 행성—도 황도대 안에서 움직인다. 황도대에 있는 12개의 별자리인 황도 12궁을 옛날부터 중요하게 여긴 것은 이 때문이다. 이것들은 대체로 특별히 밝거나 인상적인 별자리는 아니지만, 태양계의 천체들이 발견되는 장소에 있는 별자리이다. 일 년 중 태양의 위치가 이들 별자리 중에서 어떤 별자리 근처에 있느냐를 보고서 계절을 쉽게 알 수 있었으며, 이 별자리들 사이를 이리저리 옮겨 다니는 행성들의 운동은 신의 계시를 알려 준다고 간주했다.

비록 사자자리의 별들은 대부분 너무 희미해서 맨눈으로 보기가 어렵지만, 사자자리에서 밝은 별인 레굴루스는 사자자리의 나머지 별들을 찾는 데 도움을 준다. 사자자리 아래쪽에는 처녀자리 아래에서 천칭자리까지 황도를 따라 곧장 뻗어 있는 바다뱀자리가 있다. 바다뱀자리는 밤하늘에서 가장 큰 별자리이다.

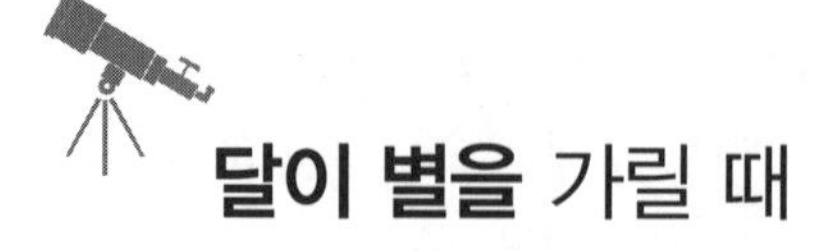

달이 별을 가릴 때

레굴루스는 밤하늘에서 아주 밝은 별이다. 이 때문에 달 또는 가끔 행성이 지나가면서 레굴루스를 가리는 '엄폐掩蔽, occultation' 현상이 눈길을 끈다. 레굴루스는 황도대에서 가장 밝은 별이다. 황도대는 하늘에서 태양과 달과 행성들이 발견되는 장소인데, 이 천체들은 나머지 별들보다 우리에게서 훨씬 더 가깝다. 레굴루스는 하늘의 이 띠에서 발견되기 때문에, 달이나 다른 행성에 가려지는 엄폐가 일어날 수 있다. 사실, 레굴루스는 달에 의한 엄폐가 약 28일마다 한 번씩 일어날 정도로 자주 일어난다. 엄폐는 약 한 시간 동안 계속되는데, 지구에서 이것을 볼 수 있는 장소는 매번 달라진다. 행성에 의한 엄폐는 이보다 훨씬 드물게 일어난다. 행성에 의한 레굴루스의 엄폐는 1959년에 금성이 레굴루스를 가릴 때 일어났다. 다음번 엄폐도 금성 때문에 일어날 텐데, 2044년에 가서야 일어날 것이다.

레굴루스 외에 다른 별도 달이나 행성에 가려지는 현상을 맨눈으로 볼 수 있다. 행성 역시 달이나 다른 행성에 가려져 엄폐가 일어난다. 다음 번 엄폐가 언제 일어날지, 그리고 어디서 그것을 볼 수 있는지 알고 싶다면, 천문학 잡지나 국제 엄폐 시기 예측 협회IOTA 웹사이트를 참고하라.

별자리가 된 천체 관측 도구

헤벨리우스는 바다뱀자리 바로 위쪽과 사자자리 바로 아래쪽 지역에 있는 희미한 별들을 합쳐 육분의자리Sextans를 만들었다. 이 별자리는 헤벨리우스가 사용하던 관측 도구인 육분의六分儀에서 그 이름을 땄다. 육분의는 두 점 사이의 각도를 정밀하게 재는 광학 기계로, 생긴 모양이 원의 6분의 1조각처럼 생겼다. 헤벨리우스가 사용하던 육분의는 1679년에 그의 천문대가 화재로 불탈 때 사라지고 말았다.

천문학의 관측 도구인 육분의와 사분의는 망원경이 발명되기 이전에 사용되었는데, 나중에는 '조준기' 대신에 망원경을 집어넣어 사용하게 되었다. 조준기는 대개 육분원이나 사분원의 한 반지름을 따라 늘어선 아주 작은 구멍 2개로 이루어져 있었다. 별과 두 구멍이 일치하면, 천문학자는 원의 구부러진 가장자리를 따라 각도를 측정할 수 있었다. 이렇게 해서 하나의 좌표를 얻었다. 그리고 시간이 지나면 같은 방법으로 어떤 별을 성도에 표시하거나 성도에서 찾는 데 필요한 나머지 좌표를 얻을 수 있었다. 혹은 다른 별과 얼마나 떨어져 있는지 측정해 그 별의 위치를 알 수 있었다. 초기의 천체 망원경은 육분의와 사분의를 개량하여 만들었다. 이 장비들은 우리 이야기에 중요한데, 별자리에 대해 많은 것을 알려주는 성도를 제작하는 데 아주 중요한 역할을 했기 때문이다.

바다뱀자리의 머리 가까이에 있는 육분의자리는 희미한 별들로 이루어진 작은 별자리이다. 바다뱀자리도 밝은 별(머리 가까이에 있는)이 하나뿐이어서 밤하늘에서 찾기가 상당히 어렵다. 많은 연습과 함께 별들이 나타내는 모양에 익숙해져야 성공을 거둘 수 있다. 이 별자리를 찾는 비결은 충분히 어두운 장소에서 하늘을 보고, 찾고자 하는 것이 무엇인지 잘 알고서 인내심을 갖고 계속 하늘을 바라보는 것이다. 이 원리는 나머지 천체 관측에도 적용되는데, 특히 희미한 별자리를 찾을 때에는 더욱 중요하다.

18세기의 유명한 천문학자 캐롤라인 허셜Caroline Herschel은 이 비결의 중요성을 아주 잘 표현했다. 캐롤라인은 오빠의 영향을 받아 천체 관측에 뛰어들었지만, 일단 하기로 마음먹은 이상 최고가 되려고 했고, 끊임없는 연습을 통해 실력을 갈고 닦았으며, 매일 일기를 썼다. 훗날 캐롤라인은 그때의 경험에 대해 이렇게 썼다.

> 나는 1782년 8월 22일에 (천체 관측 연습을) 시작했지만…… 그 해의 마지막 두 달에 이르러서야 비로소 근처에 인적이 전혀 없고 이슬이나 서리로 뒤덮인 잔디밭에서 밤을 지새운 노력에 대해 최소한의 보람을 느낄 수 있었다.

다시 말해서, 자신의 새로운 '취미'를 즐길 만큼 밤하늘에 충분히 익숙해지기까지 약 석 달 동안 매일 규칙적인 연습이 필요했다는 이야기이다. 사실, 캐롤라인은 오빠의 조수가 되기 위해 그런 훈련을 받았다. 오빠인 윌리엄 허셜William Herschel은 새로운 행성인 천왕성을 발견하여 갑자기 큰 명성을 얻었는데, 그 무렵에는 자신의 망원경으로 볼 수 있는 모든 성운과 성단과 이중성을 자세히 조사하는 일을 하고 있었다. 이 일을 제대로 도우려면, 캐롤라인도 하늘에 대해 아주 자세히 알아야 했다. 또, 북반구에서 볼 수 있는 모든 별자리를 알아야 했고, 망원경을 사용하는 방법도 정확하게 알아야 했다. 캐롤라인의 경험은 설사 여러분이 많은 연습 뒤에 희미한 별자리를 찾는 데 실패하더라도 실망할 이유가 없다는 것을 말해 준다.

성운과 성단

헤라클레스는 두 번째 과제를 수행하기 위해 레르나의 늪에 사는 히드라(머리가 9개 달린 뱀. 9개의 머리 중 하나만 불사의 머리이고, 별자리도 머리가 하나만 달린 것으로 묘사한다.)를 죽이러 갔다. 헤라클레스가 히드라와 30일 동안 사투를 벌이고 있을 때, 헤라가 히드라를 돕기 위해 게 한 마리를 보냈다. 게는 헤라클레스의 발가락을 물었지만, 헤라클레스의 발에 밟혀 한쪽 발이 부러진 채 죽고 말았다. 헤라는 자신의 명령을 충실하게 따르다가 죽은 게를 불쌍히 여겨 하늘의 별자리로 만들었다. 게자리는 황도에서 조금 멀리 떨어진 곳에서 사자자리 바로 옆, 히드라자리의 머리 바로 위에서 볼 수 있다.

천문학자들에게 게자리는 심원 천체 M44(일명 벌집 성단)가 있는 곳으로 더 유명하다. M44는 '산개 성단'으로, 관측 조건이 아주 좋을 때에는 맨눈에 어렴풋한 얼룩으로 보인다. 망원경이나 쌍안경으로 확대해서 보면 벌집처럼 보이는데, 그래서 벌집 성단이란 이름이 붙었다. 고대 그리스인과 로마인은 이것을 여물통과 비슷하게 생겼다고 보았으며, 그래서 프레세페 성단이라고 불렀다. 프레세페Praesepe는 라틴어로 '여물통'이란 뜻이다. 그리스 신화에 따르면, 디오니소스와 실레노스가 티탄(그리스 신화에 나오는 거인족으로, 우라노스와 가이아 사이에서 태어난 남신 6명과 여신 6명)과 싸우기 위해 당나귀를 타고 갔는데, 그 두 당나귀가 먹이를 먹던 여물통이 바로 프레세페이다. 두 당나귀는 이 성단의 양편에 자리 잡고 있는 두 별인 게자리 감마별과 게자리 델타별이 되었다. 게자리 감마별과 게자리 델타별은 각각 '북쪽 당나귀'와 '남쪽 당나귀'란 뜻으로 각각 아셀루스 보레알리스Asellus Borealis와 아셀루스 아우스트랄리스Asellus Australis란 이름이 붙어 있다. 이 달의 별자리들에서 볼 수 있는 또 하나의 성단은 M13이라고도 부르는 헤르쿨레스 구상 성단이다. 이 성단 역시 맨눈으로 볼 수 있는데, 선명한 점이 아니라 흐릿한 반점처럼 보인다.

구상 성단과 산개 성단

성단星團은 말 그대로 별들의 집단인데, 서로의 중력에 붙들려 한데 모여 있으며, 함께 뭉쳐서 움직인다. 구상 성단은 늙은 별들이 빽빽하게 모여 공 모양을 이룬 성단으로, 은하 중심 주위를 돈다. 벌집 성단

헤르쿨레스 구상 성단, M13(STScI(http://hubblesite.org) 제공)

같은 산개 성단은 구상 성단보다는 별들이 느슨하게 모여 있으며, 훨씬 젊은 별들로 이루어져 있다. 구상 성단의 별들은 대체로 나이가 비슷하며, 별의 전체 생애 중에서 비슷한 단계에 있다. 구상 성단에는 대개 주계열성 단계를 지난 별들이 모여 있다. 즉, 이 별들은 중심부에서 수소를 태워 헬륨을 만드는 핵융합 반응이 끝나고, 대신에 헬륨이 탄소로 변하거나 심지어 탄소가 더 무거운 원소로 변하는 핵융합 반응이 일어나고 있다. 이 점 때문에 구상 성단 전체의 나이를 대략 추정할 수 있다. M13의 나이는 110억 년 정도로 추정되는데, 이것은 우주에 존재하는 천체들 중에서 가장 나이가 많은 축에 속한다. 구상 성단에는 수십만 개의 별이 모여 있지만, 가스나 먼지는 전혀 없다. 가스와 먼지 같은 물질은 이미 오래 전에 별을 만드는 데 다 쓰인 것으로 보인다. 구상 성단이 은하 주위의 궤도를 돈다는 사실은 알려져 있지만, 구상 성단이 어떻게 생겨났고, 은하의 탄생과 어떤 관계가 있는지 제대로 아는 사람은 아무도 없다. 성단이 반드시 함께 생겨난 은하에 머물면서 그 주위의 궤도를 도는 것은 아니다. 구상 성단은 원래 있던 은하에서 이웃 은하로 옮겨 갈 수도 있다. 지금 현재 우리의 이웃 은하인 궁수자리 왜소 은하와 큰개자리 왜소 은하에 속한 일부 구상 성단이 우리은하로 옮겨 오고 있다.

반면에 산개 성단의 별들은 모두 나이가 수억 년 이하로 아주 젊은 편이다. 산개 성단은 지금까지 별의 탄생이 아직도 일어나고 있는 은하들에서만 발견되었다. 산개 성단은 같은 분자 구름에서 같은 시기에 생겨난 수백~수천 개의 별로 이루어져 있다. 여기서 분자 구름은 수소 분자로 이루어진 구름을 말한다. 분자 구름은 성운에서 별이 탄생하는 장소이다. 분자 구름은 직접 빛을 내지는 않지만, 거기에 포함된 일부 입자가 다른 광원에서 나온 빛을 반사해 우리가 볼 수 있는 경우가 있다. 이것은 달과 행성이 우리 눈에 보이는 것과 비슷하다. 달과 행성은 직접 빛을 내지는 않지만, 햇빛을 반사하기 때문에 우리 눈에 보인다.

가장 유명한 산개 성단이자 맨눈으로도 개개의 별(적어도 그중 일부)을 볼 수 있는 극소수 성단 중 하나는 황소자리에 있는 플레이아데스 성단(좀생이 성단)이다. 플레이아데스 성단은 나중에 다시 자세히 살펴볼 것이다. 밤하늘에서 관측하기에 더 좋은 대표적인 성단은 게자리의 벌집 성단이다.

구상 성단의 별들은 끝까지 한 덩어리로 뭉쳐 있는 반면, 산개 성단의 별들은 시간이 지나면 주변으로 뿔뿔이 흩어져 간다. 이것은 산개 성단에 젊은 별들만 모여 있는 한 가지 이유이기도 하다. 별들이 늙으면 뿔뿔이 흩어져 성단에 모여 있을 수가 없다. 산개 성단은 별의 진화 과정을 연구하는 데 중요한데, 그 별들이 모두 같은 시기에 같은 물질에서 생겨났고, 모두 지구에서 거의 같은 거리에 있기 때문이다. 따라서 산개 성단에 속한 두 별 사이에 어떤 차이가 있다면, 그것은 순전히 질량 차이 때문에 생긴 것이라고 볼 수 있다.

옛날에는 밤하늘에서 흐릿한 얼룩처럼 보이는 천체를 모두 성운으로 분류했다. 성운을 서양에서는 'nebula'라고 하는데, '엷은 안개'란 뜻의 라틴어에서 유래한 단어이다. 하지만 지금은 성운은 분자 구름과 새로 태어나는 별들을 포함한 특정 천체 집단만 가리키는 뜻으로 쓰인다. 뒤쪽의 밝은 배경 앞에서 어두운 구름처럼 보이는 성운을 암흑 성운이라 한다. 남십자자리에 있는 석탄 자루 성운이 대표적인 암흑 성운이다. 하늘에서 어두운 이 부분은 별이 전혀 없는 지역이 아니라, 먼지와 가스가 짙게 모여 있어서 뒤에서 오는 별빛을 가린 지역이다. 밝은 성운은 방출 성운 또는 반사 성운이라 부르기도 하지만, 대개는 그냥 성운이라고 부른다. 5월 하늘에서 맨눈으로 볼 수 있고 헤라클레스 이야기와 관련이 있는 성운은 백조자리의 NGC 7000이다. 맨눈으로 보기가 힘들 수도 있지만, 쌍안경으로는 안개처럼 뿌연 구름으로 분명히 보인다. 봄철 성도에는 백조자리의 밝은 별 데네브 바로 옆에 표시돼 있다.

성운과 성단은 혜성 사냥이 크게 유행한 18세기에 처음으로 성도에 실리기 시작했는데, 천문학자들이 성운과 성단을 새로운 혜성으로 착각하지 않도록 하기 위해서였다. 프랑스 천문학자 샤를 메시에Charles Messier는 망원경으로 볼 때 혜성처럼 흐릿한 별로 보이지만 실제로는 별이 아닌 천체들의 목록을 만들었다. 메시에는 18세기의 동료 천문학자들처럼 이들 천체가 정확하게 무엇인지에 대해서는 별로 관심이 없었다. 단지 사람들이 그것을 혜성으로 착각하지 않도록 이 천체들의 정확한 위치를 성도에 표시하려고 했을 뿐이다. 그의 목록에 실린 성운과 성단은 지금도 가끔 메시에 천체라고 불리며, M13과 같은 이름이 붙어 있다. 물론 여기서 M은 메시에를 가리킨다. 그의 뒤를 이어 허셜도 성운과 성단 목록을 만들었고, 1880년대에는 덴마크의 요한 드레이어Johan Dreyer가 《성운 성단 새 일반 목록*New General Catalogue of Nebulae and Cluster of Stars*》을 만들었다. 위에 나온 백조자리의 성운도 이 목록에서 NGC 7000으로 분류되었다.

바다뱀자리, 까마귀자리, 컵자리에 얽힌 신화

바다뱀자리는 헤라클레스 이야기에서 머리가 여러 개 달린 괴물로 나왔지만, 또 다른 이야기에서는 까마귀가 아폴론에게 가져온 바다뱀으로 나온다. 이 이야기에 따르면, 아폴론은 아버지 제우스에게 제물을 바치려고 까마귀에게 컵을 주면서 어느 샘에 가서 물을 떠 오라고 시켰다. 하지만 도중에 까마귀는 샘물 주위에 자신이 좋아하는 무화과나무가 있는 것을 발견했다. 까마귀는 무화과가 익기까지 기다렸다가 그것을 먹었다. 하지만 그 때문에 시간이 많이 지나자, 까마귀는 거짓 핑계를 대기로 했다. 그래서 바다뱀을 한 마리 잡아서 아폴론에게 가져가 바다뱀이 샘물을 가로막고 있어서 늦었다고 말했다. 하지만 태양신이자 예술의 수호신이며 예언 능력이 있는 아폴론은 까마귀의 거짓말을 알아챘다. 그래서 까마귀의 핑계를 받아들이지 않고, 까마귀와 바다뱀과 컵을 하늘로 던져 버렸다. 그래서 하늘에 까마귀자리와 바다뱀자리와 컵자리가 나란히 생겼다고 한다.

까마귀자리와 컵자리는 5월의 북반구 하늘에서는 지평선 가까이에서 볼 수 있지만, 남반구에서 훨씬 잘 보인다. 까마귀자리와 컵자리의 별들은 하늘에서 아주 밝은 별들은 아니지만, 좋은 관측 조건에서는 맨눈으로도 볼 수 있다. 컵자리에서 가장 밝은 별의 실시 등급은 4등급이다.(대부분의 사람은 6등급 이하의 별만 볼 수 있다.) 까마귀자리와 컵자리의 별들을 찾기에 가장 좋은 방법은 맑고 어두운 날 밤에 다음 그림 아래쪽에서 볼 수 있는 남십자자리를 바라보는 것이다. 그런 다음, 거기서 위로 올라가면서 켄타우루스자리에서 밝은 별인 켄타우루스자리 알파별을 찾는다. 밤하늘에서 세 번째로 밝은 별인 켄타우루스자리 알파별은 실제로는 여러 개의 별로 이루어져 있는데, 맨눈으로는 하나의 별처럼 보인다. 그 위에서 더 희미한 별들이 모여 있는 지역을 발견해야 하는데, 끈기 있게 찾다 보면 까마귀자리와 컵자리를 알아볼 수 있다.

켄타우루스자리는 그리스 신화에 나오는 여러 켄타우로스(반인반마의 괴물)와 관련이 있는데, 헤라클레스의 이야기에 나오는 키론도 그 중 하나이다. 그리스 신화에 나오는 대부분의 켄타우로스와 달리 키론은 신중하고 교양이 있고 학식도 높다. 키론은 헤라클레스와 아킬

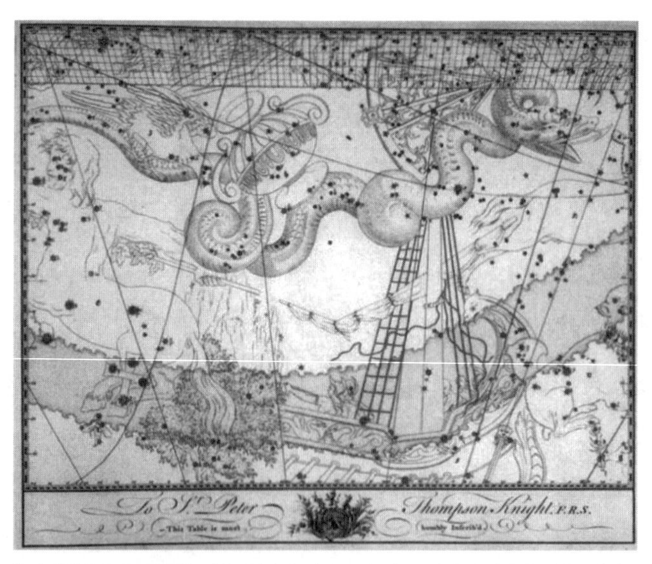

바다뱀자리 등 뒤쪽에 까마귀자리와 컵자리가 있고, 머리 가까이에는 육분의자리가 있다.(베비스 아틀라스 이미지(Bevis Atlas images), Manchester Astronomical Society(UK)(www.manastro.org) 제공)

레우스의 스승이 되었는데, 어떤 이야기에서는 헤라클레스가 열두 가지 과제 중 하나를 해결하던 도중에 의도치 않게 키론을 죽였다고 한다. 제우스는 키론이 스승으로서 이룬 업적을 기려 켄타우로스를 하늘의 별자리로 만들었다고 한다.

여기서 목동자리와 큰곰자리의 반대편으로 옮겨가면, 헤르쿨레스자리와 용자리를 만나게 된다. 거기서 조금 더 멀리, 그리고 북반구의 봄 하늘(대부분의 남반구 지역에서는 보이지 않는)에서 지평선을 향해 더 가까이 다가가면, 새 세 마리를 만나게 된다.

헤라클레스는 여섯 번째 과제에서 금속 부리와 발톱과 날개로 사람을 잡아먹는 스팀팔로스의 새들을 죽이러 나섰고, 마침내 활과 화살로 새들을 죽이거나 쫓아 보냈다. 그중 한 화살이 독수리자리와 백조자리 사이의 하늘로 날아가 화살자리가 되었다. 세 마리 새의 별자리인 독수리자리, 백조자리, 거문고자리(거문고를 붙들고 있는 독수리)를 찾으려면, 먼저 '여름철 대삼각형'을 찾는 게 좋다. 밝은 별 3개로 이루어진 이 삼각형은 여름 내내 잘 보이는데, 북반구에서는 봄에도 볼 수 있다. 세 별은 독수리자리의 알타이르, 백조자리의 데네브, 거문고자리의 직녀성(베가)이다. 셋 중에서 직녀성이 가장 밝게 보이고, 알타이르가 그 다음으로 밝으며, 데네브가 가장 어둡다. 실제로는 데네브가 가장 많은 빛을 내지만, 거리가 아주 멀어서 셋 중에서 가장 어두워 보인다. 직녀성은 북반구 하늘에서는 목동자리의 아르크투루스 다음으로 가장 밝은 별이다.

여름철 대삼각형

여름철 대삼각형은 북반구의 여름 하늘에서 매일 밤 맨 먼저 눈에 띄는 별들이다. 심지어 하늘이 완전히 어두워지기 전에도 볼 수 있다. 한여름에는 북반구의 많은 지역이 해가 지고 나서도 밤하늘이 완전히 어두워지지 않는다는 사실을 감안하면, 이 점은 여름철 대삼각형을 관측하는 데 유리하다. 하늘이 완전히 캄캄해지는 시간을 '천문박명astronomical twilight'이라 부른다.

해가 뜨기 전이나 해가 지고 난 후에도 지구 상층 대기에 반시된 햇빛이 비치기 때문에 얼마 동안은 주위가 희미하게 밝은데, 이것을 박명薄明이라고 한다. 사람들은 해가 졌지만 하늘이 완전히 캄캄해지지 않은 때를 흔히 황혼黃昏이라고 하는데, 황혼도 일종의 박명이다. 그런데 천문학자들은 박명을 상용박명civil twilight, 항해박명nautical twilight, 천문박명의 세 종류로 나눈다. 상용박명은 박명 중에서 가장 밝은 단계로, 가로등과 자동차 전조등을 켜야 하는 시간을 가리킨다. 항해박명은 그보다 좀 더 어두운 시간으로, 가장 밝은 별들(전통적으로 항해에 이용된 별들)이 눈에 보이는 시간이다. 그리고 천문박명은 하늘이 완전히 어두워지는 시간이다. 한여름에는 많은 지역에서는 밤새도록 천문박명이 찾아오지 않는데, 심지어 북극점에서 비교적 멀리 떨어진 런던에서도 이런 일이 일어난다.

직녀성은 여름철 대삼각형 중 가장 밝은 별이다. 또, 직녀성은 용자리의 투반처럼 먼 옛날에 한동안 북극성이었던 적도 있다. 지금은 물론 작은곰자리 알파별(북극성이라 부르는)이 북극성이다. 세차 운동 때문에 지구의 자전축이 움직임에 따라 세월이 지나면 북극성도 변한다. 고대 이집트의 많은 피라미드는 투반을 기준으로 정렬돼 있는데, 그 입구가 투반을 향하고 있다. 직녀성은 오늘날 실시 등급의 측정 기준으로 쓰인다.

두 번째로 밝은 별인 알타이르는 태양과 직녀성처럼 중심부에서 수소 핵융합 반응이 맹렬하게 일어나는 주계열성이다. 알타이르는 밤하늘에서 손으로 꼽을 만큼 밝은 별일 뿐만 아니라, 거리도 17광년밖에 안 돼 우리에게서 가장 가까운 별 중 하나이다. 1광년은 빛이 진공에서 1년 동안 달리는 거리를 말한다. 따라서 우리 눈에 보이는 알타이르는 17년 전의 모습이다. 빛은 1초에 약 30만 km를 달리므로, 대충 계산하면 알타이르는 약 1600억 km 거리에 있다는 걸 알 수 있다.

여름철 대삼각형에서 세 번째 별인 데네브는 백색 초거성으로, 실제 밝기가 가장 밝은 별 중 하나이다. 실시 등급은 1.25등급밖에 안 되지만, 절대 등급은 −8.5등급이다. 따라서 실제 밝기는 태양보다 약 6만 배나 밝다. 별의 절대 등급은 그 별이 우리 눈에 얼마나 밝게 보이는가가 아니라, 실제로 얼마나 많은 빛을 내는지 알려 준다. 태양의 절대 등급은 약 4.8등급이다. 데네브는 아주 큰 별인데, 그 질량은 태양보다 20배쯤 큰 것으로 추정된다. 따라서 그 수명은 비교적 짧을 것으로 예상되는데, 아마도 수백만 년 안에 초신성 폭발로 생애를 마칠 것이다.

여름철 대삼각형과 관련이 있는 세 마리 새인 독수리자리, 백조자리, 거문고자리에 얽힌 그리스 신화가 또 하나 있는데, 이 신화는 이 별자리들이 왜 이런 모양을 하고 있는지 잘 설명해 준다. 까마귀가 아폴론의 심부름을 했듯이, 독수리는 제우스를 위해 비슷한 심부름을 했다. 신들을 위해 술을 따를 시종을 찾던 독수리는 자신의 눈에 가장 아름다운 소년인 가니메데스를 찾았다. 신들은 가니메데스가 마음에 들어 곁에 두기로 결정했다. 가니데메스는 가끔 독수리자리의 일부로 묘사되지만, 갈릴레이가 발견한 목성의 4대 위성 중 가장 큰 위성에도 그 이름이 붙어 있다(단, 가니메데스가 아니라 가니메데란 이름으로). 나머지 세 위성에는 제우스가 정복한 여자들의 이름이 붙어 있다. 그 이름은 각각 칼리스토(1장에 나왔던)와 이오와 에우로파이다.(다만, 에우로파Europa는 영어식 발음으로 흔히 유로파라고 한다.—옮긴이)

백조자리에는 두 가지 신화가 얽혀 있다. 한 이야기에서는 제우스가 백조로 변신해 스파르타의 왕비인 레다를 유혹한다. 다른 이야기에서는 백조가 태양신 헬리오스(후대의 이야기에서는 아폴론)의 아들인 파에톤의 친구로 나온다. 파에톤이 아버지의 태양 마차를 몰다가 강에 추락해 죽자, 백조는 파에톤을 찾기 위해 필사적으로 물속으로 몇 번이고 계속 잠수한다. 그러자 제우스는 친구의 죽음으로 슬픔에 잠긴 백조를 불쌍히 여겨 하늘의 별자리로 만들었다고 한다.

거문고자리에 얽힌 신화는 좀 더 복잡하다. 이 별자리에서 새에 해당하는 부분은 헤라클레스가 퇴치한 스팀팔로스의 새들과 관련이 있는 것으로 보인다. 그리고 악기인 거문고(우리나라 악기 이름을 따서 거문고자리라고 부르지만, 원래는 고대 그리스의 전통 악기인 '리라Lyra'임—옮긴이)는 아폴론과 관련된 이야기에서 유래한 것으로 보인다. 아폴론은 이 악기를 자신의 아들인 오르페우스에게 주었다. 오르페우스는 이아손이 이끈 아르고호 원정대에 함께 참여했다. 모험 중에 동료들이 세이렌(아름다운 인간 여성의 얼굴에 독수리의 몸을 가진 전설의 동물. 섬에 배가 가까이 다가오면 아름다운 노랫소리로 선원들을 유혹하여 바다에 뛰어들게 만들었다.—옮긴이)의 노래에 홀려 위험에 빠지자, 오르페우스가 세이렌보다 더 아름다운 노래를 불러 맞대응했고, 이에 굴욕을 느낀 세이렌이 바다에 몸을 던져 바위가 되었다고 한다. 오르페우스는 또한 죽은 아내인 에우리디케를 찾아 지하 세계(저승)로 내려가 아름다운 리라 연주로 지하 세계의 왕인 하데스를 감동시킴으로써 에우리디케를 도로 데려온다.(하지만 이승에 도착할 때까지 절대로 뒤를 돌아보아서는 안 된다는 약속을 어기는 바람에 아내는 도로 저승으로 돌아간다.)

여름철 대삼각형의 세 별과 목동자리와 그 밖의 밝은 별들은 고대 천문학자들과 항해가들에게 하늘의 이정표로 쓰였다. 특정한 시간에 보이는 별들을 바탕으로 자신의 위치를 알 수 있다는 사실도 사람들이 천문학을 중요하게 여긴 이유 중 하나였다. 이것은 시간을 알면 별들을 보고서 지구 위에서 자신이 어디에 있는지 알 수 있고, 또 반대로 자신의 위치를 알면 시간을 알 수 있음을 뜻한다. 시간과 위치를 파악하기 위해서는 몇몇 별의 위치만 알면 충분한데, 가장 밝은 별들이 그 대상이 된 것은 당연한 일이다. 이 밝은 별들(그중에는 여름철 대삼각형의 알타이르, 데네브, 직녀성이 포함돼 있었음)은 초기의 천체 관측 장비인 아스트롤라베의 주요 관측 대상이 되었다.

이슬람 세계의 천문학

터키는 오스만 제국의 중심이었는데, 술탄이 건설 비용을 대서 지은 천문대는 타끼 앗딘을 위해 지은 것이다. 이슬람 세계는 중요한 천문학자와 천문대를 많이 배출한 역사를 자랑하는데, 특히 7세기 초에 이슬람교가 생긴 직후부터 유럽에 르네상스가 일어날 때까지 약 1000년 동안이 전성기였다. 타끼 앗딘의 천문대는 티코 브라헤 Tycho Brahe가 덴마크에 천문대를 세우는 등 유럽이 이슬람 세계의 천문학을 따라잡기 시작하던 무렵인 1577년에 세워졌다. 8세기에 바그다드에 세운 '지혜의 집'은 초기 이슬람 세계의 천문학과 학문의 중심지였다. 이곳에서는 전 세계 각지에서 훌륭한 책들을 가져와 아랍어로 번역했다. 그중에는 고대 그리스의 저작이 많았는데, 이슬람 학자들은 이 책들에 들어 있는 사상과 개념을 종합하고 발전시켰다. 이 시기에 이슬람 학자들이 천문학에 기여한 업적으로는 수학, 하늘의 움직임에 관한 이론, 이 이론들을 뒷받침하는 계산과 관측, 갈수록 점점 정확해진 위치 측정 등을 들 수 있다.

아랍어에서 유래한 별 이름

이러한 노력에서 나온 한 가지 부산물은 개개 별의 이름을 비롯해 많은 사물의 이름이 정해진 것인데, 아직도 그때 붙인 이름의 흔적이 남아 있는 별이 많다. 지금까지 우리가 만났던 별 중에서는 데네브가 있다. 데네브는 '암탉의 꼬리'를 뜻하는 아랍어 '다나브 아브 다자자'에서 유래했다. 우리는 데네브를 백조자리의 별로 생각하지만, 이슬람 이전의 아랍 일부 지역을 비롯해 다른 문화권에서는 백조자리를 암탉으로 보았다. 이슬람 학자들은 여러 문화의 지식을 모아 연구하면서 서로 다른 전통들을 합치려고 노력했다. 근대에 이르기까지 이슬람이나 유럽의 전통과는 독자적인 전통을 이어 온 중국 천문학자들도 이 별자리의 형태를 '새'로 보았다는 사실이 흥미롭다.(정확하게 새는 아니더라도, 견우와 직녀가 일 년에 한 번씩 만나도록 까치들이 만들어 주는 다리로 보았다. 이 이야기는 뒤에 자세히 나온다.)

앞에서 나온 별들 중에 아랍어 이름이 붙은 것으로는 독수리자리의 알타이르와 큰곰자리의 메라크와 두베가 있다. 알타이르는 '하늘을 나는 독수리'란 뜻의 아랍어 '안 나스르 아트 타이르'에서 유래했다. 메라크는 (곰의) '허리'란 뜻의 아랍어 '마라크'에서 유래했고, 두베는 '큰곰의 등'이란 뜻의 아랍어 '자르 아드 두브 알 아크바' 중 '두브'에서 유래했다. 여기에 나오는 곰은 모두 큰곰자리를 가리킨다.

천문학의 발전에 이슬람 천문학이 큰 기여를 했다는 사실은 아무도 부인하지 못한다. 17세기까지만 해도 많은 유럽 천문학자들은 이슬람 천문학자들에게 진 빚을 솔직하게 인정했다. 천구의天球儀(별과 별자리를 천구 위에 놓여 있는 것처럼 표시한 천구의 모형)에 표시된 별자리들에는 그리스어와 라틴어 이름뿐만 아니라, 아랍어 이름도 적혀 있었다. 그리고 천문학자들은 문헌 출처를 밝힐 때 가끔 이슬람 천문학자들을 언급했다. 하지만 17세기에 유럽 천문학자들이 전문적이고 조직적으로 천문학을 시작하면서 그 격차가 좁혀지기 시작했다.

안타깝게도 타끼 앗딘의 천문대가 있던 건물은 더 이상 남아 있지 않다. 다만, 이스탄불의 갈라타 지역에 그보다 앞서 지은 탑이 아직 남아 있는데(이마저도 식당과 카페로 바뀌었음), 이곳은 타끼 앗딘의 관측소였다고 전한다.

3

6월, 태양

일반적으로 낮에 우리가 볼 수 있는 별은 딱 하나, 태양뿐이다.
하지만 태양을 잘 관측하면 별에 관한 온갖 종류의 일반적 사실을 알 수 있다.
이런 이유 때문에 천문학자와 천체 관측자는
모두 먼 옛날부터 우리에게서 가장 가까운 이 별에 큰 관심을 보였다.

낮에 볼 수 있는 별

북반구에 낮이 가장 긴 하지가 다가오는 6월은 낮에 별을 관측하기에 아주 좋은 시기이다. 일반적으로 낮에 우리가 볼 수 있는 별은 딱 하나, 태양뿐이다. 하지만 태양을 잘 관측하면 별에 관한 일반적 사실을 많이 알 수 있다. 이런 이유 때문에 천문학자와 천체 관측자는 모두 먼 옛날부터 우리에게서 가장 가까운 이 별에 큰 관심을 보였다.

태양은 눈부시게 밝은 가스 덩어리
수백만 도의 온도에서
수소가 헬륨으로 변하는 일이 일어나는
거대한 핵융합로
(The Sun is a mass of incandescent gas
A gigantic nuclear furnace
Where hydrogen is built into helium
At a temperature of millions of degrees)

태양은 뜨거워, 태양은 우리가
살 수 있는 장소가 아니야
하지만 태양이 주는 빛이 없다면
이곳 지구에는 그 어떤 생명도 살 수 없지

(The Sun is hot, the Sun is not

A place where we could live

But here on Earth there'd be no life

Without the light it gives)

'데이 마이트 비 자이언츠They Might Be Giants'라는 밴드는 1944년에 부른 노래 '태양은 왜 빛나는가Why Does the Sun Shine'에서 이렇게 읊었다. 그 가사는 1959년에 나온 교육적 앨범에서 따 온 것이다. 하지만 이 노래에서 주장하는 개념들이 인류 역사를 통해 항상 옳은 것으로 받아들여진 것은 아니다. 예를 들면, 태양에서 사람이 살 수 없다는 생각이 늘 진리로 통했던 것은 아니다. 사람이 태양에서 살 수도 있다는 이론은 유럽의 관측자들이 태양 표면에서 흑점(충분한 인내심을 갖고 열심히 볼 경우에 태양 표면에서 볼 수 있는 어두운 점)을 발견하면서 나왔다.

태양을 관측하는 방법

태양은 절대로 직접 보아서는 안 되지만, 적절한 필터를 사용하면 볼 수 있다. 필터를 살 때 '마일라mylar'나 '솔라스크린solarskreen' 같은 단어가 포함돼 있으면 주의해야 한다. 일식이 다가오면, 종종 이 필터를 사용해 마분지 틀에 끼운 안경을 판매하는 사람들이 있으며, 다양한 웹사이트에서도 그런 제품을 구입할 수 있다. 그런데 이런 제품은 적절한 승인을 받았는지 꼭 확인해야 한다. 이런 제품은 태양 관측을 더 안전하게 해 주긴 하지만, 이것을 사용하더라도 태양을 오랫동안 바라보는 건 좋지 않다. 한 번에 몇 분씩만 보고 좀 쉬었다가 다시 보도록 하라.

혹은 작은 구멍을 사용해 태양의 상을 평평한 표면 위에 비춰 관찰할 수 있다. 카드에 바늘로 구멍을 뚫은 뒤에 그것을 태양과 평평한 표면 사이에 치켜들고서 평평한 표면에 선명한 상이 맺힐 때까지 이리저리 움직이면 된다. 구멍이 작을수록 카드와 평평한 표면 사이의 거리를 더 짧게 할 수 있다. 조금 더 나은 방법은 구멍을 통과한 빛 외에 주변의 다른 빛이 표면에 비치지 않게 하는 것이다. 한 가지 방법은 커튼을 쳐서 방을 캄캄하게 만든 뒤에 커튼 사이의 틈으로 들어오는 빛을 카드 구멍에 통과시킨 뒤, 캄캄한 방 안의 평평한 표면에 비추는 것이다. 사실, 바늘구멍 사진기와 카메라오브스쿠라camera obscura('어두운 방'이라는 뜻으로, 카메라의 어원을 나타내는 말. 바늘구멍 사진기의 원조 격에 해당한다. 밀폐된 방의 한쪽 벽에 구멍을 뚫으면 바깥 경치가 다른 쪽 벽 위에 거꾸로 비치는데, 16세기 이전부터 이 원리가 알려져 그림 스케치에 쓰였다.)의 원리도 바로 이것이다. 이 두 가지 도구는 11세기에 아랍의 천문학자인 아부 알리 알하산 이븐 알하산 이븐 알하이삼(서양에서는 라틴어식 이름인 알하젠Alhazen으로 널리 알려져 있음)이 처음 기술했다.

일단 태양을 안전하게 볼 수 있으면, 흑점을 찾는 데 도전할 수 있다. 이 어두운 부분은 태양 표면에서 주변 지역보다 온도가 낮은 곳이며, 강한 자기 활동 때문에 생겨난다. 태양도 지구처럼 자전축을 중심으로 자전한다. 그리고 지구와 마찬가지로 이 자전축의 양 끝부분 근처에 북극점과 남극점이 있다. 하지만 아주 젊은 별인 태양은 지구처럼 딱딱한 구가 아니라 대부분 수소로 이루어진 거대한 기체 덩어리로, 기체 입자들이 중력과 자기장에 붙들려 거대한 구 모양으로 뭉쳐 있다. 태양은 기체로 이루어져 있기 때문에 그 모양, 특히 코로나라고 부르는 바깥층의 모양은 태양의 자기장에 영향을 받아 계속 변한다. 그리고 태양이 자전하기 때문에 적도 부근에 있는 기체는 극 쪽에 있는 기체보다 더 빠른 속도로 움직인다. 이러한 속도 차이 때문에 곳곳에서 자기장이 교란되는 일이 일어나는데, 이런 곳에서는 자기장의 세기가 주변 지역과 차이가 생긴다. 여기에 작용하는 인과 관계는 복잡하지만, 어쨌든 그 결과로 자기장이 아주 강한 곳에서는 온도가 크게 낮아진다. 태양 표면의 평균 온도는 약 5800K인데, 이곳은 4250K 정도로 낮다. 그래서 주변 지역보다 어두워 보여 우리가 볼 때 흑점으로 나타난다.

태양의 흑점 주기

19세기 중엽에 독일의 아마추어 천문학자 사무엘 하인리히 슈바베Samuel Heinrich Schwabe는 태양 흑점의 수가 일정한 간격으로 증가와 감소를 반복한다는 사실을 발견했다. 태양 흑점이 가장 많아지는 시기는 11년마다 찾아왔고, 5~6년 뒤에는 그 수가 가장 적어졌다가 다시 많아지기 시작했으며, 이런 주기가 계속 반복되었다. 스위스 천문학자 루돌프 볼프Rudolf Wolf도 여기에 흥미를 느껴 이전의 태양 관측 기록을 살펴보았다. 그 결과, 최소한 1745년까지는 이 규칙이 성립하며, 어쩌면(비록 남아 있는 기록이 적긴 했지만) 17세기 초와 갈릴레이 시대까지도 성립하는 것처럼 보였다. 그러자 왕립 그리니치 천문대에서 일하던 몬더 부부가 이 문제를 본격적으로 조사하는 데 뛰어들었다.

애니 스콧 딜 러셀Annie Scott Dill Russell은 1891년에 그리니치 천문대에서 일을 시작하면서 그곳에서 남편 에드워드 월터 몬더Edward Walter Maunder를 만났다. 에드워드 몬더는 1873년부터 그곳에서 일해 왔고, 애니는 시험적으로 여성을 채용하려고 한 그리니치 천문대의 정책 때문에 들어오게 되었다. 천문대에서는 대학을 졸업한 여성 4명을 과학 부문의 직책 중 가장 낮은 직책인 '컴퓨터computer'('계산하는 사람'이란 뜻인데, 오늘날 우리가 아는 컴퓨터의 어원이 되었음)로 채용하기로 했다. 보통은 14세의 소년들을 시험을 통해 뽑아 썼는데, 컴퓨터는 천문학자가 관측한 자료를 가지고 필요한 계산을 하는 일을 했다. 그러면 천문학자는 그 계산 결과를 필요한 곳에 사용했다. 결국 채용된 여성은 3명이었다.(네 번째 자리는 19세기 후반에 유명한 천문학 저자로 이름을 날리고 있던 애그니스 클러크Agnes Clerke에게 제안했지만, 애그니스는 그 제안을 거절했다.)

1869년, 애니는 개교한 지 20년이 지난 케임브리지의 거턴 칼리지Girton College를 3등으로 졸업했다. 그리니치 천문대에서는 태양과에 배치되었다. 태양과에서 애니는 몬더 밑에서 일했는데, 그리니치 천문대에서 매일 찍은 태양 사진과 때로는 인도와 모리셔스를 포함해 다른 천문대에서 찍어서 보내 온 사진을 분석하는 일을 했다. 천문대의 다른 여성 컴퓨터와 마찬가지로 애니의 주 업무는 계산이었지만, 그 밖의 다양한 일도 해 보라는 격려를 받았다. 그렇게 해서 애니는 점차 태양천문학 분야의 전문가가 되었다. 천문대에 들어온 지 첫해가 지날 무렵, 몬더는 애니를 왕립천문학회 회원으로 추천했다.

그 당시만 해도 왕립천문학회 회원은 모두 남성뿐이었다(비록 캐롤라인 허셜은 살아 있을 때 명예 회원이 되긴 했지만). 그들은 애니와 다른 두 여성의 가입을 거부했다. 하지만 애니는 제1차 세계 대전이 벌어지고 있던 1916년에 그리니치 천문대로 돌아오고 나서 마침내 왕립천문학회 회원으로 받아들여졌다.

애니는 1895년에 몬더와 결혼하고 나서 천문대를 떠났지만, 남편과 함께 태양 관측 일을 계속했다. 두 사람은 전 세계를 여행하면서 일식을 관측하고 태양 흑점을 연구했다. 애니는 반복적으로 나타나는 태양 흑점 목록을 작성했고, 두 사람은 함께 역사적으로 태양 흑점 수가 어떻게 변해 왔는지 조사했다. 그러다가 몬더 극소기라는 것을 발견했다. 슈바베와 볼프는 흑점 수가 약 11년(정확하게는 9~14년 사이에서 변동이 있다)을 주기로 증가와 감소를 반복한다는 사실을 발견했지만, 몬더 부부는 더 큰 그림을 보았다. 즉, 흑점 수가 최대가 되는 시기도 나름의 주기가 있다는 사실을 발견한 것이다. 두 사람은 1645년부터 1715년 사이에는 흑점 수가 최대일 때에도 흑점 수가 비교적 적다는 사실을 알아냈는데, 그때는 유럽과 북아메리카에서 겨울이 평소보다 훨씬 추웠던 시기였다. 이 시기를 오늘날 우리는 몬더 극소기Maunder Minimum라 부른다.

흑점 수의 변화가 11년을 주기로 일어나는 이유는 몬더 부부와 같은 시기에 활동했던 미국의 태양천문학자 조지 엘러리 헤일George Ellery Hale이 설명했다. 그는 태양도 지구와 마찬가지로 하나의 자석으로 볼 수 있다고 생각했다. 그런데 태양 자석의 양극이 11년마다 한 번씩 바뀌었다가(즉, N극이 S극으로 변하고, S극이 N극으로 변하는 식으로) 다시 11년이 지나면 원래대로 돌아가 전체적으로 22년을 주기로 이런 현상이 반복되었다. 이것을 헤일 주기Hale cycle라 부르는데, 이로써 흑점 수의 증가와 감소는 태양의 자기장 변화와 밀접한 관계가 있음이 밝혀졌다. 태양이 자전하기 때문에 적도 부근의 기체는 극 지역의 기체보다 더 빠른 속도로 움직인다. 그래서 그 전까지 깔끔했던 자기력선(큰 호를 그리며 양극을 잇는)이 흐트러지고 고리 모양으로 얽히면서 흑점을 만들어 낸다. 이 기간이 더 길어질수록 흑점이 더 많이 만들어지다가 마침내 양극이 바뀌면 흐트러진 자기력선이 다시 깨끗하게 복원된다.

흑점을 만들어 내는 자기 활동은 그 밖에도 태양 플레어solar flare와 태양풍을 포함해 다른 태양 활동도 일으킨다. 태양풍은 지구에서 오로라(북극 지방에서는 북극광, 남극 지방에서는 남극광이라 부름)라 부르는 극적인 현상을 일으키는 원인이 된다.

북극광과 남극광

최근에 소설가 필립 풀먼Philip Pullman은 《황금 나침반*His Dark Materials*》을 통해 북극광에 대해 대중의 큰 관심을 불러일으켰다. 이 책에는 온갖 종류의 역사적 개념과 과학 용어가 나오는데, 예를 들어 여주인공 리라가 북극점으로 가는 길을 안내하는 장비인 황금 나침반alethiometer은 역사적 장비인 크룩스의 라디오미터(복사계)를 패러디한 것이다. 게다가 북극점에서 리라를 돕는 북극 탐험가의 이름은 스코스비인데, 19세기의 북극 탐험가였던 윌리엄 스코스비William Scoresby의 이름을 땄을 가능성이 매우 높다. 윌리엄 스코스비는 지구 자기장을 조사하기 위해 북극으로 갔으며 북극광도 조사했다.

오로라는 예기치 않게 나타나는 아주 환상적인 현상이다. 오로라는 태양 자기장과 지구 자기장 사이에 일어나는 상호 작용으로 설명할 수 있다. 오로라는 밤중에 극 지방 근처에서 가장 잘 볼 수 있으며, 흑점 극대기(11년의 주기 중 태양 표면에 나타나는 흑점의 수가 가장 많을 때) 무렵에 많이 나타난다. 오로라는 언제 일어날지 예측이 불가능하기 때문에, 북극 지방에 간다고 해서 반드시 본다고 장담할 수 없다. 그저 볼 수 있는 확률을 높일 수 있을 뿐이다. 지구 자기장은 극 지점에서 가장 강하고, 태양 자기장은 흑점 극대기에 지구에 가장 큰 영향을 미친다. 따라서 지리적으로 극 지점에 가까이 갈수록 오로라를 볼 확률이 높아진다. 마찬가지로 시간적으로 흑점 극대기에 더 가까울수록 극 지점에서 좀 멀리 떨어진 곳에서도 오로라를 볼 확률이 높아진다.

지구는 하나의 자석으로 볼 수 있으며(이것은 엘리자베스 여왕의 주치의이던 윌리엄 길버트William Gilbert가 처음 주장했음), 자석의 N극과 S극처럼 자북극과 자남극이 있다(하지만 자남극과 자북극은 지구의 자전축에서 약간 벗어난 곳에 있음). 여느 자석과 마찬가지로 지구 자기장도 자기력선이 한 극에서 다른 극까지 긴 호를 그리며 뻗어 있는데, 가끔 오로라도 이 자기력선을 따라 호를 그리며 구부러진 것처럼 나타난다. 태양에서 날아온 대전 입자가 지구 대기권 상층의 공기 입자들과 자기장과 충돌할 때, 밝은 색의 빛이 나와 선을 그리며 하늘을 가로지른다. 이것이 바로 우리가 보는 오로라(로마 신화에 나오는 새벽의 여신 이름)로 나타난다.

흑점 수는 태양 자기장의 상태를 보여 주는 한 가지 지표이다. 자기장이 더 많이 교란될수록 흑점 수가 증가한다. 자기장 교란은 흑점 외에도 태양풍의 원인이다. 태양풍은 태양의 상층 대기에서 대전 입자들이 방출되는 현상이다. 이 입자들이 어떻게 태양의 중력을 뿌리치고 탈출할 수 있을 만큼 큰 에너지를 얻는지 그 자세한 과정은 알려져 있지 않다. 다만, 흑점 극대기에는 태양풍을 포함해 태양 자기장 교란과 관련이 있는 모든 현상의 발생 빈도가 더 잦아진다. 그 결과로 오로라도 더 많이 생기고, 우연히 하늘을 관측하는 사람이 그것을 볼 기회도 많아진다. 극 지점에 더 가까울수록 지구 자기장도 더 강하므로, 흑점 극소기에도 오로라를 볼 확률이 높아진다.

태양에 생명이 살 수 있을까?

비록 초기의 가설들도 흑점이 주변보다 온도가 낮은 장소라고 보긴 했지만, 비교적 최근에 흑점의 정확한 온도가 밝혀지자 태양에서도 생명이 살 수 있을 것이라는 이전의 가설들은 설 자리를 잃게 되었다. 서양 천문학자들은 17세기에 흑점을 발견하기 시작했는데, 그로부터 200여 년 동안 다수의 유명한 천문학자들이 밝게 빛나는 태양의 바깥쪽 껍질층 아래에 생명이 살 수 있다고 주장했다.

프랑스 수학자 제롬 랄랑드Jérôme Lalande는 18세기 후반에 쓴 《천문학*L'Astronomie*》이란 책에서 흑점은 밝은 바깥쪽 대기층 아래에 산꼭대기가 있음을 보여 주는 증거라고 주장했다. 윌리엄 허셜은 생명이 살 수 있는 태양에 관한 이론을 더 발전시켰는데, 1801년에 태양은 "생명이 살 수 있는 아주 웅대한 세계"라고 주장했다. 하지만 19세기가 지나가는 동안 천문학자들이 태양이 실제로 무엇으로 만들어졌는지 더 자세히 조사하면서 이러한 주장은 점점 힘을 잃기 시작했다.

태양이 어떤 종류의 생물도 살 수 없는 일종의 별이라는 사실은 점점 분명해졌다. 태양 중심부에서는 핵융합 반응을 통해 수소가 헬륨으로 변하면서 막대한 빛과 열이 발생한다. 수소 핵융합 반응이 일어나는 단계의 별을 주계열성이라 부르는데, 이 별은 주로 아주 뜨거운 기체, 아니 좀 더 정확하게 말하면 플라스마plasma로 이루어져 있다. 태양 중심부에서 수소 연료가 바닥나더라도, 이번에는 헬륨 핵융합 반응이 일어나면서 열과 빛이 나온다. 이 단계에서 태양은 적색 거성이 된다. 이 단계가 끝나면, 바깥층이 우주 공간으로 빠져 나가면서 빛나는 껍질로 둘러싸인 중심부만 남아 행성상 성운이 된다. 남은 중심부는 나중에 백색 왜성이 된다. 적색 거성이 된 태양은 그 크기가 아주 커져 지구에 미치는 영향도 극적으로 변하는데, 지구의 모든 바다는 끓어서 증발하고 대기도 불타 사라질 것이다. 하지만 앞으로 40~50억 년 안에는 그런 일이 일어나지 않을 테니 염려하지 않아도 된다. 지금 이 순간, 태양은 아직도 전체 질량의 70%가 수소로 이루어져 있다. 어쨌든 태양은 지금은 물론이고 미래의 어느 순간에도 생명이 살 수 있는 장소가 되는 일은 절대로 없을 것이다.

금성이 태양 앞을 가로질러 갈 때

금성의 일면 통과(태양면 통과라고도 함)란, 금성이 태양 앞을 가로질러 가는 현상을 말하는데, 이 현상은 지구에서 볼 때 마치 흑점이 태양 표면을 지나가는 것처럼 보인다. 2004년에 그것을 본 사람들은 알겠지만, 금성의 일면 통과는 몇 시간 동안에 걸쳐 일어난다. 금성의 일면 통과는 대략 100년에 두 번 일어난다. 맨 처음 관측된 사건은 1639년에 일어났는데, 그것은 17세기에 일어난 금성의 두 번째 일면 통과였다. 18세기에는 1761년과 1769년에, 19세기에는 1874년과 1882년에 일어났고, 20세기에는 한 번도 일어나지 않았다. 최근에는 2004년과 2012년에 일어났는데, 금성의 일면 통과가 일어나는 동안 낮인 곳에서는 어디서나 관측할 수 있었다.

18세기 후반에 일어난 금성의 일면 통과를 관측하기 위해 전 세계 각지에서 많은 탐험대가 조직되었다. 허셜의 후원자이던 조지 3세는 천문학을 열정적으로 후원했는데, 금성의 일면 통과를 보려고 런던의 큐Kew에 개인 천문대까지 지었다. 금성의 일면 통과가 17세기와 18세기, 그리고 19세기의 천문학자들에게 그토록 큰 관심을 불러일으킨 이유는 그것을 정확하게 관측하면, (이론상) 태양계의 크기를 정확하게 계산할 수 있기 때문이었다. 지구상의 두 장소에서 금성이 태양의 가장자리를 처음 지나가는 시간과 가장자리를 벗어나는 시간을 정확하게 재기만 한다면, 거기에 필요한 정보를 모두 얻을 수 있다. 그러면 삼각법을 사용해 지구와 금성과 태양 사이의 거리를 계산할 수 있고, 모든 행성들의 상대적 거리 비는 이미 알려져 있기 때문에 전체 태양계의 크기도 계산할 수 있다. 하지만 실제로는 '검은 방울 효과 black drop effect'라는 것 때문에 이것이 불가능한 것으로 밝혀졌다. 금성이 태양 가장자리를 지나가는 순간, 금성은 깨끗한 원이 아니라 기다란 물방울처럼 변했다. 이 때문에 태양 가장자리를 지나는 순간을 정확하게 포착할 수 없었다. 그런데도 19세기까지 천문학자들이 금성의 일면 통과를 관측할 탐험대를 계속 조직했던 이유는 새로운 기술인 사진술을 사용하면 이 문제가 해결될 것이라고 생각했기 때문이다. 하지만 사진에서도 원은 검은 방울로 변했다.

검은 방울 효과는 왜 일어날까?

18세기에 일어난 탐험 중 가장 유명한 것은 제임스 쿡James Cook의 탐험이었다. 쿡 선장은 하와이 제도와 오스트레일리아 동해안을 포함해 새로운 땅들을 '발견'하고, 유럽인으로서는 최초로 뉴질랜드 일주 항해를 한 탐험가로 널리 알려져 있다. 하지만 금성의 일면 통과가 없었더라면, 그는 태평양 탐험에 나서지 않았을 것이다. 그가 첫 번째 항해에 나선 공식적 이유가 바로 금성의 일면 통과 관측이었기 때문이다.(다만, 그는 금성의 일면 통과가 끝난 뒤에도 영국을 위해 새 땅을 계속 탐험하라는 비밀 지시를 받았다.) 1769년에 일어난 금성의 일면 통과를 관측하기 위해 쿡 선장은 타히티 섬으로 갔다. 다른 천문학자들도 그것을 관측하기 위해 탐험대를 조직해 캐나다의 허드슨 만과 멕시코의 바하칼리포르니아로 갔으며, 체코 천문학자 크리스티안 마이어Christian Mayer는 예카테리나 대제의 초청을 받아 상트페테르부르크에서 그것을 관측했다. 이러한 노력에도 불구하고 결정적인 결론은 아무것도 얻지 못했는데, 탐험대마다 서로 다른 장비를 사용하여 관측 결과를 서로 비교하기가 어려웠던 게 큰 이유였다. 그래도 후세에 도움을 준 교훈은 있었다.

19세기의 공식 탐험대는 사소한 것 하나라도 운에 맡기지 않으려고 했다. 그리니치 천문대의 왕실 천문관이던 조지 비델 에어리George Biddell Airy가 이번 탐험 작업의 총 책임을 맡았다. 그는 이번에는 관측 결과를 정확하게 비교할 수 있도록 다섯 팀의 탐험대에게 사진 장비를 포함해 모두 동일한 장비를 사용하게 했다. 심지어 모든 것이 제대로 준비가 되었는지 확인하기 위해 사전에 모든 장비를 그리니치 공원에 정렬해 최종 점검까지 했다. 그러고 나서 천문학자와 해군으로 구성된 탐험대는 각자 이집트와 뉴질랜드, 호놀룰루, 마다가스카르 앞바다의 로드리게스 섬, 인도양의 케르겔렌 섬으로 떠났다. 각 탐험대는 목적지에서 어떻게 행동해야 할지 구체적인 지시도 받았다. 뉴질랜드에서는 현지 주민에게 금성의 일면 통과가 일어나기 전까지 연기가 시야를 가리지 않도록 풀을 태우지 말라고 설득해야 했다. 호놀룰루에서는 폭풍에 코코넛나무가 쓰러지면서 탐험대 캠프를 덮치는 바람에 하마터면 모든 장비를 잃을 뻔하기도 했다.

마침내 모든 탐험대가 관측을 무사히 끝마치고 그리니치로 관측 자료를 가져왔다. 탐험대에 참여한 천문학자들은 프랑스 천문학자 쥘 장센Jules Janssen이 발명한 새 사진 기술을 사용하도록 사전에 훈련을 받고 떠났다. 영화 촬영술의 선구자 격에 해당하는 이 기술을 사용한 목적은 금성이 태양 가장자리에 닿는 순간을 정확하게 포착하는 것이었다. 사진 리볼버(연발 권총)라고도 불린 그 장비는 원형 사진 건판 둘레에 사진을 연속적으로 빨리 찍을 수 있게 해 주었다. 검은 방울 효과는 눈의 혼란 때문에 일어나는 것이므로 사진 기술을 이용하면 그 문제를 해결할 수 있을 것이라고 믿었다. 하지만 그래도 문제는 해결되지 않았고, 금성의 원은 여전히 검은 방울로 나타났다. 검은 방울 효과가 왜 일어나는지는 오늘날에도 수수께끼로 남아 있다.

이 역사적인 금성의 일면 통과 사건들은 전문 천문학자와 진지한 아마추어 천체 관측자만 볼 수 있는 사건이었다. 하지만 2004년에 일어난 금성의 일면 통과는 이전의 사건들과는 다른 점이 있었는데, 일반 대중 사이에서도 천문학 현상을 보기 위한 관광 상품이 큰 인기를 끈 최초의 사례가 되었다.

2004년에 금성의 일면 통과가 일어날 때, 나는 그리니치 천문대에서 수천 명의 방문객과 함께 있었다. 그들은 모두 일식 관측용 안경이나 필터를 끼운 망원경을 통해 태양을 바라보거나 태양 표면의 상이 투영된 바닥을 내려다보았다. 금성의 일면 통과는 오전 5시 20분부터 시작하여 6시간 정도 계속되었다. 박물관(그리니치 천문대는 국립 해양 박물관의 일부임) 측은 오전부터 사람들이 와서 보게 해야 한다는 조언을 받아들였다. 그 판단은 옳았다. 사람들은 문이 열리기 전부터 길게 줄을 섰다. 전 세계 각지에서 많은 사람들이 금성의 일면 통과를 보았는데, 아마추어 천문학 협회와 천문대가 도움을 준 경우가 많았다. 그 장면은 텔레비전에도 소개되었고, 많은 신문의 1면을 장식했다.

일식과 월식

일식을 보기 위한 탐사대는 그 역사가 훨씬 길다. 천문학자들은 19세기 중엽에 일식을 보기 위한 여행을 하기 시작했는데, 일식은 지금도 자연의 경이로운 장관으로 간주된다. 개기 일식 때에는 달이 태양 가장자리만 빼고 전체를 완전히 가린다. 그러면 하늘이 어두컴컴해지고, 새들은 밤이 된 줄 알고 서둘러 집으로 향한다. 주변의 모든 동물이 도대체 무슨 일이 일어났나 하고 고개를 갸우뚱하고 있는 동안 온 세상에는 기괴한 침묵이 감돈다. 운이 좋다면, 개기 일식이 몇 분 동안 지속되는 걸 볼 수 있다. 그리고 그 다음에는 '베일리의 염주Baily's beads'를 볼 수 있는데, 이것은 19세기의 은행가이자 아마추어 천문학자로 이 현상을 처음으로 정확하게 설명한 프랜시스 베일리Francis Baily의 이름을 딴 현상이다. 베일리의 염주는 태양을 완전히 가리고 있던 달이 태양에서 벗어나기 시작하면서 태양의 한쪽 가장자리에 나타나는 염주 모양의 빛을 말한다. 이것은 햇빛이 달의 산과 계곡과 크레이터가 만든 울퉁불퉁한 표면 사이로 지나오기 때문에 생기는 현상이다. 그러고 나서 태양은 점점 더 많은 부분이 드러나기 시작하는데, 이 단계는 일식이 완전히 끝날 때까지 최소한 몇 분 동안 계속된다.

개기 일식은 약 18개월마다 한 번씩 지구상의 어디에선가는 볼 수 있다. 지구는 황도면을 따라 태양 주위를 돈다. 달은 황도에 대해 약

1995년 10월 24일에 인도 둔들로드Dundlod에서 프레드 에스페낙Fred Espenak이 찍은 개기 일식 사진(Fred Espenak, NASA/Goddard Space Flight Center 제공, http://eclipse.gsfc.nasa.gov/eclipse.html 참고)

간 기울어진 평면을 따라 지구 주위를 돈다. 따라서 달이 27.3일을 주기로 지구 주위를 도는 동안 황도를 통과하는 오직 두 점에서만 태양과 달이 지구에 대해 일렬로 늘어서게 된다. 만약 그때가 삭朔(달이 태양과 지구 사이에 들어가 일직선을 이루는 때. 밤하늘에 달이 전혀 나타나지 않는 때로, 보름달이 뜨는 망望과 정반대의 개념)이라면, 일식이 일어난다. 지구와 달의 궤도는 모두 타원이기 때문에, 태양과 달은 지구와의 거리가 계속 변해 겉보기 크기도 계속 변한다. 개기 일식이 일어나려면, 지구에서 볼 때 태양과 달의 크기가 똑같아야 한다. 그러려면 지구는 태양에서 가장 먼 지점에 있어야 하고, 달은 지구에서 가장 가까운 지점에 있어야 한다. 만약 태양과 달의 겉보기 크기에 차이가 있어 달이 태양을 완전히 가리지 못한다면, 금환식annular eclipse이 일어난다. 금환식도 충분히 인상적인 현상이지만, 개기 일식 때 볼 수 있는 코로나나 베일리의 염주 같은 현상은 볼 수 없다.

월식은 달이 보름달이면서 황도를 지나갈 때 일어난다. 지구가 태양과 달 사이에 들어가면서 달에 비치는 햇빛을 가리기 때문에, 몇 시간 동안 달이 하늘에서 사라진다.(그러나 지구 대기에서 굴절된 빛이 달에 비치기 때문에, 달이 어두워지긴 하지만 하늘에서 완전히 사라지진 않는다.) 태양과 지구와 달이 완전히 일직선상에 놓일 때에는 달이 빨간색으로 보인다. 이때 달에 도달하는 빛은 지구 대기층을 지나오는 빛뿐인데, 그 과정에서 빨간색 빛을 제외한 나머지 빛들이 모두 산란돼 버리기 때문이다. 지구 대기에 의한 빛의 산란은 해질 무렵에 하늘이 빨갛게 물드는 이유이기도 하다. 월식은 일식과 달리 지구상의 거의 모든 장소에서 볼 수 있다. 그저 월식이 일어날 때 여러분이 있는 장소가 밤이고, 달이 지평선 위에 떠 있기만 하면 된다. 그래서 월식은 일식보다 볼 수 있는 기회가 훨씬 많다. 월식은 약 6개월마다 한 번씩 일어난다. 다만, 모두 개기 월식은 아니며, 늘 똑같은 지구의 절반 지역에서 볼 수 있는 것도 아니다.(월식이 일어날 때 자신이 있는 곳에서 달이 떠야만 볼 수 있다.)

개기 일식은 수 세대마다 한 번씩 똑같은 장소에서 일어난다. 그래서 옛날 사람들은 일식에 특별한 마법의 힘이 있다고 생각했다. 중국의 전설에 따르면, 일식은 용이 태양을 집어삼키기 때문에 일어난다고 한다. 그래서 일식이 일어나면, 사람들은 큰 소리를 내 용을 겁줌으로써 태양을 뱉어내게 하려고 했다. 고대 중국인과 바빌로니아인은 일식과 월식을 미래의 사건을 예고하는 징조로 받아들였다. 일식과 월식은 통치자의 인생에 중요한 사건을 예고한다고 여겨 두 문화에서는 일식과 월식이 일어나는 시기를 정확하게 예측하려고 애썼다. 한편 인도에서는 전통적으로 임신한 여성에게 일식을 보지 못하게 했는데, 일식을 보면 기형아나 장애를 가진 아이를 낳는다고 한다. 아직도 인도 일부 지역에는 이 관습이 남아 있다.

큰 인기를 끌게 된 일식 관측

천문학자들이 일반 대중에게 일식과 월식이 언제 일어날지 알려 주기 시작하면서 일식과 월식은 많은 사람들 사이에서 인기를 끄는 사건이 되었다. 그런 분위기를 조장한 초기의 천문학자 중 한 사람이 에드먼드 핼리였다. 그는 1720년대에 영국 제도에서 일어날 일식의 경로를 보여 주는 지도를 발행했다. 일식이 지나가는 경로, 즉 영국에서 일식을 볼 수 있는 지역을 지도에서 어둡게 표시해 나타냈다. 핼리가 이렇게 일식에 대중의 관심을 끌어모은 동기에 사심이 전혀 없었던 것은 아니다. 그는 가능한 한 많은 관측 결과를 모음으로써 일식 예측의 정확성을 높이고 싶었다. 그 결과, 핼리는 일식의 경로가 자신이 예측한 것보다 훨씬 좁다는 사실을 발견했다. 그래서 실제로 영국에서 일식을 볼 수 있었던 지역은 핼리의 지도에 표시된 범위보다 훨씬 좁았다.

어쨌든 핼리가 일식을 널리 홍보한 덕분에 천문학에 대한 대중의 관심이 높아졌다. 그 전에 아이작 뉴턴Issac Newton이 죽은 사건도 큰 도움이 되었는데, 일반 대중 사이에서 국민적인 영웅의 연구에 대한 관심이 커졌기 때문이다. 하지만 일반 대중 사이에 일식 관측을 위한 관광이 본격적으로 시작된 것은 장거리 여행이 수월해지면서부터였다. 19세기 후반과 20세기 초에 거대한 철도 운송 체계와 유람선 운행으로 장거리 여행이 편리해지자, 많은 사람이 일식을 보러 여행에 나서는 것이 가능해졌다. 일식 관광은 일종의 사회 현상이 되었다.

처음에는 공식적으로 지원을 받은 천문학자들이 여행에 나섰다. 그들은 유럽 곳곳을 여행했는데, 1842년에는 토리노로, 1860년에는 에스파냐로 여행했다. 아마추어 천문학자이자 사진사였던 워런 드 라루Warren de la Rue는 1860년 에스파냐에서 최초의 일식 사진들을 찍었다. 19세기가 끝날 무렵에는 덜 공식적인 여행도 많이 일어났다. 미국에서는 유명한 천문학자 마리아 미첼Maria Mitchell이 1869년에 배서대학교에서 학생들(모두 여성)을 데리고 아이오와 주 벌링턴으로 탐사 여행에 나섰고, 1878년에는 다른 학생 집단을 데리고 콜로라도 주 덴버로 탐사 여행을 떠났다. 그들은 기차로 여행을 했고, 목적지에 도착해서는 텐트를 치고 머물면서 일식을 관측하고 관측 결과를 기록했다. 이 탐사 여행은 학생들에게 독립적인 여행을 한다는 느낌이 들게 했을 뿐만 아니라, 교육적 측면에서도 선구적인 것이었다. 그 당시만 해도 야외 탐사는 남녀를 막론하고 교육의 기회로 활용된 적이 거의 없었다.

개인적으로 부끄러운 이야기이지만, 나는 일식을 보러 여행한 적이 딱 한 번밖에 없다. 나는 그냥 앉은 자리에서 일식을 관측하는 편을 선호한다. 나도 과거의 용감한 여행자들 이야기를 읽고 사진을 보는 걸 좋아하지만, 실제로 직접 그런 일을 하는 데에는 아주 서툴다. 내가 나선 일식 관측 여행은 한 천문학 잡지 뒤표지에 광고로 실린 것이었는데, 일식을 보러 유람선을 타고 가는 여행과 달리 경비도 겨우 50파운드(약 8~9만 원)밖에 들지 않았다. 그 여행은 1999년에 일어난 일식을 보러 프랑스로 가는 것이었다. 그때의 일식은 영국에서도 볼 수 있었지만, 나는 하늘이 맑을 확률이 프랑스가 더 높으리라고 판단했다. 함께 나선 일행은 모두 쾌활했고 약간 흥분해 있었다. 우리는 버스에서 끔찍하게 오랜 시간을 보냈고, 저녁 늦은 시간까지 여행한 뒤에 호텔에 도착해 밤을 보내고 다음 날 아침에 다시 출발했다. 그러다가 마침내 우리는 텅 빈 들판에 도착했다. 수백 대의 버스들과 함께 다른 사람들도 몰려왔다. 나는 남자 친구와 함께 도중에 카르푸르에서 산 값싼 레드와인을 플라스틱 잔에 따른 뒤 일식 관측용 안경을 쓰고 자리를 잡고 앉았다. 구름이 제법 많이 낀 날이었지만, 그래도 하늘이 어두워졌고, 새들은 정신 사납게 하늘을 이리저리 쏘다녔으며, 온 사방에 침묵이 내려앉았다. 그리고 운 좋게도 구름이 잠깐 걷히는 동안 우리는 개기 일식을 볼 수 있었는데, 모든 면에서 기대한 것만큼 장관이었다. 아마도 들판에 많은 사람이 모여 축제 비슷한 분위기에서 기분이 고조된 탓도 있었을 것이다. 그것이 나의 처음이자 마지막(아직까지는) 일식 관측 여행이었다. 어쩌면 언젠가 바뀔지 모르지만.

4

7월, 바이어의 동물원

은하는 수많은 별들(수백만 개, 수십억 개, 심지어 수조 개에 이르는)과
먼지와 가스와 암흑 물질이 중력의 힘으로 한데 뭉쳐
공통 중심 주위를 돌고 있는 천체 집단이다.
은하에는 앞에 나왔던 온갖 종류의 별들과 별들의 집단
—성운, 주계열성, 적색 거성, 백색 왜성, 이중성, 성단—이 들어 있다.

남반구에서 잘 보이는 별자리

한여름인 7월은 북반구에서 어두운 하늘을 방해하는 게 별로 없기 때문에, 남반구의 별자리들을 집중적으로 관측하기에 좋은 시기이다. 고대 그리스와 이슬람 세계에서 만든 성도들에는 남반구 하늘의 별자리가 별로 표시돼 있지 않은데, 그들은 그렇게 먼 남쪽 하늘까지 볼 수 없었기 때문이다. 그 당시 남아프리카, 오스트레일리아, 남아메리카, 그리고 적도 남쪽에 살았던 사람들은 나름의 별자리를 알고 있었지만, 그들이 만든 성도가 있었다 하더라도, 오늘날까지 전해지는 성도는 거의 없다. 최근에 잃어버린 이들 별자리 중 일부를 재발견하고 널리 알리려는 시도가 있긴 했지만, 지금은 공식적으로 정해진 별자리들이 확립돼 있어 이들 별자리가 거기에 포함될 여지는 사실상 없다.

오스트레일리아의 시드니 근처에 쿠링가이체이스 국립공원Ku-ring-Gai Chase National Park이 있다. 국립공원 내에 위치한 엘비나트랙Elvina Track이라는 곳에는 원주민이 바위에 온갖 그림을 새겨 놓은 암각화가 많이 널려 있다. 그중에는 에뮤 그림도 있는데, 이것은 대략 남십자자리에서 전갈자리에 이르는 하늘 지역에 해당하는 별자리를 나타낸다. 이것은 많은 원주민 문화에서 발견되는 별자리인데, 이 별자리는 우리가 지금까지 보아 온 것처럼 밤하늘의 별들로 이루어진 것이 아니라 별들 사이의 어둡고 희미한 빛의 구름으로 이루어져 있다. 이 암각

밤하늘의 에뮤자리와 그 아래의 에뮤 암각화(Barnaby Norris 제공, www.emudreaming.com 참고)

화를 새긴 쿠링가이 원주민은 영국인이 도착하고 나서 모두 죽고 말아 암각화가 정확하게 어떤 의미를 지녔는지는 알 수 없다. 하지만 최근에 에뮤 암각화는 에뮤가 일 년 중 알을 낳는 시기에 하늘에 나타나는 에뮤자리와 정확하게 일치한다는 사실이 밝혀짐으로써 이 암각화에 천문학적 의미가 있음이 드러났다.

에뮤자리는 쿠링가이 원주민만 보았던 게 아니다. 에뮤자리는 많은 오스트레일리아 원주민의 문화와 언어군에서도 발견되며, 그중 상당수가 오늘날까지 남아 있다. 오스트레일리아 원주민의 언어군은

300~400개나 되며, 각자 나름의 언어와 문화와 이야기와 노래도 있다는 사실을 알아 둘 필요가 있다. 그중 일부 이야기는 서로 겹치지만, 모든 집단에 공통된 것은 하나도 없다. 인류학과 고천문학古天文學 분야의 전문가들은 최근에 천문학과 별자리가 그들의 문화에서 차지하는 위치에 대해 살아남은 원주민 집단과 대화를 나누었다. 이것에 대해 더 자세한 내용은 오스트레일리아 원주민 천문학 웹사이트에서 찾아볼 수 있다.

밤하늘에서 에뮤자리를 찾으려면, 먼저 남십자자리를 찾아야 한다.(남반구에 살지 않는다면 성도에서 찾아볼 수밖에 없다.) 남십자자리 바로 옆 은하수의 밝은 띠 사이에서 어두운 하늘 부분을 볼 수 있을 것이다. 에뮤의 몸통은 석탄자루 성운(성도에 표시돼 있는)을 포함하면서 그 발이 전갈자리의 별들에 닿을 때까지 은하수를 따라 죽 뻗어 있다. 앞 페이지의 사진을 성도와 함께 참고하면서 보면 도움이 될 것이다. 은하수와 전갈자리는 이어지는 장들에서 더 자세하게 나온다.

오스트레일리아와 남아프리카의 별자리

오스트레일리아 원주민 문화가 만들어 낸 별자리들이 전부 다 별 자체보다 별들 사이의 공간을 중심으로 만들어진 건 아니다. 자색무덤새자리와 줄판자리(줄판은 카누라는 뜻)처럼 일부 별자리는 서양의 별자리처럼 별들을 중심으로 만들어졌다. 자색무덤새자리는 대략 거문고자리와 일치한다. 이 별자리(7월 하늘에서 볼 수 있는)는 8월 무렵에 밤하늘에서 사라지기 시작하는데, 이것은 부룽 원주민에게 오스트레일리아의 맬리 지역에서 발견되는 특별한 새의 알을 모으라는 신호가 된다. 줄판자리는 노던 준주에 있는 원주민 보호 구역인 아넘랜드의 욜릉우 원주민 사이에 전해 오는 전통적인 별자리이다. 이 별자리를 이루는 별들은 대략 오리온자리와 일치하는데, 오리온의 허리띠에 해당하는 세 별은 카누의 중심축을 이룬다. 이 이야기에는 배를 타고 고기를 잡으러 나선 두 형제가 등장한다. 형제는 욜릉우의 법에서 금지한 고기를 잡아서 먹었는데, 그 벌로 태양이 물줄기를 뿜어 형제와 카누를 하늘로 올려 보냈다고 한다.

오스트레일리아 원주민은 전통적으로 수렵 채집 생활을 했고, 무리를 지어 함께 이동했다. 이것은 하늘에 대해 그들이 만든 이야기들에 분명하게 반영돼 있다. 이 이야기들은 계절 변화를 설명하고, 풍부한 계절 음식을 찾는 데 도움을 주는 자연적 사건들의 달력을 제공한다. 이 이야기들은 또한 집단 전체가 평화롭게 살아가기 위해 지켜야 할 적절한 행동에 대해서도 강한 메시지를 전달한다.

많은 원주민 문화에서 전해 내려오는 이야기에 별의 색이 포함돼 있다는 사실이 흥미롭다. 즉, 그들은 관찰된 별의 색을 바탕으로 별들을 구분했다. 현대 천문학자에게 별의 색은 그 별이 어떤 별인지(전체 생애 중 어느 단계에 있으며, 얼마나 뜨겁고, 우리와 주변의 별들에 대해 어떻게 움직이는지 등을) 알려 주는 중요한 단서이다. 도시의 불빛으로 환한 하늘에 익숙하고 맨눈 관측 경험이 부족한 우리에게는 망원경의 도움도 없이 이 미묘한 차이를 알아볼 수 있다는 사실이 놀랍게 다가온다. 예를 들면, 어떤 오스트레일리아 원주민 집단은 황소자리(황소자리가 있는 황도대는 북반구와 남반구 모두에서 볼 수 있음)에서 천문학자들이 히아데스 성단이라 부르는 별들을 두 줄로 늘어선 소녀들이라고 본다. 거기에는 빨간색 별들의 줄과 흰색 별들의 줄이 있는데, 빨간색 줄은 같은 황소자리에 있는 빨간색 별 알데바란의 딸들이다. 오늘날 우리는 알데바란이 적색(혹은 적어도 주황색) 거성이며, 다른 별들과 비교할 때 빨간색 색조가 좀 더 짙다는 사실을 알고 있다. 이것은 맨눈으로도 분명히 구별할 수 있다. 그런데 오스트레일리아 원주민은 이 차이를 알아보는 데 우리보다 훨씬 뛰어났다.

이러한 별자리들과 그와 관련된 이야기들은 서양 인류학자들이 기록으로 옮기기 전에 수만 년 동안 전해져 내려왔다. 이것들은 구전과 문화 계승을 통해 약 4만 년 동안이나 살아남았다. 그런데 남아프리카 사람들이 본 별자리와 그것이 재발견된 이야기는 이와 비슷한 면이 있지만, 조금 다르다.

남아프리카에도 오늘날 우리가 사용하는 것과 다른 별자리들이 있는데, 유럽인이 오기 전에 그곳에 살았던 다양한 부족이 만들어 낸 것들이다. 많은 부족은 남십자자리를 기린 떼의 머리들이라고 보았다. 10월에 그 머리들이 나무 꼭대기를 스치면, 식물을 심는 것을 중단해야 할 시기가 되었음을 알렸다. 남반구 별자리인 용골자리에 있는 별 카노푸스는 많은 부족에게 중요한 의미를 지닌 별이다. 소토족은 이 별을 맨 먼저 보는 사람은 그 해의 남은 시간 동안 행운과 부를 누린다고 믿었다. 그리고 그 다음 날에는 점을 치는 뼈를 이용해 부족 전체의 운세를 알아보았다. 벤다족은 새벽 하늘에서 이 별을 맨 먼저 본 사람이 가장 높은 곳으로 올라가 뿔피리를 불었다. 마펠리족도 이 별을 맨 먼저 보았을 때, 근처 마을들에까지 들릴 정도로 최대한 요란한 소음을 내면서 알렸다.

1998년, 남아프리카공화국은 처음으로 제정된 과학 기술의 해를 맞이해 재발견된 별자리 일부를 사용해 남아프리카공화국 전체의 과학을 진흥하려는 계획을 세웠다. 남아프리카의 원주민 부족들이 사용하던 별자리들을 그림으로 표현한 포스터도 제작되었다. 오스트레일리아에서와 마찬가지로 최근에 남아프리카 원주민을 바라보는 시각에 큰 변화가 일어났다. 이들의 문화를 잘 이해하고 그 지식을 나라 전체의 문화적 정체성에 포함시키려는 시도가 일어나고 있다. 전통 문화의 지표로 간주되는 천문학과 천체 관측은 여기서 중요한 부분을 차지한다.

서양 사람들이 수집하고 널리 알린 별자리 이야기 중 상당수는 북반구에서 잘 알려진 별자리에 관한 것이다. 하늘의 남극 부근에 있는 진정한 남반구 별자리는 제대로 기록되지 않은 것으로 보인다. 이런 상황이 원주민 문화에 전해 내려오는 밤하늘에 관한 정보를 수집하고 그 이야기를 퍼뜨린 천문학자와 인류학자의 이해 관계가 반영된 결과인지는 나로서는 확실히 알 수 없다.

남아메리카의 별자리

오스트레일리아 원주민은 수렵 채집 생활을 하며 살아가고, 남아프리카의 부족들은 주로 농사를 지으며 정착 생활을 한 반면, 남아메리카의 마야, 아스테카, 잉카 문명은 더 크고 조직적인 문명을 만들었다. 마야 문명에서는 천문학자가 궁중에서 고위직을 맡았다. 천문학자가 맡은 임무는 하늘을 보면서 앞날을 예측하고 길흉의 징조를 찾는 것이었다. 그들은 하늘을 아주 정확하게 관측하고 기록했으며, 수학을 사용해 앞으로 일어날 일을 예측했다. 그들에게도 우리의 것과 똑같진 않지만, 동물들의 별자리로 이루어진 황도대가 있었는데, 태양과 달과 행성들은 그 별자리들을 지나가며 움직였다. 그들은 일식과 월식을 예측할 수 있었고, 무엇보다 이 모든 것을 기록으로 남김으로써 그들의 유산을 후세에 전했다. 하지만 16세기에 에스파냐인 정복자들이 고대 문명이 남긴 기록을 대부분 파괴했기 때문에, 여기서도 현재 재발견이 일어나고 있다. 그래도 잉카족의 기록 중에는 오늘날까지 살아남은 것이 많다.

1438년부터 1533년까지 잉카 제국은 오늘날의 페루와 에콰도르, 볼리비아, 아르헨티나, 칠레, 콜롬비아를 나누는 안데스 산맥 지역을 중심으로 번성했다. 우리는 이미 앞에서 잉카 제국의 유적을 만난 적이 있는데, 마추픽추가 바로 그것이다. 다른 유적도 많이 있지만 특히 이 유적은 마야족과 아즈텍족과 마찬가지로 잉카족도 분점과 지점이라는 천체력의 지표에 큰 관심을 보였음을 말해 준다.

남아메리카에서 케추아어Quechua語를 쓰며 오늘날까지 살아남은 사람들은 잉카 제국까지 거슬러 올라가는 일부 별자리를 여전히 사용한다. 오스트레일리아 원주민처럼 케추아어를 말하는 사람들은 별들로 이루어진 별자리뿐만 아니라 은하수의 어두운 구름까지 자신들의 별자리에 포함시킨다. 이들의 별자리 중에는 여우, 자고, 두꺼비, 아나콘다 등 다양한 동물이 포함돼 있는데, 각각의 별자리는 그 동물이 지구에서 가장 활동적인 시기에 밤하늘에 맨 먼저 떠오른다. 예를 들면,

자고에 해당하는 유투자리는 9월 초부터 하늘에 나타나 4월 중순까지 머문다. 농부들은 이 지식을 바탕으로 자고가 가장 활동적인 시기에 농작물 피해를 입지 않도록 조심한다. 이와 비슷하게 두꺼비자리가 나타나고 사라지는 시기는 우기의 시작과 끝을 알린다.

하지만 관료 체제가 정비된 복잡한 문명이 남아메리카 전체를 지배했던 것은 아니다. 아마존 지역의 데사나족이나 투카노족은 원래 수렵 채집 생활을 하는 부족이었다. 데사노족은 밤하늘에 대한 지식을 집단 생활을 조직하는 원리로 사용한다. 이들에게는 춘분점과 추분점을 나타내는 육각형 별자리가 있다. 육각형은 프로키온(작은별자리), 폴룩스(쌍둥이자리), 카펠라(마차부자리), 카노푸스(용골자리), 아케르나르(에리다누스강자리), 에리다누스강자리에 있는 또 하나의 희미한 별로 이루어져 있다. 이 육각형이 해가 뜨기 직전이나 직후에 지구 위에 내려앉으면, 그때가 춘분이나 추분이다. 이 육각형 모양은 데사노족 사회의 조직 방식에서 나타나는 강한 특징인데, 하늘에서 본 형태를 반영한 것이라고 이야기한다. 그래서 데사노족이 생활하는 공동 주택도 육각형 모양이다. 남자는 이름(카펠라), 입문(폴룩스), 결혼 등 인생의 여섯 단계 중 어느 단계에 있느냐에 따라 공동 주택 안에서 각각 다른 구역에서 살아간다. 여자도 이와 비슷하게 여섯 단계에 걸쳐 장소를 옮겨 가며 살다가 결혼하고 나서는 남편을 따라 움직인다.

오스트레일리아, 아프리카, 남아메리카에서 유래한 별자리는 하늘을 기술하는 공식적인 글에서는 대부분 무시되었다. 오늘날 우리가 사용하는 별자리들은 대체로 17세기와 18세기의 유럽 천문학자들과 탐험가들이 만든 것이다.

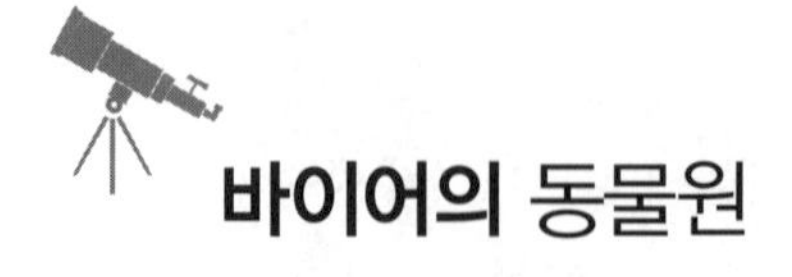

바이어의 동물원

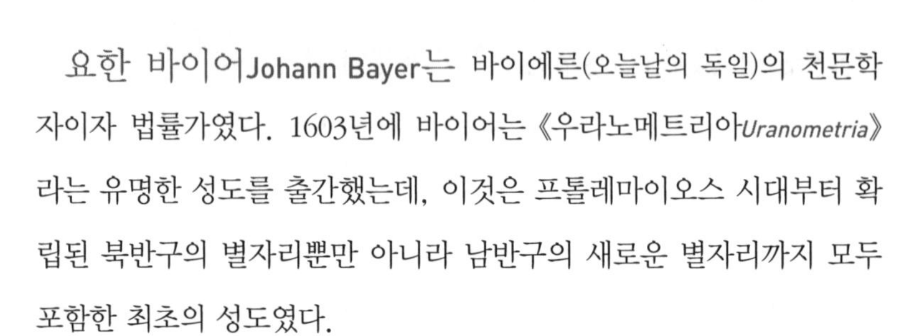

요한 바이어Johann Bayer는 바이에른(오늘날의 독일)의 천문학자이자 법률가였다. 1603년에 바이어는 《우라노메트리아*Uranometria*》라는 유명한 성도를 출간했는데, 이것은 프톨레마이오스 시대부터 확립된 북반구의 별자리뿐만 아니라 남반구의 새로운 별자리까지 모두 포함한 최초의 성도였다.

우라노메트리아란 이름은 그리스어에서 유래했다. 우라니아Urania는 '하늘'이란 뜻으로, 그리스 신화에 나오는 무사Mousa(영어로는 뮤즈Muse)의 하나이며, 천문을 담당하는 여신을 가리킨다. 따라서 우라노메트리아란 '하늘의 측정'이란 뜻이 된다. 바이어는 직접 새로운 별자리를 만들거나 남반구로 여행해 그것을 보진 않았지만, 네덜란드 항해가인 피터르 디르크스존 케이서르Pieter Dirkszoon Keyser가 만든 천체 목록에서 필요한 정보를 얻었다. 또, 케이서르는 이탈리아의 아메리고 베스푸치Amerigo Vespucci와 안드레아 코르살리Andrea Corsali, 그리고 에스파냐의 우주지리학자 페드로 데 메디나Pedro de Medina의 연구에서 정보를 얻었다. 베스푸치는 이탈리아의 상인이자 탐험가로 아메리카 대륙에 그의 이름이 붙은 것으로 유명하다. 인쇄된 출판물에서 남십자자리를 최초로 표시한 유럽인으로 유명한 피렌체의 코르살리는 메디치 가에 고용돼 일하던 사람이었는데, 분명하게 밝혀지지 않은 이유로 포르투갈 배를 타고 항해에 나섰다. 데 메디나는 에스파냐 궁정의 왕실 우주지리학자였다. 이들은 남반구 하늘의 별자리들을 만들었는데, 현지 주민 사이에 전해 내려오는 전통은 싹 무시하고, 철저히 유럽식으로 새로 만들었다.

베스푸치와 코르살리, 데 메디나, 케이서르, 바이어는 모두 탐험의 시대에 유럽에서 살았다. 베스푸치와 코르살리는 크리스토퍼 콜럼버스Christopher Columbus와 대략 비슷한 시기에 살았고, 그때까지 유럽인에게 알려지지 않았던 새로운 땅(그리고 자원)을 발견하기 위해 탐험에 나섰다. 익히 알던 땅을 떠나 낯선 땅을 향해 모험에 나선 그들은 이전에 보지 못했던 별들을 보았고, 본 것을 충실하게 기록했다. 조금 나중인 16세기 중엽에 활동한 데 메디나는 주로 항해가로 활동했다. 데 메디나는 새로 발견된 남반구 별들의 위치를 정확하게 아는 게 꼭 필요했는데, 그래야 바다에서 배의 위치가 어디쯤 있는지, 그리고 어느 방향으로 가고 있는지 알 수 있었기 때문이다. 그래도 새로운 별들을 지도에 표시하는 일은 새로운 땅의 발견이라는 훨씬 영웅적인 일에 비해 그다지 중요한 것으로 간주되지 않았다.

하지만 케이서르의 경험은 달랐다. 케이서르가 태어난 저지대(대략 네덜란드와 벨기에를 포함하는 지역)는 이미 정확한 지도 제작의 전통이 아주 강했다. 케이서르는 네덜란드 동인도 회사를 설립하는 데 큰 도움을 준 16세기 후반의 탐험 중 하나에 항해가로 참여했다. 여행을 떠나기 전에 그는 동인도 회사의 창립자 중 한 명인 천문학자이자 지도 제작자 페트루스 플란키우스Petrus Plancius에게서 남반구 별들을 성도로 만드는 훈련을 받았으며, 돌아와서는 관측 자료를 스승에게 건네주었다. 플란키우스는 남반구 별들을 12개의 별자리로 묶어 1597년에 출간한 천구의에 표시했다. 6년 뒤, 바이어는 자신의 성도에 북반구의 최신·천체 지도와 함께 이 별자리들을 사용했다.

바이어의 별자리

흔히 간단하게 바이어의 별자리라고 부르는 이 새 별자리들은 극락조자리, 카멜레온자리, 황새치자리, 두루미자리, 물뱀자리, 인디언자리, 파리자리, 공작자리, 봉황새자리, 남쪽삼각형자리, 큰부리새자리, 날치자리이다. 이들 별자리 대부분은 베비스의 성도에 그림으로 그려져 있다. 아래 베비스의 그림에서는 남십자자리에서 은하수를 따라 조금 위쪽에서 남쪽삼각형자리를 볼 수 있다. 그 왼쪽에는 극락조

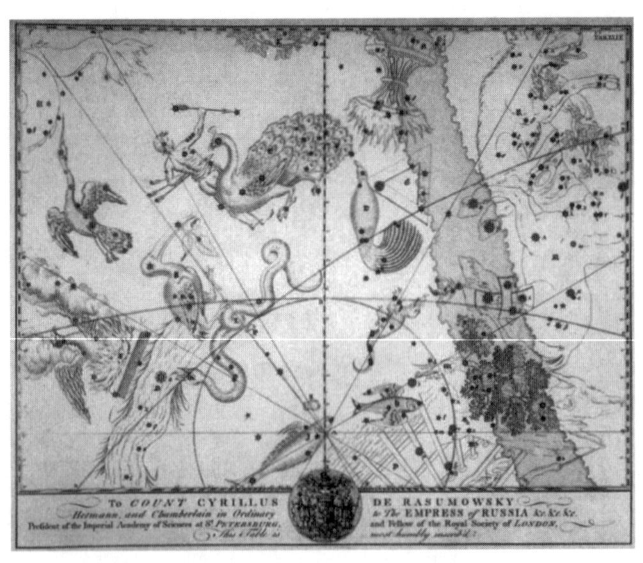

베비스의 성도에 실린 여러 남반구 별자리들(베비스 아틀라스 이미지(Bevis Atlas images), Manchester Astronomical Society(UK)(www.manastro.org) 제공)

자리가 있고, 또 그 왼쪽에는 공작자리가 있다. 공작자리 바로 뒤에는 인도인자리가 겹쳐져 있는데, 인도인은 화살을 공작 쪽으로 겨냥하고 있다. 반시계 방향으로 빙 돌아서 가면, 두루미자리와 큰부리새자리와 물뱀자리가 나온다. 그 왼쪽에는 불 속에서 솟아오르는 봉황새자리가 있다. 마지막으로 그림 아래쪽 한가운데에는 황새치자리가 있고, 그 앞에는 날개가 달린 날치자리가 있다. 날치자리와 극락조자리 사이에 쥐처럼 생긴 괴상한 동물이 있는데, 이것은 카멜레온자리를 나타낸다. 한편, 파리자리는 카멜레온자리의 코와 남십자자리 사이의 은하수에 자리 잡고 있는 작은 별자리이다.

이 별자리들은 밤하늘에서 서로 비교적 가까이 붙어 있다. 일단 남십자자리와 은하수를 발견하면, 나머지 별자리들은 쉽게 찾을 수 있다. 이 중 일부 별자리는 아주 희미한 별들로 이루어져 있다. 특히 카멜레온자리는 찾기가 아주 어려울 수 있다. 극락조자리와 날치자리 역시 찾기가 쉽지 않은데, 가장 밝은 별도 실시 등급이 4등급에 불과하기 때문이다. 극락조자리와 공작자리와 남쪽삼각형자리는 실시 등급이 2등급 가까이 되는 별을 최소한 하나 이상 포함하고 있어 비교적 찾기가 쉬우므로, 이들 별자리부터 시작하는 게 좋을지 모른다. 이 별자리들은 대략 한 줄로 늘어서 있다. 먼저 남십자자리에서 조금 떨어진 은하수에서 남쪽삼각형자리를 찾는다. 그러면 이것을 이용해 공작자리와 두루미자리를 찾을 수 있다. 그러고 나서 성도를 잘 활용하면서 끈기 있게 관측하면, 인디언자리도 점차 눈에 들어올 것이다.(구글어스도 큰 도움이 되는데, 밤하늘에서 모든 것이 어디에 있는지 전체적으로 살펴볼 수 있을 뿐만 아니라, 이리저리 돌아다니면서 어떤 별자리를 찾을 수도 있다. 만약 바이어의 별자리 중 하나를 기준으로 비율을 축소하면, 시선을 현혹시키는 베비스의 그림이 없는 상태에서 다른 별자리들이 그 별자리에 대해 어디쯤 있는지 분명하게 알 수 있다.)

일단 남쪽삼각형자리와 공작자리와 두루미자리를 찾았으면, 이제 극락조자리, 큰부리새자리, 봉황새자리를 찾을 차례이다. 이 세 별자리, 특히 그중에서도 극락조자리는 앞에서 찾았던 별자리들보다 약간 더 희미하니 주의할 필요가 있다.

카멜레온자리는 카멜레온과 별로 비슷하지 않은 반면, 날개 달린 물고기와 다리가 없는 새가 이상하게 보일 수 있다. 베비스는 이 동물들을 전혀 본 적이 없었기 때문에 다른 사람이 묘사한 글이나 운이 좋으면 스케치를 보고 상상력을 동원해 그려야 했다.(탐험가의 묘사에만 의존해 이국적인 동물을 잘못 해석한 경우 중 가장 유명한 사례는 아마도 알브레히트 뒤러Albrecht Dürer가 1515년에 목판화로 제작한 코뿔소일 것이다. 따라서 이런 실수는 베비스만 저지른 것이 아니다.)

동물에 대한 호기심이 낳은 이름

하늘의 동물 별자리에 대해 베비스가 저지른 실수 중 일부는 지도 제작자들이 참고한 탐험가들의 이야기 때문에 일어나기도 했다. 예를 들면, 극락조자리는 파푸아뉴기니에 고유하게 서식하는 새인 극락조에서 유래했다. 파푸아뉴기니 사람들은 시장에서 이 새를 유럽인에게 팔 때 다리를 잘라서 팔았는데, 그래서 유럽인은 이 새가 원래부터 다리가 없나 보다 하고 생각했다.

탐험가들이 기묘한 이국적 동물들을 별자리로 선택한 배경에는 그 당시 전 세계에서 발견되던 기이한 동식물에 대한 관심이 있었다. 포르투갈 왕 마누엘 1세Manuel I는 인도에서 보낸 코뿔소와 코끼리를 길렀다. 다른 나라 왕실도 새로 발견된 땅들에서 보내 온 기이한 동물들로 가득 찬 동물원을 소유하고 있었다.

시간이 지나면서 기이한 동물과 물건을 수집하려는 왕실의 관심은 그 아래로 퍼져 나갔다. 박제한 새와 짐승을 포함해 희귀하고 신기한 물건을 개인적으로 수집한 컬렉션은 17세기 유럽에서 하나의 유행이 되었다. 그중에서 규모가 큰 컬렉션은 나중에 박물관으로 발전했다. 개인 수집가 중에는 초콜릿 장사로 부를 축적해 진귀한 물건들을 수집한 런던의 한스 슬론Hans Sloane 같은 사람도 있었다. 그의 컬렉션은 영국박물관The British Museum의 토대가 되었다.

진귀한 동물과 물건에 대한 관심은 수집가들만 보인 것이 아니었다. 슬론이 수집한 것과 같은 컬렉션은 많은 방문객을 끌어들였다. 파리와 그 주변에서 대개 귀족 여성이 운영하며 지식인들이 모여 문학과 철학을 토론한 살롱에서도 가끔 기이한 동물을 전시했다. 그런 동물은 친한 탐험가가 살롱 주인에게 흥미로운 토론 주제로 삼으라고 직접 보내 온 경우가 많았다. 살롱은 17세기에 귀족과 신흥 부자들의 사교 모임으로 시작해 발전했다. 살롱 운영의 배경에는 지적 토론을 장려하고 참석한 남자들을 세련된 여성의 영향에 노출시킴으로써 지배 계급 전체의 수준을 더 고상하게 만들려는 목적이 있었다. 과학은 시각적으로 보여 주는 부분이 많아 큰 인기를 끌었다. 진기한 물건을 세계 각지에서 가져와 실험을 하기도 했는데, 가끔은 참석한 손님들에게 극적인 구경거리를 제공했다.

바이어와 탐험가들은 새로 발견된 땅의 동물과 사람(사실, 인디언자리는 북아메리카 원주민, 즉 아메리카 인디언을 나타낸다.)에 대한 관심과 호기심이 넘치는 이런 분위기 속에서 새로운 별자리들에 이름을 붙였다. 이제 여러분도 별자리가 아무 원칙 없이 아무렇게나 만들어졌다는 사실을 눈치 챘을 것이다. 밤하늘에 보이는 별들의 패턴을 과학적으로 적절하게 조직하는 방법 같은 것은 전혀 없다. 문화마다 제각각 서로 다른 방식으로 별들을 무리지어 어떤 형태를 만들었고, 그것이 무엇을 나타내는지 알려 주고 그것을 기억하는 데 도움을 주는 이야기를 제각각 지어냈다. 이러한 자의적 태도는 바이어와 같은 시대에 살았던 다른 사람들 역시 마찬가지였다.

비공식적 하늘

바이어가 자신의 성도인 《우라노그라피아*Uranographia*》에 새로운 별자리들을 표시하고 있을 때, 친구이자 동료 법률가인 율리우스 실러Julius Schiller는 전체 하늘을 나타내는 완전히 새로운 체계를 만들려고 애썼다. 실러의 원대한 계획은 그가 죽던 해인 1627년에 가서야 완성되었는데, 그는 성도의 전통적인 별자리들을 모두 성경에 나오는 인물들로 대체하려고 했다. 다시 말해서, 그는 하늘을 기독교로 개종시키려고 한 것이다. 황도 12궁은 열두 사도로 대체되었고, 북반구 별자리들은 신약 성경에 나오는 인물들로 대체되었으며, 남반구 별자리들은 구약 성경에 나오는 인물들로 채워졌다. 하지만 이 체계는 널리 사용되지 않았다. 다만, 17세기가 끝날 무렵에 교사이자 천구의 제작자인 에르하르트 바이겔Erhard Weigel이 그것과 비슷한 것을 만들었다.

바이겔의 천구의는 현재 내가 국립 해양 박물관에서 조직한 컬렉션에 포함돼 있는데, 금속 구에 별자리들이 돋을새김으로 새겨져 있다. 실러가 전통적인 별자리들을 기독교 인물들로 대체하려고 한 곳에 바이겔은 문장紋章을 사용했다. 예를 들면, 큰곰자리는 라트비아를 나타내는 문장(바이겔 자신이 디자인한)으로 표시되었다. 이 천구의를 만든 목적은 사람들에게 별자리를 가르치기 위한 것이었다. 별자리의 이름을 다시 붙인다는 생각은 그 이후에 교육적으로 계속 사용돼 왔다. 어린이에게 자신이 본 별들을 바탕으로 나름의 별자리를 만들고 그리게 하는 것은 지금도 학교에서 인기 있는 학습 활동으로 활용되고 있다.

비슷한 맥락에서 그리브스 토머스 천구의는 현대의 '공식적' 별자리

제임스 비셀 토머스James Bissell-Thomas의 생각에 기반을 두고 만들어진 이 천구의는 전통적인 별자리들을 루이스 캐럴이 쓴 《이상한 나라의 앨리스》에 나오는 인물들로 대체했다.(Globemakers Greaves & Thomas(www.globemakers.com) 제공)

를 모두 《이상한 나라의 앨리스*Alice in Wonderland*》와 《거울나라의 앨리스*Alice Through the Looking Glass*》와 〈재버워키*Jabberwocky*〉에 나오는 인물들로 대체한다. 선택된 인물들은 원래 별자리를 대체할 수 있는 특징을 지니고 있다. 예를 들면, 처녀자리는 앨리스로 대체되고, 쌍둥이자리는 트위들덤Tweedledum과 트위들디Tweedledee로 대체되는 식이다. 공식적으로 인정된 밤하늘의 88개 별자리의 일부인 바이어의 별자리도 이 중에 포함된다. 카멜레온자리는 토브로 대체되는데, 〈재버워키〉에 등장하는 토브는 오소리에서 도마뱀, 코르크마개뽑이로 모양이 변하는 괴상한 동물이다. 큰부리새자리 역시 〈재버워키〉에 등장하는 보로고브(마치 살아 있는 대걸레처럼 깃털이 몸 전체에서 돌출되어 있는 허약하고 볼품없는 새)로 대체되는데, 보로고브는 큰부리새처럼 부리가 큰 특징이 있다. 파리자리는 《거울나라의 앨리스》에 등장하는 버터 바른 빵 파리가 되고, 봉황새자리는 《이상한 나라의 앨리스》에 등장하는 그리핀이 된다. 바이겔의 천구의와 마찬가지로, 이 천구의를 만든 목적 역시 교육에 있다. 전 세계의 천문학자들에게 이 별자리들을 공식적으로 받아들이라고 제안하기 위해 만든 것이 아니었다. 루이스 캐럴Lewis Carroll의 작품에 나오는 인물들과 별자리 사이의 유사점을 부각시켰다고 해서 그 작품들에 대해 뭔가 언급하려는 의도도 전혀 없었다. 단지 전통적인 별자리를 그저 당연한 것으로 받아들이지 말고, 밤하늘을 다른 방식으로 새롭게 생각해 보도록 자극을 주기 위해 만든 것이었다.

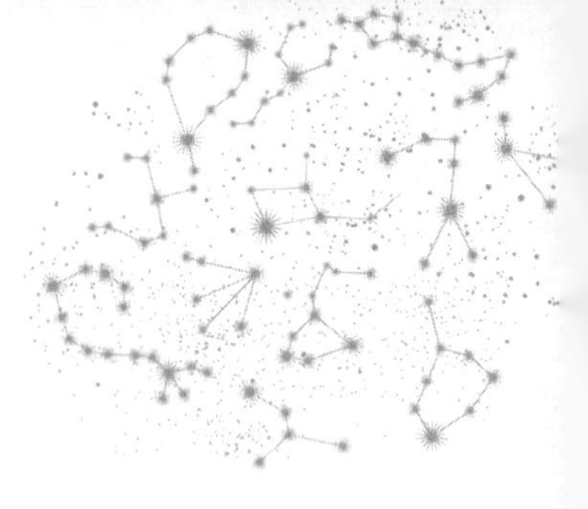

맨눈으로 볼 수 있는 두 은하

태양 외에도 그 주위에 행성이 돌고 있는 별이 다수 발견되었다. 지금까지 확인된 별만 해도 200~300개나 된다. 안타깝게도 이 별들은 대부분 너무 희미해 맨눈에는 보이지 않는다.(그 행성들을 직접 볼 수 없는 것은 말할 것도 없다. 행성은 성능이 최고로 좋은 망원경으로도 보이지 않는다.) 이 장에 나온 별자리들에 속한 별들 중에도 그 주위의 궤도를 도는 행성이 하나 이상 있는 별이 최소한 16개나 알려져 있다. 두루미자리와 봉황새자리에 각각 3개씩 있는데, 모두 너무 희미해서 맨눈으로는 보이지 않는다.(두루미자리 타우별은 예외일 수 있는데, 그래도 이 별은 실시 등급이 6등급이어서 시력이 아주 좋은 사람만 볼 수 있다.)

밤하늘의 별을 관측하는 사람이라면 그것보다는 비교적 가까이 있는 두 은하를 찾아보는 게 더 좋을 것이다. 두 은하는 각각 큰부리새자리와 황새치자리에 있는 소마젤란은하와 대마젤란은하이다.(전에는 소마젤란운과 대마젤란운이라 불렀지만, 지금은 소마젤란은하와 대마젤란은하라 부른다.) 맨눈으로 볼 때 이 두 은하는 은하수에서 작은 조각이 떨어져 나온 것처럼 보인다. 두 은하는 아주 밝은 편이어서 맨눈으로도 비교적 쉽게 발견할 수 있다. 소마젤란은하는 실시 등급이 약 2.3등급이고, 대마젤란은하는 약 0.1등급이다.

은하는 수많은 별들(수백만 개, 수십억 개, 심지어 수조 개에 이르는)과 먼지와 가스와 암흑 물질이 중력의 힘으로 한데 뭉쳐 공통 중심 주위를 돌고 있는 천체 집단이다. 은하에는 앞에 나왔던 온갖 종류의 별들과 별들의 집단—성운, 주계열성, 적색 거성, 백색 왜성, 이중성, 성단—이 들어 있다. 은하수(우리은하)는 우리 태양계가 속해 있는 은하로, 밤하늘에 보이는 별과 별 비슷한 천체는 거의 다 우리은하 안에 있다. 하지만 소마젤란은하와 대마젤란은하처럼 우리은하에 속한 천체가 아닌 외부 은하도 일부 있다. 각각 21만 광년과 17만 9000광년 거리에 있는 소마젤란은하와 대마젤란은하는 우리에게서 두 번째와 세 번째로 가까운 은하이다. 궁수자리에 있는 한 왜소 은하만이 그보다 더 가깝다. 두 은하는 SF 작품에서 얻은 인기 때문에 비교적 잘 알려진 일부 은하를 포함해 더 많은 은하들—안드로메다은하, 삼각형자리은하, 우리은하—과 함께 국부 은하군을 이루고 있다. 궁수자리은하와 안드로메다은하, 삼각형자리은하라는 이름은 모두 그 은하가 위치한 별자리의 이름을 딴 것이다. 한편, 소마젤란은하와 대마젤란은하는 그것을 발견한 포르투갈 탐험가의 이름을 땄다.

마젤란과 마젤란은하

페르디난드 마젤란Ferdinand Magellan은 포르투갈 궁정에서 천문학을 배우고, 프란시스쿠 드 알메이다Francisco de Almeida가 이끈 탐험대에 함께 따라 나섬으로써 탐험가로 경력을 시작했다. 1511년에는 포르투갈령 인도(이곳에서 포르투갈 왕에게 코뿔소를 보냈음)에서 일했고, 1513년에는 모로코에서 일했다. 그러다가 포르투갈 궁정의 신임을 잃자, 에스파냐로 가 아내와 새로운 후원자를 얻었다. 새 후원자인 카를 5세

(신성 로마 제국 황제, 에스파냐 왕, 오스트리아 대공을 겸한 인물로 카롤루스 1세라고도 함)는 마젤란에게 탐험에 필요한 배와 사람을 제공했고, 마젤란은 1519년에 항해에 나서 최초로 세계 일주 항해에 성공했다. 비록 자신은 여행 도중에 죽었고, 함께 여행했던 사람들도 대부분 죽었지만(265명 중 살아서 돌아온 사람은 겨우 18명뿐이었음), 그래도 그의 세계 일주 항해는 성공한 탐험으로 간주되었다.

적도 이남에 산 사람들과 문화들은 마젤란이 발견하기 이전부터 이미 이 '구름'들을 알고 있었다는 사실은 덮어 두더라도, 엄밀히 말해서 마젤란은 이 구름들을 맨 처음 발견한 유럽인도 아니었다. 인쇄된 기록에서 두 구름을 맨 처음 언급한 사람은 페르시아(오늘날의 이란)의 천문학자 알 수피Al-Sufi로 보이는데, 그는 964년경에 아라비아 남부에 사는 사람들이 알고 있던 하늘에 대한 지식을 언급했다. 알 수피는 10세기에 이스파한이란 도시에서 궁정 천문학자로 일했다. 그는 아주 중요한 천문학자이자 수학자였는데, 아주 정확한 성도를 만든 것으로 유명하다. 그는 《붙박이별에 관한 책》에서 대마젤란은하를 '흰 황소'란 뜻으로 '알 바크르Al Bakr'라고 불렀으며, 이것을 아라비아 북부나 바그다드에서는 볼 수 없고 바브엘만데브Bab-el-Mandeb 해협에서 볼 수 있다고 지적했다.(바브엘만데브 해협은 예멘 해안을 빙 두르며 아시아와 아프리카를 가르고, 홍해와 인도양을 잇는 해협이다.)

하지만 알 수피도 마젤란도 자신이 본 것이 은하라고는 꿈에도 생각지 못했다. 우리은하 밖에도 은하가 존재한다는 사실이 밝혀진 것은 비교적 최근의 일이다. 그 사실을 밝히는 데 가장 큰 공을 세운 사람은 미국 천문학자 에드윈 허블Edwin Hubble이다. 지금은 허블의 이름은 지구 대기권 밖에서 궤도를 돌고 있는(대기의 방해로 상이 흐려지는 일 없이 관측할 수 있도록) 허블 우주 망원경 때문에 널리 알려져 있다. 언제 어디를 바라보아야 하는지 알기만 하면, 여러분도 밤하늘에서 궤도를 도는 허블 우주 망원경을 볼 수 있다. 허블 우주 망원경은 하나의 별처럼 보이지만, 밤하늘에서 움직인다는 차이점이 있다. 여러분이 있는 곳에서 허블 우주 망원경을 언제 볼 수 있는지 알고 싶으면, www.heavens-above.com에 들어가 찾아보라.(이 사이트에서 그 정보를 빨리 찾고 싶다면, Hubble Space Telescope라는 모든 단어를 검색하는 대신에 HST를 검색해 보라.) 허블은 캘리포니아 주 윌슨 산 천문대에서 조지 엘러리 헤일(앞에서 나왔던 천문학자) 밑에서 일했다. 그리고 1925년에 우리은하 안에 있는 성운이라고 생각했던 천체들 중 일부가 실제로는 우리은하 밖에 있는 외부 은하라는 사실을 입증했다. 이 획기적인 발견을 하고 나서 허블은 한 걸음 더 나아가 은하들을 분류하는 체계를 만들었는데, 이것은 오늘날에도 계속 쓰이고 있다. 이 체계는 모양을 기준으로 은하들을 나선 은하, 막대 나선 은하, 타원 은하, 렌즈상 은하 등으로 분류한다. 이 분류 체계는 생긴 모습을 기준으로 하기 때문에 주관적 판단에 따라 분류가 달라질 위험이 있다. 이런 위험을 최소화할 수 있는 최선의 방법은 많은 사람이 각각의 은하를 보고 분류한 뒤, 대다수 사람들이 동의하는 분류를 받아들이는 것이다. 이것은 천문학에만 중요한 게 아니라, 지금은 천체 관측자들에게 비 오는 날에 유익한 실내 활동이 될 수 있다. 은하 동물원(www.galaxyzoo.org)은 바로 이 문제를 해결하기 위해 만든 웹사이트이다. 이 웹사이트에서 천체 관측자들은 사진으로 제시된 은하들을 보고 나름의 분류를 제시할 수 있다.

모든 은하가 분류를 위해 반드시 이 과정을 거칠 필요는 없으며, 최근에 발견된 은하들만 이 과정을 거친다. 예를 들어 우리은하와 소마젤란은하와 대마젤란은하는 이 과정을 거칠 필요가 없다. 이 은하들은 이미 오래전에 분류가 확립되었기 때문이다. 우리은하는 막대 나선 은하(태양은 그 나선팔 중 하나에 위치하고 있다)이다. 소마젤란은하는 한때는 막대 나선 은하였지만, 지금은 우리은하에 가까이 다가오면서 그 모양에 변화가 일어나 불규칙한 모양을 하고 있다. 대마젤란은하 역시 불규칙 은하이다.

남반구 하늘의 은하들과 별자리들에는 17세기에 유럽을 휩쓸었던 이국적인 동식물에 대한 관심과 그것들을 수집하고 분류하려는 열정이 반영돼 있다고 했는데, 거기서 100년이 더 지난 후에 새로 추가된 별자리들도 있다.

5

8월, 라카유의 산

초신성은 그 밝기가 갑자기 매우 밝아졌다가
몇 주일 혹은 몇 달에 걸쳐 도로 어두워지는 별이다.
초신성이란 이름은 이 별이 처음 발견되었을 때
마치 아주 밝은 별이 새로 태어난 것처럼 보였기 때문에 붙었다.
태양은 절대로 초신성이 될 수 없지만, 더 크고 무거운 별은 초신성이 된다.

영화에서 천체 관측을 낭만적으로 묘사하는 이유

일단 주변을 자세히 둘러보기만 하면, 곳곳에서 천체 관측 활동을 볼 수 있다. 그것은 사람들을 사랑에 빠지게 하기도 한다. 대니 보일Danny Boyle 감독이 만든 영화 〈비치The Beach〉와 그 밖의 수많은 영화에 나오는 것처럼. 또, 영화 〈피셔 킹The Fisher King〉에서처럼 우정을 더 깊게 해 주기도 하고, 브라우니즈Brownies(만 6~8세 소녀가 가입하는 걸스카우트)에 따르면 어린 소녀가 훌륭한 시민으로 성장하도록 돕기도 한다. 브라우니즈는 현재 일정 자격을 갖춘 사람에게 천체 관측 배지도 나눠 준다. 천체 관측 활동은 침착하고 사색적인 성격을 말해 주기도 한다.

나는 영화 〈비치〉에 나오는 천체 관측 장면이 늘 찜찜했다. 천체 관측 활동에 무슨 대단한 낭만의 잠재력이 있겠느냐고 회의적으로 생각해서가 아니라, 그 장면의 현실성에 의심이 생겼기 때문이다. 비르지니 르도앵Virginie Ledoyen이 연기한 영화 속 주인공은 별들을 장시간 노출 사진으로 찍기 위해 고가의 카메라를 해변에 설치한다. 그녀가 별들(주극성)의 원형 궤적을 찍기 위해 카메라를 하늘의 북극으로 향하고 수를 세는 동안 레오나르도 디카프리오Leonardo DiCaprio가 연기한 리처드는 이것은 당신을 사랑에 빠지게 하지만 나중에 헤어지게 하는 종류의 취미라고 말한다. 그런데 의문이 생긴다. 첫째, 그녀가 배낭을 메고 아시아를 돌아다니는 동안 과연 접었다 폈다 할 수 있는 이 카메라와 삼각대(특별히 가벼운 것은 아닌)를 함께 갖고 다닐 수 있었을까? 특히 모래와 바다 공기에 카메라가 손상을 입기 쉬운 해변으로 그것을 가져갈 수 있을까? 둘째, 설사 그녀가 이 값비싼 '장비'를 모두 지니고 여행을 했다 하더라도, 섬으로 헤엄을 쳐 건너가기 전날 밤에 굳이 사진을 찍어야 할 이유가 있을까? 그들은 이미 배낭을 가져가지 않기로 결정했는데 말이다. 그 사진을 도대체 어디서 현상하려고 그랬을까? 하지만 영화 자체는 참 재미있었다. 진심으로!

샴페인을 즐기는 천문학자

사소한 결함은 있지만, 이 영화가 이와 비슷한 영화들과 마찬가지로 천체 관측이 지닌 낭만적 잠재력에 주목했으며, 8월은 그러한 잠재력을 끌어내기에 아주 좋은 시기라는 사실은 부정할 수 없다. 대부분의 북반구 지역에서 아직 밤은 아주 캄캄하지 않지만, 이제 밤이 점점 길어지기 시작한다. 천문박명은 늦게 찾아와, 밤늦게까지 밖에 머물기에 좋은 핑계를 제공한다. 게다가 8월에는 일 년 중 가장 인상적인 유성우 중 하나인 페르세우스자리 유성우를 볼 수 있다. 유성우에 대해서는 또 하나의 인상적인 유성우인 사자자리 유성우가 쏟아지는 시기를 다루는 8장에서 더 자세히 이야기하겠지만, 여기서 페르세우스자리 유성우를 잠깐 살펴보고 넘어가기로 하자.

유성우는 절정에 이르렀을 때(이 시기를 극대기라 함)에는 말 그대로 하늘에서 유성(별똥별)이 아주 많이 쏟아진다. 각각의 유성우에는 유성들이 출발해서 날아오는 지점의 별자리 이름이 붙어 있다. 그러니까 페르세우스자리 유성우는 페르세우스자리에서 날아오는 것처럼 보인다. 페르세우스자리는 북반구 별자리이기 때문에, 페르세우스자리 유성우는 북반구 하늘에서만 볼 수 있다. 극대기는 8월 12일 무렵이지만, 정확한 날짜는 해마다 조금씩 차이가 있다. 이때 유성우 장관을 볼 수 있다고 확실히 보장할 수는 없지만(예측한 극대기는 실제와 하루 정도 차이가 나는 경우가 종종 있고, 또 변덕스런 날씨도 하나의 변수가 됨), 어쨌든 낭만적인 야간 외출을 즐기기 위한 핑계로는 이보다 더 좋은 게 없다.

그런데 낭만적인 밤에 야외에 나왔으니, 유성우 구경에만 만족할 이유가 없다. 샴페인과 맛있는 음식, 담요와 쿠션을 준비했다면, 밤하늘의 다른 것들까지 얼마든지 구경할 수 있다.

물론 도시의 밝은 불빛에서 멀찌감치 떨어진 곳으로 갈 필요가 있지만, 어디로 갈지 선택하는 것은 여러분의 예산과 기호에 달려 있다. 나는 모로코에서 어느 휴일 새벽에 남자 친구와 함께 지프를 타고 사하라 사막으로 떠난 적이 있다. 우리는 별들 아래에서 아침을 먹으면서 해가 떠오르는 것과 함께 서서히 사라져 가는 별들을 바라보았다.

밤에 요트를 타고 해안의 밝은 불빛을 피해 멀리 여행을 하는 것도 물론 충분히 낭만적이다. 하지만 야영을 하는 것도 한 가지 방법이다.(물론 야영을 하려면 개인적 취향이 맞아야 할 것이다.) 어린 시절의 어느 여름날, 우리 가족은 프랑스 남부 아르데슈 강에서 카누를 타고 하류로 내려갔다. 매일 밤, 우리는 카누를 강가로 끌어올리고, 침낭 속으로 들어가 별들 아래에서 잠을 잤다. 별을 보는 낭만은 자연으로 돌아가고, 큰 우주의 일부가 되는 것을 느끼는 데 있다. 별들이 가득 찬 밤하늘과 나 사이에 아무것도 없는 상태에서 잠을 자면, 분명히 그것을 느낄 수 있다.

여름 축제는 진정한 낭만으로 연결되지 않는 경우가 많긴 하지만, 더 넓은 의미에서 천체 관측자에게는 낭만적인 것이 될 수 있다. 훌륭한 축제는 자연과 공동체로 돌아가는 것을 찬양한다. 축제는 많은 사람들이 함께 즐기는데, 음악이 되었건 아니면 환경이나 문학이 되었건 모두 공통의 이해를 갖고 있기 때문이다. 축제를 즐긴다는 것은 야외의 자연을 있는 그대로 함께 느끼고, 별 아래에서 함께 시간을 보내는 것이다. 지난 2년 동안 영국물리학협회는 영국에서 벌어진 몇몇 작은 축제에 망원경을 가져가 사람들에게 그것을 통해 하늘을 보게 했다. 이것은 축제 참가자들에게 큰 인기를 끌었다.

8월 하늘은 유성우와 축제 외에도 많은 것을 제공한다. 하지만 지구의 나머지 절반은 축제를 열기에는 너무 춥고, 유성이 보이지 않는다. 남반구의 8월에는 별을 관측하기에 아주 좋은 어두운 밤이 많이 이어진다. 우리는 앞에서 남반구 별자리를 많이 보았는데, 그중에는 유럽인이 도착하기 전에 현지 주민들이 만든 것도 있었고, 유럽인이 만든 것(천문학자들이 공식적인 별자리로 인정하는)도 있었다. 그런데 유럽인이 만든 별자리들이 모두 동시에 만들어진 게 아니라는 사실을 기억할 필요가 있다. 그것은 여러 단계에 걸쳐 일어났고, 각 단계마다 여러 별자리가 만들어졌다가 그중 일부는 살아남아 공식적인 별자리가 된 반면, 잠깐 살아남았다가 사라진 별자리도 있고, 만들어지자마자 금방 사라진 별자리도 있다.

라카유의 별자리

니콜라 루이 드 라카유Nicolas Louis de Lacaille는 18세기의 프랑스 천문학자로, 그 당시의 많은 학자와 마찬가지로 교회에서 성직자로 일하기 위해 공부를 시작했다. 하지만 학업을 마친 뒤에는 성직자가 되는 대신 파리에 있는 왕립 천문대에서 왕실 천문관으로 일했다. 라카유는 측량 일도 했는데, 처음에는 프랑스 일부 해안을 측량하다가 나중에는 '프랑스의 자오선 호' 길이를 측량했다.

18세기에 측량은 유럽 전체에서 아주 중요하게 추진한 계획이었다. 그전에도 지도는 있었지만, 정확성이 떨어졌다. 측량술도 새로운 것은 아니었지만, 그전에는 토지 소유주가 자신의 땅을 측량하는 경우처럼 아주 작은 규모에서만 사용되었을 뿐, 한 나라의 전체 지역들이 서로 어떻게 연결돼 있는지 대규모 조사를 하는 데 사용된 적은 없었다. 17세기와 18세기에 유럽에서 전쟁이 자주 일어나자, 군주들과 정부들은 더 자세한 지도의 중요성을 깨닫게 되었는데, 특히 자세한 지도는 취약한 해안선과 국경 지역을 보호하는 데 꼭 필요했다. 측량 기술과 측량 도구가 발전하면서 이제 그런 지도를 만드는 게 가능해졌는데, 그러자 이 분야에서 천문학자와 측량사가 할 일이 아주 많아졌다. 흥미롭게도, 그 당시 천문학의 측정 장비와 측량 장비 사이에는 비슷한 점이 아주 많았다. 둘 다 각고도와 거리를 측정해 물체가 지구 위에서나 밤하늘에서 어디에 있는지 정확한 위치를 알아내려고 했다.

이런 유사성 때문에 같은 사람이 천문학과 측량을 모두 하는 경우가 종종 있었다. 라카유도 그런 사람 가운데 한 명이었다.

라카유의 '자오선 호' 측량은 자오선을 따라 아주 긴 남북 방향의 선을 정확하게 측정하는 것이었는데, 그 길이에는 그 구간에 해당하는 지구의 곡률도 포함돼 있었다. 라카유는 낭트와 바욘 사이의 자오선 호를 측정하는 것에서 시작해 그 다음에는 남아프리카의 희망봉에서 다시 자오선 호를 측정했다. 그런데 남아프리카에서 측정한 자오선 호는 아주 정확한 것이 아니어서 라카유는 지구가 복숭아와 비슷한 모양이라는 결론을 내렸다. 다행히도 이 실수는 나중에 측량을 통해 바로잡혔다.

자오선 길이 측정은 라카유가 남아프리카에 가서 행한 임무 중 하나에 지나지 않았다. 이 여행의 주 목적은 남반구 하늘의 별들을 관측하고 성도를 만드는 것이었다. 라카유는 희망봉을 남반구 연구 기지로 선택했는데, 그곳은 지리적으로 프랑스에서 곧장 아래쪽으로 내려간 지점에 있어 자신이 익히 아는 북반구의 성도와 비교하기가 쉬웠기 때문이다. 또한 그 주변 지역인 케이프 식민지는 그 당시 프랑스에 우호적인 네덜란드의 식민지였고, 프랑스를 떠난 위그노(프랑스의 칼뱅파 신교도)도 많이 살고 있었다. 그는 4년 동안 약 1만 개나 되는 별들의 목록을 만들었다. 오늘날 라카유의 이 연구는 방대한 양뿐만 아니라 뛰어난 질로도 칭송을 받는다.

새로운 별자리의 탄생

라카유는 별들의 목록을 만드는 일만 하는 데 그치지 않고, 새로운 별자리도 만들었다. 바이어가 이국적인 동물을 선택해 그 당시 유럽인이 새로운 땅을 바라보던 시각을 반영한 별자리를 만든 반면, 라카유의 별자리는 좀 더 직설적이었다. 그는 18세기적 방식으로 근대 기술을 찬양하면서 자기 주변에 있는 물건들을 반영해 별자리를 새로 만들었다.

다음 그림은 '우라니아의 거울Urania's mirror'이라는 32장의 교육용 카드에 실린 것이다. 32장의 카드에는 각각 한 무리의 별자리들이 실려 있다. 별들은 구멍으로 표시돼 있는데, 구멍이 클수록 더 밝은 별

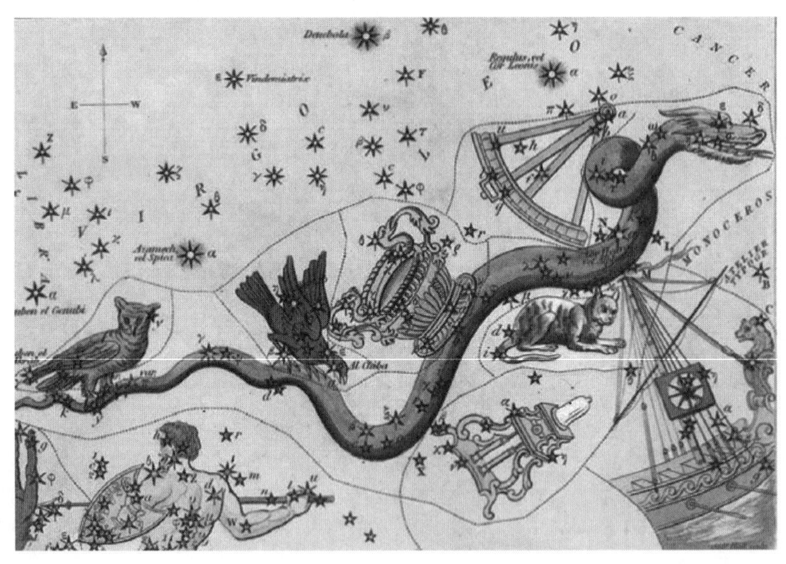

바다뱀자리가 더 작은 별자리들로 둘러싸여 있는 이 그림은 19세기의 교육용 카드인 '우라니아의 거울'에 그려진 것이다. 작은 별자리들 중에는 새로 만든 별자리도 있고, 오래된 별자리도 있고, 오늘날 더 이상 사용되지 않는 별자리도 있다.(National Maritime Museum, Greenwich, London 제공)

을 나타낸다. 그리고 뒤쪽에는 박엽지가 붙어 있어서 카드를 불빛을 향해 치켜들면, 마치 밤하늘에 나타나는 것처럼 그 별자리가 보인다. 이 카드는 내가 국립 해양 박물관에서 천문학 큐레이터로 일할 때 전시한 컬렉션에 포함되었는데, 항상 방문객들에게, 특히 학생들에게 큰 인기를 끌었다.

카드 가운데 부분을 보면, 바다뱀자리와 함께 그 등에 까마귀자리와 컵자리가 있는 것을 볼 수 있다. 이 별자리들은 모두 2장에서 소개한 적이 있다. 그런데 그 주변에 새로운 별자리가 많이 있다. 바다뱀자리의 머리 아래쪽에는 육분의자리 맞은편에 고양이자리와 함께 18세기의 기술을 상징하는 공기펌프자리가 있다.

라카유의 고양이자리는 시간의 검증에서 살아남지 못했다.(바다뱀자리의 꼬리 끝부분에 있는 올빼미자리도 마찬가지다.) 사실, 고양이자리는 라카유가 장난삼아 만든 별자리였다.

> 나는 고양이를 아주 사랑한다. 그래서 고양이 그림을 성도에 새기려고 한다. 별이 빛나는 하늘은 평생 동안 나를 충분히 피곤하게 했으므로, 이제 와서 재미있는 장난을 좀 치더라도 뭐라 할 사람은 없을 것이다.

하지만 다른 별자리들은 더 진지한 태도로 만들었다. 그중에는 순전히 개인적인 의미를 지닌 별자리도 있었다. 예를 들면, 그는 희망봉에서 지내는 동안 자신이 본 테이블 산을 기념해 테이블산자리를 만들었다. 또한 헤벨리우스의 전례를 따라 하늘에 자신의 도구들을 올려놓았는데, 그가 만든 육분의자리는 앞의 그림에서 보듯이 하늘에서 고양이자리와 올빼미자리와 같은 지역에 있다. 라카유의 도구들은 하늘에서 컴퍼스자리, 수준기자리, 그물자리(망원경에 붙어 있는 그물 모양의 조준선)가 되었다.

이 별자리들을 쉽게 찾으려면, 4장에서 보았던 하늘에서 시작하는 게 좋다. 황새치자리에서 대마젤란은하를 찾았다면, 바로 그 위에서 카멜레온자리 쪽으로 나아가는 곳에서 테이블산자리를 발견할 수 있다. 이것은 아주 희미한 별자리이지만, 볼 수 있다면 그 한쪽 끝부분이 대마젤란은하와 아주 가까운 곳에서 작은 곡선 형태를 이루고 있음을 알 수 있다. 컴퍼스자리는 은하수에서 남쪽삼각형자리와 켄타우루스자리 사이에 홀쭉한 삼각형 모양의 별자리로 끼여 있다. 은하수를 따라 남십자자리에서 컴퍼스자리와 남쪽삼각형자리 쪽으로 죽 가다 보면 그 다음에는 수준기자리를 만날 것이다. 수준기자리 역시 아주 희미하다. 또 하나의 희미한 별자리인 그물자리는 대마젤란은하를 사이에 두고 날치자리 맞은편에 있다. 날치자리는 황새치자리와 마찬가지로 대마젤란은하의 경계를 이루고 있는 것처럼 보인다. 성도가 큰 도움이 되겠지만, 이 별자리들은 희미한 편이어서 관측 조건이 아주 좋아야만 분명하게 볼 수 있다.

근대 기술의 상징

라카유의 별자리들에는 근대 과학 기술의 발전도 반영돼 있다. 그 당시는 과학과 그 도구들이 절대자로 군림하던 소위 계몽주의 시대였다. 그런 시대 정신 속에서 라카유는 화학로자리와 망원경자리를 만들었다. 시계자리는 16세기에 발명된 진자 시계를 기념해 만들었다. 팔분의자리(원래는 해들리의 팔분의자리라고 했음)는 1730년에 발명된 항해 장비를 가리킨다. 마지막으로 현미경자리는 17세기 초에 망원경과 거의 같은 시기에 발명된 현미경을 기념해 만들었다.

라카유가 하늘에 올려놓은 계몽주의 시대 기술의 진정한 상징은 공기펌프자리였다. 조지프 라이트Joseph Wright가 1768년에 그린 그림이 보여 주듯이, 공기 펌프는 진공을 만들고 그 성질을 연구하는 데 쓰이는 장비였다. 밀봉된 유리 용기에서 공기 펌프로 공기를 뽑아 낸 뒤, 진공이 연구 대상에 미치는 효과를 관찰할 수 있었다. 이 실험은 지금도 사용되는데, 예컨대 용기 안의 산소가 줄어들면서 촛불이 꺼지거나, 소리의 전달에 필요한 공기가 없는 상황에서 자명종 시계가 울리는 소리가 사라지는 것 등을 직접 경험할 수 있다. 18세기에는 극적인 효과를 보여 주기 위해 더 잔인한 실험도 했다. 큰 인기를 끈 한 실험은 '공기 펌프 속의 동물 실험'이었다. 조지프 라이트가 1768년에 그린 〈공기 펌프 속의 새 실험An Experiment of a Bird in an Air Pump〉은 바로 이 실험을 생생하게 묘사한 것이다.

조지프 라이트는 화가였지만, 그가 어울린 사람들 중에는 과학자가 많았으며, 버밍엄의 루나 협회 회원도 몇 명 있었다. 루나 협회는 18세기 후반에 사교 및 과학을 위한 비공식 단체 중에서 아주 유명한 단체였다. 회원 중에는 도자기 사업가로 유명한 조사이어 웨지우드Josiah Wedgewood와 찰스 다윈의 할아버지인 이래즈머스 다윈Erasmus Darwin도 있었다. 그들은 신흥 부호인 산업 자본가였다. 그들이 과학에 특별한 관심을 보인 이유 중 하나는 과학이 산업 혁명에 아주 중요하다고 생각했기 때문이었다. 또, 과학은 클래식 음악과 달리 귀족이 아니더라도 자수성가한 사람이 충분히 이해하고 통달할 수 있었기 때문이다.

루나 협회는 한 달에 한 번 보름달이 뜰 때 만났는데, 모임이 끝난 뒤 밝은 달빛 아래에서 집으로 무사히 돌아가도록 하기 위해서였다. 그들은 과학에 대해 토론을 나누고, 맛있는 음식과 술을 먹고 마시면서(이래즈머스 다윈의 배가 점점 불룩해지자 편하게 앉게 하기 위해 식탁 중 반원형 부분을 잘라 냈다는 이야기도 전한다.) 시간을 보낸 뒤에 집으로 돌아갔다. 조지프 라이트는 루나 협회 회원은 아니었지만, 그래도 그들과 자주 어울렸다. 〈공기 펌프 속의 새 실험〉은 그 당시로서는 특이하게도 의뢰를 받지 않고 그린 그림이었다. 이 그림은 의사인 벤저민 베이츠Benjamin Bates가 사 갔다. 그것은 촛불이 비치는 가운데 청중 앞에서 과학 강연이나 실험을 하는 장면을 묘사한 일련의 작품들 중 마지막 작품이었다. 〈태양 앞에 램프가 놓인 태양계의에 대해 강연하는 철학자A Philosopher Giving that Lecture on the Orrery, in which a Lamp is put in the Place of the Sun〉 또는 줄여서 간단히 〈태양계의The Orrery〉라 부르는 작품은 비슷한 청중 앞에서 과학 강연을 하는 장면을 묘사하고 있다. 태양계의는 태양계를 본떠 만든 기계적 모형이다. 라이트가 그림에서 묘사한 것처럼, 이런 도구들은 공기 펌프와 마찬가지로 순회 강연을 하는 사람들이 대중 앞에서 직접 실험을 하며 보여 주기에 아주 좋았다.

〈태양계의〉와 〈공기 펌프 속의 새 실험〉은 종교화에 사용하는 화풍으로 그려졌다. 오늘날 이 그림들은 대작으로 칭송받지만, 그 당시에는 과학 시범을 굳이 종교적 기적과 동일한 수준의 경외감을 불러일으키는 식으로 묘사할 필요가 있는가 하는 의문을 낳았다. 물론 새로운 산업 자본가들은 그것을 좋아했다.

불행하게도 라카유의 다른 별자리들과 마찬가지로 이 별자리들은 모두 다소 희미하다. 앞에 나온 '우라니아의 거울' 그림에서 보는 것처럼 공기펌프자리는 바다뱀자리 바로 밑, 까마귀자리와 컵자리 반대편에 있다. 공기펌프자리의 별들 중에 실시 등급이 4등급보다 아래인 것은 하나도 없다. 화학로자리는 사정이 좀 낫다. 화학로자리에는 맨눈으로 볼 수 있는 별이 딱 2개 있는데, 그중에서 더 밝은 별은 실시 등급이 3.87등급이어서 봉황새자리 근처에서 발견할 수 있다. 여름철 성도를 참고하면 쉽게 찾을 수 있을 것이다. 시계자리는 화학로자리보다 약간 더 크지만 더 밝진 않으며, 황새치자리와 그물자리를 빙 돌아가는 지점에 있다. 망원경자리는 황도 바로 아래쪽에 궁수자리 조금 밑에 있다. 한편, 현미경자리는 망원경자리에서 조금 옆으로 벗어난 위쪽에 있다. 관측 조건이 좋고 여러분이 충분한 연습을 했다면, 황도 한쪽에서는 인디언자리, 두루미자리, 망원경자리를, 반대쪽에서는 염소자리와 궁수자리를 발견할 수 있다.

미술과 별자리의 만남

라카유가 만든 별자리 중 시간의 검증을 견디고 살아남은 별자리가 3개 더 있다. 그것은 조각도자리와 이젤자리와 조각실자리이다. 라카유가 조각도자리를 새로운 별자리에 포함시킨 이유는 미술뿐만 아니라 과학에서도 조각(새기거나 깎아 어떤 형태를 만드는 작업)이 중요한 비중을 차지한다는 사실로 설명할 수 있다. 하지만 화가의 이젤과 조각실은 조금 다른 설명이 필요하다. 18세기의 영국은 오늘날 우리가 생각하는 것처럼 각각의 분야가 엄밀하게 나눠져 있지 않았다. 프랑스에서는 같은 살롱에서 미술과 과학을 함께 토론하는 일이 많았고, 교육받은 사람들은 양 분야에 어느 정도 지식과 조예를 갖고 있었다. 라카유의 별자리 중 대다수는 과학의 도구를 바탕으로 했지만, 이 세 별자리는 미술의 도구도 그에 못지않게 중요함을 인정한 것이라 할 수 있다.

조각도자리와 이젤자리는 밤하늘에서 황새치자리 부근에 나란히 늘어서 있다. 두 별자리는 아주 희미하다. 이젤자리에서 가장 밝은 별은 실시 등급이 3.30등급이다. 역시 아주 희미한 별자리인 조각실자리는 봉황새자리 바로 북쪽에서 발견할 수 있다. 라카유가 굳이 이렇게 희미한 별들을 가지고 별자리를 만들 필요가 있었을까 하고 짜증이 날 수도 있겠지만, 웬만큼 부유하고 유행에 민감한 가정에서는 망원경을 거의 필수적으로 갖추고 있었다는 사실을 기억할 필요가 있다. 옛날 별자리들은 순전히 맨눈 관측을 바탕으로 만들어진 반면, 라카유가 만든 별자리는 망원경을 염두에 두고 만든 것이다.

라카유는 희미한 별들로 새로운 별자리를 만드는 데 그치지 않고, 아주 오래되고 아주 큰 별자리인 아르고자리(고대 그리스인이 만든 남반구 별자리)를 쪼개 여러 개의 별자리로 만들었다. 아르고자리는 대부분의 북반구 지역에서는 보이지 않지만, 고대 그리스에서는 볼 수 있었다. 그들은 이 별자리를 이아손과 아르고호 원정대가 황금 양털을 찾으러 갈 때 타고 간 배라고 보았다. 라카유는 아르고자리를 여러 개로 쪼갰지만, 그래도 기본적인 맥락은 그대로 유지했다. 그는 배 전체를 나타내는 하나의 큰 별자리 대신에 그것을 쪼개 배의 각 부분을 나타내는 작은 별자리 4개를 만들었다. 그래서 지금은 아르고자리는 없어지고, 대신에 용골자리, 고물자리, 나침반자리, 돛자리가 생겼다. 여러분이 밤하늘에서 옛날의 아르고자리를 찾건, 그것을 쪼개 만든 오늘날의 네 별자리를 찾건, 그것은 크게 중요한 것이 아니다. 이 별자리들을 이루는 별들은 예나 지금이나 똑같기 때문이다. 이 별자리들은 남십자자리에서 약간 북쪽에 위치한 은하수에서 찾을 수 있다. 하늘에서 어떤 모양을 찾아야 하는지는 성도가 잘 안내해 줄 것이다. 좋은 소식이 하나 있는데, 이 별자리들에는 지금까지 이 장에서 만났던 다른 별자리들보다 훨씬 밝은 별이 많이 포함돼 있어 찾기가 더 쉽다는 것이다.

용골자리 에타별

용골자리의 별 중에서 특별히 찾아볼 만한 가치가 있는 별이 하나 있다. 용골자리 에타별은 수백 년 동안 천문학자들의 고개를 갸우뚱하게 만들었다. 이 별은 시간이 지남에 따라 밝기가 변하는 변광성이다. 에드먼드 핼리가 1677년에 용골자리 에타별을 별들의 목록에 포함시켰을 때, 그 실시 등급은 4등급이었다. 하지만 1830년대에 존 허셜이 보았을 때에는 하늘에서 가장 밝은 별 중 하나였다. 그리고 19세기 말에는 실시 등급이 8등급으로 떨어져 맨눈으로는 보기 어렵게 되었다가 나중에 다시 4등급으로 밝아졌다. 이러한 밝기 변화는 서서히 일어나지 않았다. 19세기 중엽에 이 별이 갑자기 밝아진 사건은 '대분출'이라 부르기까지 했다. 1998~1999년에는 또다시 용골자리 에타별의 밝기가 갑자기 2배나 밝아지는 일이 일어났다.

이 별의 밝기 변화는 복사압이 축적되어 일어나는 것으로 보이는데, 모든 변광성이 반드시 이런 식으로 밝기가 변하는 것은 아니다. 별은 빛과 열을 방출하는데, 별에서 방출되는 빛과 열의 양을 측정하는 척도를 절대 광도라 한다. 방출되는 빛(그리고 그 밖의 전자기파도 포함해)과 열을 합쳐서 복사라고 하는데, 복사가 뿜어져 나오는 힘이 바로 복사압이다. 복사압은 밖으로 뻗어 나가는 힘이어서 모든 물질을 별의 중심으로 끌어당기는 중력과 경쟁한다.

용골자리 에타별의 흥미로운 점은 밝기 변화뿐만이 아니다. 용골자

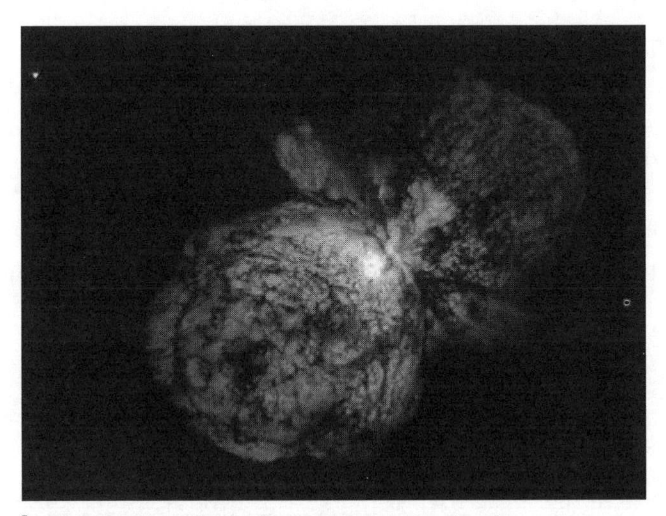

용골자리 에타별을 확대한 모습(STScI(http://hubblesite.org) 제공)

리 에타별은 아주 큰 별이다. 그 질량은 태양보다 무려 100~150배나 커 별 중에서도 가장 큰 축에 속하며, 뿜어내는 빛은 태양의 약 400만 배에 이른다. 이 정도로 크거나 밝은 별은 많지 않으며, 그런 별 중에서 용골자리 에타별만큼 자세히 조사된 별은 없다. 용골자리 에타별은 질량이 이렇게 크기 때문에, '에딩턴 한계'에 가깝거나 어쩌면 그것을 뛰어넘었을지 모른다. 에딩턴 한계는 큰 별의 복사압이 중력과 평형을 이루는 상태에 있을 때 이를 수 있는 최대 광도를 말한다. 별이 에딩턴 한계를 넘어서면, 밖으로 뿜어져 나가는 매우 강렬한 복사 때문에 바깥층이 떨어져 나가면서 별이 분해된다. 에딩턴 한계는 별이 이를 수 있는 크기에 이론적 상한선을 제시한다. 용골자리 에타별은 만약 이 한계에 도달하지 않았다 하더라도 그것에 상당히 가까이 있는 것으로 보이는데, 시간이 지나면서 이 별이 보인 기묘한 행동을 설명하는 가설 중 많은 지지를 받는 한 가설은 용골자리 에타별이 분해

되려고 시도하다가 실패했다고 주장한다.

가짜 초신성 사건

만약 용골자리 에타별이 갑자기 매우 밝아졌다가 서서히 어두워져 가는 일이 딱 한 번만 일어났다면, 그것은 용골자리 에타별이 초신성이 되었음을 보여 주는 한 가지 증거가 되었을 것이다. 그런데 용골자리 에타별은 밝아졌다 어두워졌다 하길 계속 반복하기 때문에 천문학자들은 이것을 가짜 초신성이라 부르고, 19세기 중엽에 일어난 대분출을 가짜 초신성 사건이라 부른다.

초신성은 그 밝기가 갑자기 매우 밝아졌다가 몇 주일 혹은 몇 달에 걸쳐 도로 어두워지는 별이다. 초신성이란 이름은 이 별이 처음 발견되었을 때 마치 아주 밝은 별이 새로 태어난 것처럼 보였기 때문에 붙었다. 태양은 절대로 초신성이 될 수 없지만, 더 크고 무거운 별은 초신성이 된다. 질량이 아주 큰 별은 중심부에서 핵융합 반응이 멈추고 나면 큰 폭발이 일어나면서 바깥층의 물질과 에너지를 밖으로 날려 보낸다. 그러고 나서 중심부에 남은 물질이 중력에 의해 짜부라지면서 중성자로만 이루어진 별이 될 수 있는데, 이 별을 중성자별이라 부른다. 별의 질량이 아주 크면, 초신성 폭발을 하고 나서 남은 중심부의 밀도가 아주 높아 빛조차 거기서 탈출할 수 없게 된다. 이런 천체를 블랙홀이라 부른다.

초신성 폭발 때 아주 갑작스럽게 밖으로 뿜어져 나가는 물질과 에너지(충격파의 형태로) 중에는 원래 있던 수소 중 남은 것뿐만 아니라 별 중심부에서 만들어진 원소—헬륨, 탄소, 네온, 산소, 철 등—도 포함돼 있다. 행성, 혜성, 소행성과 그 밖의 모든 것을 이루는 원소들은 별이 새로운 원소들을 만든 뒤 초신성 폭발을 통해 우주 공간에 흩뿌리는 이 과정에서 나왔다. 우리가 별의 먼지로 만들어졌다고 이야기하는 이유도 이 때문이다.

초신성 폭발은 생명을 만드는 데 필요한 물질을 만들고 배분하는 일을 할 뿐만 아니라, 새로운 별의 탄생에 촉매 역할도 한다. 초신성 폭발에서 생겨난 충격파는 근처에 분자 구름(성운에서 별이 탄생하는 영역)이 있을 경우, 구름을 수축시키는 기폭제가 됨으로써 새로운 별의 탄생 과정을 촉진한다.

반면에 가짜 초신성 사건은 별이 폭발하는 것처럼 보이지만, 실제로는 폭발하지 않고 그대로 유지되는 사건이다. 이 사건을 본 천문학자들은 처음에는 별이 폭발했다고 생각했지만, 결국은 초신성이 되지 않았다는 사실을 알아냈다. 하지만 무슨 일이 일어나서 이런 현상이 나타나는지 만족할 만한 설명은 나오지 않았다. 사실, 가짜 초신성 사건은 이름처럼 완전한 속임수가 아닐지도 모른다. 용골자리 에타별의 밝기가 계속 변하는 이유를 설명하는 한 가지 가설은 대분출은 초신성이 되려고 시도했다가 실패해 일어난다는 것이다. 그리고 그 후에 일어나는 밝기 변화는 별이 정상으로 되돌아가기 위해 스스로를 조정하는 과정에 불과하다고 설명한다.

좀 더 깔끔하게 기술하길 원한다면, 용골자리 에타별은 지금까지 우리가 보았던 천문학적 범주들을 사용해도 충분히 기술할 수 있다. 용골자리 에타별은 이중성이고, 극대거성(기본적으로 적색 거성이지만 크기가 훨씬 큰)이며, 성운 속의 한 산개 성단에 있는 별이다. 그리고 변광성이기도 하다.

여러 가지 변광성

변광성에 대해 최초로 제대로 된 설명을 내놓은 사람은 아마추어 천문학자인 존 구드릭John Goodricke이다. 1782년에 페르세우스자리의 변광성인 알골을 조사하던 구드릭은 알골이 하나의 별이 아니라 두 별이 서로의 주위를 도는 쌍성이라는 사실을 발견했다. 그리고 주기적으로 한 별이 다른 별 앞으로 지나가면서 그 별을 가리는 '식蝕'이 일어나기 때문에 밝기에 변화가 일어난다는 사실을 알아냈다. 그래서 이런 변광성을 식변광성이라 부른다. 왕립학회는 이 연구를 높이 평가하여 구드릭에게 줄 수 있는 가장 명예로운 상을 주었고, 3년 뒤에는 왕립학회 회원으로 선출했다. 불행하게도 구드릭은 왕립학회 회원이 되었다는 사실을 통보받기 전에 폐렴에 걸려 죽고 말았다.

하지만 구드릭의 설명이 모든 변광성에 적용되는 것은 아니다. 그 밖의 원인으로는 별이 물리적으로 팽창과 수축을 반복하여 밝기가 변하는 경우도 있고, 별이 자전하면서 밝기가 변하는 경우도 있다. 어떤 변광성은 일정한 간격으로 밝아졌다 어두워졌다 하며 밝기가 매우 규칙적으로 변한다. 이런 변광성을 세페이드 변광성(또는 케페우스형 변광성)이라 하는데, 이 변광성이 최초로 발견된 별자리가 세페우스자리(케페우스자리라고도 함)였기 때문이다. 그 변광성은 세페우스자리 델타별이다. 북극성도 세페이드 변광성이다. 그런가 하면, 변광 주기가 훨씬 길고 예측하기가 더 어려운 변광성도 있다.

6

9월, 은하수

스칸디나비아에서는 은하수를 '겨울의 거리'라고 부르는데,
은하수가 겨울이 오는 것을 알린다고 믿었기 때문이다.
남아프리카의 코이산족 전설에 따르면,
모닥불 주위에서 외롭게 춤추던 소녀가 하늘로 던진 잉걸불이
그때까지 캄캄하던 밤하늘을 밝히는 길이 되었다고 하며
이것이 은하수라고 이야기한다. 발트해 연안 국가들에서는
전통적으로 은하수를 새들이 지나가는 길로 보았다.

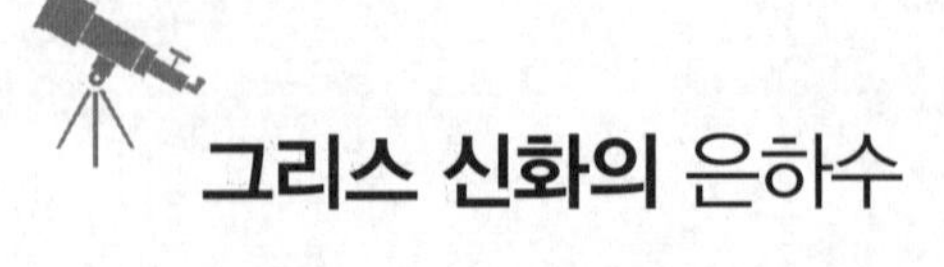

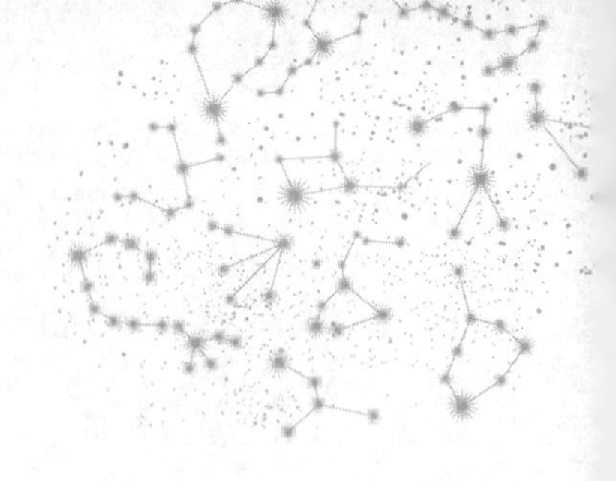

그리스 신화의 은하수

그리스 신화에 따르면, 은하수는 여신 헤라가 흘린 젖이다. 제우스는 아기이던 헤라클레스에게 여신 헤라의 젖을 먹여 신과 같은 능력을 갖게 할 계획을 꾸몄다. 그래서 헤라가 잠이 들었을 때, 헤라클레스에게 젖을 빨게 했다. 하지만 어느 날 밤, 잠에서 깬 헤라는 낯선 아이가 젖을 빨자 놀라 헤라클레스를 밀어 냈다. 이때, 헤라의 가슴에서 흘러나온 젖이 은하수가 되었다고 한다. 영어와 많은 서양 언어에서는 은하수를 갤럭시Galaxy라고 하는데, 여기서 'gala'는 '젖'을 뜻하는 그리스어에서 유래했다. 영어에서는 은하수를 가리킬 때 '젖길'이란 뜻의 '밀키 웨이Milky Way'를 더 많이 사용하는데, 이것은 '젖길'이란 뜻의 라틴어 '비아 락테아Via Lactea'에서 유래했고, 비아 락테아는 그리스 신화에서 유래했다. 한편, 은하수의 정체—수많은 별들과 먼지와 가스가 중력으로 뭉쳐 있는 거대한 집단—를 제대로 파악한 천문학자들은 다시 그리스어 단어를 빌려와 그 천체 집단을 갤럭시, 곧 은하라고 불렀다.

4장에서 보았듯이 은하수, 곧 우리은하는 막대 나선 은하이며, 태양은 이 은하의 나선팔 중 하나에 위치하고 있다.

은하도 별과 마찬가지로 무리를 이루고 있는 경우가 많은데, 이렇게 은하들이 수백~수천 개 모여 있는 집단을 은하단이라 하고, 수십 개 정도 모여 있는 작은 집단을 은하군이라 한다. 우리은하는 수십 개의 은하와 함께 무리를 짓고 있는데, 이 은하 집단을 국부 은하군이라 부른다. 이미 앞에 나왔던 대마젤란은하와 소마젤란은하도 국부 은하군에 속해 있다. 또, 이 두 은하와 마찬가지로 맨눈으로 볼 수 있는 안드로메다은하(9장에서 자세히 다룰 것임)도 국부 은하군에 들어 있으며, 국부 은하군에 속한 그 밖의 은하들은 대부분 아주 작은 은하들이다. 국부 은하군은 많은 은하단과 은하군과 함께 처녀자리 초은하단에 속해 있다. 처녀자리 초은하단은 처녀자리 은하단을 중심으로 많은 은하단과 은하군이 모여 있는 집단이다. 은하군이나 은하단 또는 초은하단에 속한 은하들은 모두 중력에 의해 서로 붙들려 있고, 각자 공통 질량 중심 주위의 궤도를 돌고 있다.

태양은 보통 크기의 별이며, 약 3000억 개의 별을 포함하고 지름이 약 8만 5000광년인 우리은하도 보통 크기의 은하이다. 대부분의 은하와 마찬가지로 우리은하도 그 중심에 초거대 질량 블랙홀이 있는 것으로 보인다. 천문학자들은 이 블랙홀을 그것이 위치한 별자리 이름을 따 '궁수자리 A*'라고 이름 붙였다.

고대 메소포타미아(오늘날의 이라크) 사람들은 은하수에 대해 그리스인과는 다른 전설을 만들었다. 신들에게 바치는 제물로 갈대와 나무 껍질을 제단(제단자리)에서 태웠는데, 그 연기가 은하수가 되었다고 한다. 그 제물은 슈루루파크의 지혜로운 왕이자 사제인 우트나피쉬팀이 대홍수에서 살아남은 것에 감사해 바친 것이었다.(성경에 나오는 노아의 방주 이야기는 이 전설에서 유래한 것으로 보인다.) 그 제단은 하늘에서 제단자리가 되었는데, 제단자리 아래쪽의 은하수가 보이지 않는 북반구 지역 사람들은 제단자리를 은하수가 시작되는 지점으로 여겼다.

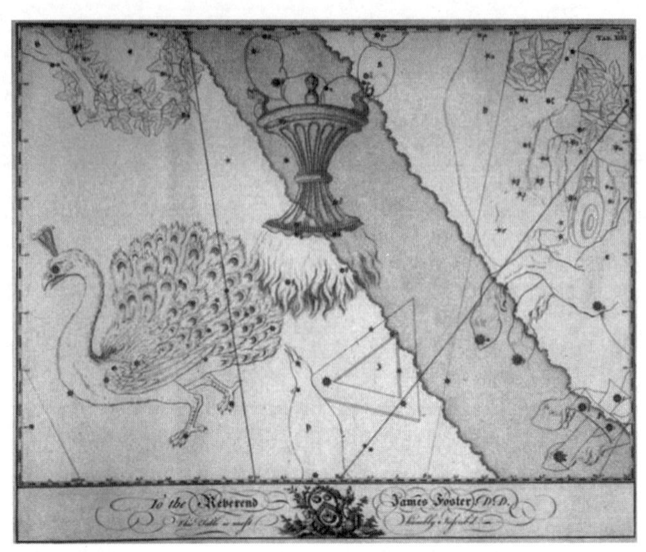

제단자리(베비스 아틀라스 이미지(Bevis Atlas images), Manchester Astronomical Society(UK)(www.manastro.org) 제공)

존 베비스의 성도에 나오는 제단자리는 거꾸로 뒤집힌 모습으로 그려져 있으며, 그 불꽃이 공작자리의 꽁지깃에 닿을 정도로 뻗어 있다. 제단자리를 지나가는 어두운 띠는 은하수이다.

별자리들에 관한 고대 그리스인의 이야기가 흔히 그렇듯이, 은하수의 기원에 관한 이야기도 한 가지만 있는 게 아니며, 그중 하나는 메소포타미아 신화에서 빌려 온 것이다. 여기서도 제단자리는 연기가 피어오르는 제단이고, 그 연기가 은하수가 되었다고 나온다. 하지만 그리스 신화에서는 이 제단은 제우스의 명령으로 신들을 위해 대장장이 일을 하던 키클롭스 중 한 명이 만들었으며, 그 위에서 희생 제물을 태웠다고 나온다. 티탄과 전쟁을 벌이던 제우스와 그 형제들은 그 연기 속에 몸을 숨기고 공격했다. 결국 제우스 편이 이김으로써 세상에 질서가 회복되었고 카오스가 쫓겨났다.

초콜릿 제조업자들은 은하수를 뜻하는 '밀키 웨이'와 '갤럭시'란 단어를 널리 알리는 데 기여했다. 1923년에 프랭클린 클래런스 마스 Franklin Clarence Mars라는 미국인(훗날 마스 회사를 만든)이 밀키 웨이 바를 만들었다. 이것은 초콜릿 외에 다른 것을 채워 넣은 최초의 초콜릿 바였다. 훗날 그의 아들은 새로운 초콜릿 제품에 자신과 가족의 성을 따 '마스'라는 이름을 붙였다. 지금은 갤럭시 바라는 초콜릿도 있다.

하지만 이 모든 신화와 초콜릿에도 불구하고, 북반구에서는 은하수를 보기가 쉽지 않다. 은하수는 맨눈으로도 잘 보여야 마땅하지만, 밝은 도시 불빛 때문에 많은 사람들은 은하수를 제대로 볼 수 없다. 남반구에서는 은하수의 중심(궁수자리 부근)을 찾기가 훨씬 쉬우며, 이것은 나머지 부분을 찾는 데 좋은 출발점이 된다. 천문학자들은 궁수자리를 가끔 '찻주전자'라고 부르는데, 성도에서 보면 알 수 있듯이, 이 별자리를 이루는 별들만 놓고 보면 찻주전자처럼 보이기 때문이다. 고대 그리스인은 이 별자리를 보고 활을 당기는 켄타우로스를 상상했을지 모르지만, 현대인의 눈에는 찻주전자가 훨씬 더 와 닿는다. 북반구 사람들에게는 은하수의 중심이 지평선 근처에 오기 때문에 완전히는 아니더라도 시야에서 거의 벗어날 때가 많다.

세계수와 까치

은하수는 특히 남반구에서 캄캄한 하늘을 바라보는 사람들에게는 하늘을 압도하는 존재로 보일 수 있다. 따라서 고대 그리스와 메소포타미아 이외의 지역에서 은하수의 기원을 설명하는 신화들이 은하수를 아주 중요하게 여겼다는 사실은 놀랍지 않다. 마야족은 은하수를 세계수世界樹라고 불렀다. 멕시코의 팔렌케에는 고대 유적이 많이 남아 있는데, 그중에서 파칼Pakal 왕의 무덤 석관 뚜껑에 세계수가 새겨져 있다. 팔렌케는 에스파냐인이 오기 이전에 번성했던 마야의 도시로, 피라미드 모양의 거대한 신전이 많이 있었는데, 지금은 이 신전들은 반쯤 숲으로 둘러싸여 있다. 마야족은 세계수를 지하 세계와 하늘을 연결하는(지구를 통해) 길로 보았으며, 지하 세계는 지평선 아래로 뻗어 있는 은하수의 일부라고 보았다. 은하수를 서로 다른 세계들 사이를 잇는 길로 보는 이 개념은 남아메리카와 중앙아메리카의 다른 문화들에서도 발견된다. 잉카족은 은하수를 나무 대신에 강이라고 보았다. 하늘은 죽은 자가 가는 장소일 뿐만 아니라, 살아 있는 사람이 꿈을 꿀 때 가는 장소라고 믿었다.

한편 고대 중국인은 은하수를 여러 별자리를 떠받치는 하늘의 일부로 보았다. 그런데 은하수는 중국뿐만 아니라 동아시아 각지에서 전해 내려오는 한 전설에 핵심 소재로 등장한다. 그 후 이 전설은 다양한 시와 경극을 통해 재현되었다. 견우(독수리자리의 알타이르)와 직녀(거문고자리의 직녀성)에 관한 전설이 그것이다. 선녀인 직녀는 하늘에서 베를 짜는 데에서는 최고의 실력을 자랑했다. 한편, 견우는 돈도 없고 집도 없는 소몰이꾼인데, 그가 모는 마법의 소가 유일한 친구이자 동료였다.

견우가 소에게 외로움을 하소연하자, 소가 짝을 얻을 수 있는 꾀를 알려 주었다. 소는 견우에게 선녀들이 하늘에서 내려와 목욕을 하는 강으로 가서 한 선녀의 옷을 몰래 훔치라고 했다. 결국 선녀들 중 막내가 날개옷이 없어 하늘로 돌아갈 수 없었고, 언니들은 막내를 남겨 놓고 하늘로 돌아가 버렸다. 그 선녀가 바로 직녀였다. 그때, 날개옷을 숨긴 견우가 나타나 직녀에게 자기와 함께 살자고 했다. 직녀는 할 수 없이 견우와 함께 몇 년 동안 지상에서 살았는데, 마침내 직녀의 어머니인 서왕모西王母(중국 신화에 나오는 여신으로, 곤륜산에 산다고 함)가 직녀가 사라진 것을 알게 되었다. 한편, 견우가 데리고 있던 마법의 소는 늙어 죽으면서 자신의 가죽을 잘 보관하면 나중에 요긴하게 쓸 일이 있을 것이라고 말한다.

분노한 서왕모는 지상으로 내려와 직녀와 두 아이를 데리고 하늘로 올라가 버린다. 견우는 소가 남긴 가죽을 이용해 하늘을 날아 직녀를 쫓아간다. 막 직녀를 붙잡으려는 순간, 견우를 본 서왕모가 머리핀으로 두 사람 사이에 선을 긋는다. 이 선이 바로 은빛 강, 곧 은하수가 되어 두 사람을 영영 갈라놓았다. 견우와 직녀는 서로 만나지 못해 몹시 슬퍼했다. 결국 서왕모는 두 사람을 불쌍히 여겨 일 년에 한 번은 은하수에서 만날 수 있도록 해 주었다. 이날이 되면 세상의 모든 까치와 까마귀가 모여 두 사람이 강을 건널 수 있게 다리를 만들어 준다고 한다. 그래서 이 다리를 오작교烏鵲橋라고 부르는데, 오烏는 까마귀, 작鵲은 까치를 뜻한다. 견우와 직녀가 만나는 날은 음력으로 7월 7일(칠월칠석), 양력으로는 8월 중순 무렵으로, 이때 두 별(견우성과 직녀성)은 하늘 높이 떠서 중국을 포함해 북반구 전체에서 쉽게 볼 수 있다. 다리를 만드는 새로 검은 새와 흰 새를 선택한 것은 두 별 사이에 놓인 은하수의 밝은 부분과 어두운 부분을 설명하기 위한 것일 수 있다.

모든 문화는 은하수에 대해 나름의 이야기가 있는 것처럼 보인다. 스칸디나비아에서는 은하수를 '겨울의 거리'라고 부르는데, 은하수가 겨울이 오는 것을 알린다고 믿었기 때문이다. 남아프리카의 코이산족 전설에 따르면, 모닥불 주위에서 외롭게 춤추던 소녀가 하늘로 던진 잉걸불이 그때까지 캄캄하던 밤하늘을 밝히는 길이 되었으며 이것이 은하수라고 이야기한다. 발트해 연안 국가들에서는 전통적으로 은하수를 새들이 지나가는 길로 보았다. 새들이 은하수를 더 따뜻한 남쪽 나라로 안내하는 길잡이로 삼아 이동한다고 본 것이다. 또, 인도에서는 은하수를 하늘의 갠지스강이라고 생각했다. 이런 예는 끝이 없다.

중국의 별자리는 어떻게 다른가

중국의 전통적인 별자리는 지금까지 우리가 만난 다른 지역의 별자리들과 많이 다르다. 어떤 면에서는 서양의 별자리와 비슷한 점도 있다. 중국의 별자리는 많은 사람들에게 공식적인 별자리로 통용된 긴 역사를 갖고 있다(예컨대 오스트레일리아 원주민의 별자리처럼 소수의 문화 집단들 사이에서만 받아들여진 별자리와는 달리). 별자리가 유래하고 발전한 역사도 잘 기록돼 있다. 그런데 1912년에 중국인은 자발적으로 자신들의 전통 별자리를 포기하고 유럽의 별자리를 받아들이는 정치적 조처를 취했다. 유럽의 별자리가 1930년에 국제적으로 공식적인 별자리로 채택되기 불과 얼마 전의 일이었다.

중국의 전통적인 별자리는 신화뿐만 아니라 사람들과 제도에도 기반을 두었다. 별자리들은 서양에서와 마찬가지로 긴 시간이 지나는 동안 점진적으로 만들어졌다. 중국에서 볼 수 있는 모든 별자리는 310년 무렵에 진탁陳卓이 만든 성도에서 거의 다 정해졌다. 진탁이 만들었다는 《삼가성도三家星圖》에는 별자리(궁) 283개와 별 1464개가 실려 있었다. 그 후에 사소한 수정은 있었지만, 전체적인 틀은 그대로 유지되었다. 현재 전해지는 가장 오래된 중국의 성도는 당나라 때 만들어진 《둔황성도敦煌星圖》이다. 둔황성도는 현재 영국박물관에 보관돼 있으며, 국제적 보전과 연구의 대상이다.

독특한 중국의 천문학 체계

《둔황성도》는 800년 무렵에 만들어진 것으로 추정된다. 서양 별자리와 비슷한 중국 별자리는 몇 개밖에 없는데, 이 성도에는 그중 하나가 실려 있다. 큰곰자리에서 냄비 모양에 해당하는 부분을 북두칠성이라고 한다. 그리고 서양의 목동자리, 작은곰자리, 카시오페이아자리를 이루는 별자리들이 그 주변에 널려 있다. 중국의 별자리는 대부분 그 크기가 서양의 별자리보다 작은 대신에 수가 더 많다. 북극성을 둘러싼 별자리(주극성 별자리)들은 무리를 지어 중앙 궁전을 이루고 있다. 궁전 안에는 거주자—황제, 황후, 후궁, 여러 조정 관리, 하인,

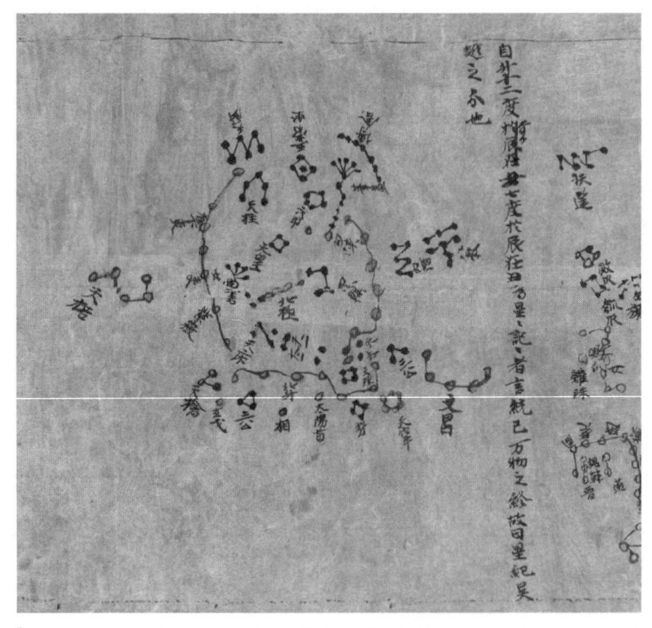

북극성 주위의 북반구 별자리들을 보여 주는 《둔황성도》(© The British Library Board, Or.8210/S.3326 R.2.(8))

방, 가구, 무기고 등—의 이름을 딴 별자리들이 있다. 예를 들면, 헤라클레스자리의 세 별은 합쳐서 '여인의 침대'란 뜻으로 여상女床이라 불렀다. 점성술(다른 지역과 마찬가지로 중국에서도 천문학과 점성술은 오랫동안 동일시되었음)에서 이것은 내궁에 거처하는 여인들이나 거기서 일어나는 활동을 나타냈는데, 그래서 혜성이나 행성이 이곳을 지나가는 것은 이 여인들의 앞날을 예고하는 징조로 해석되었다.

나머지 하늘은 다시 4개의 궁전(각 계절마다 하나씩)으로 나누어졌다. 그 경계는 지점과 분점을 지나는 태양의 위치에 따라 정해졌다. 황도는 하늘에서 태양과 달과 행성들이 지나가는 것으로 보이는 길이다. 서양 천문학에서는 이 지역을 일 년 중 서로 다른 시기에 태양이 보이는 위치를 기준으로 12개의 별자리(황도 12궁)로 나누었다. 중국 천문학에서는 이것을 28수二十八宿로 나누었다. 서양의 황도 체계에서는 춘분 때 태양이 양자리에 오므로, 양자리는 봄의 시작을 알린다. 마찬가지로 게자리는 여름을 알리고, 같은 식으로 각각의 별자리가 계절을 알린다. 이와 비슷하게 중국의 28수 체계에서는 스물다섯 번째인 성星(중심별은 바다뱀자리에서 가장 밝은 별)이 춘분을 알린다. 그리고 중심별이 전갈자리에서 가장 밝은 별인 심心은 여름과 하지를 알린다. 중심별이 물병자리에서 두 번째로 밝은 별인 허虛가 가을을 알리고, 중심별이 황소자리의 플레이아데스 성단에 해당하는 묘昴는 동지를 알린다. 혹시 여러분은 중국 천문학 체계에서 일 년 중 계절을 알리는 별들이 서양의 황도 체계와 정반대라는 사실을 눈치챘을지 모르겠다. 전갈자리가 중국 체계에서는 하지를 나타내지만, 서양 체계에서는 동지에 가까운 시기에 해당한다. 그 이유는 서양 체계는 태양의 위치를 기준으로 하여 낮에 보이는 별의 위치를 기준으로 한 반면, 중국 체계는 밤에 보이는 별의 위치를 기준으로 했기 때문이다.

《둔황성도》가 발견된 둔황敦煌은 한때 중국과 나머지 세계를 연결하던 실크로드의 중요한 거점이었다. 옛날부터 중국과 다른 세계와의 교류가 일어났다는 점을 감안할 때, 중국의 별자리가 별개의 체계를 가진 채 계속 남아 있었다는 게 오히려 이상해 보인다. 중국은 1911년에 신해혁명이 일어나 청나라가 망하고 1912년에 중화민국 정부가 수립되면서 마침내 서양의 별자리 체계를 공식적으로 받아들이고 전통적인 별자리를 포기했다.

은하수 부근의 별자리들

밤하늘을 보는 사람들에게 은하수는 별자리들이 죽 늘어선 띠로 보일 수 있다. 우리은하는 실제로는 나선 모양으로 휘감겨 있고, 지구와 태양계는 그 나선팔 중 하나에 위치하고 있지만, 지구에서 볼 때 은하수는 하늘을 한 바퀴 빙 두르며 뻗어 있는 별들의 띠로 보인다. 이런 식으로 은하수는 황도(태양과 달과 행성들이 있는 곳)를 두 번 가로지르며 지나간다.

황소자리와 쌍둥이자리에서 출발하면, 그 다음에는 오리온자리와 함께 지금까지 우리가 만난 적이 없는 두 별자리인 마차부자리와 기린자리를 만난다. 마차부자리는 전통적인 그리스 별자리 중 하나이다. 고대 로마인은 이 별자리를 헤파이스토스의 아들로, 걸음이 불편했던 아테네 왕 에리쿠토니오스라고 생각했다. 그는 여신 아테나의 도움을 받아 사두전차를 발명했다고 한다. 마차부자리는 많은 그리스 별자리와는 달리 메소포타미아 천문학에서 유래하지 않은 것으로 보인다. 이 별자리는 실제로 그리스인이 전차의 가치를 높이 평가하여 만들었을지 모른다.

베비스의 성도에 실린 마차부자리 그림에서 보듯이, 마차부자리는 염소를 둘러메고서 한 손에 전차를 모는 채찍을 쥔 마차부의 모습으로 묘사할 때가 많다.(다만 위 그림에서처럼 전차 자체는 생략하는 경우가 많다.) 여러분은 '웬 염소?' 하고 의아하게 생각할지 모르겠다. 가

마차부자리(베비스 아틀라스 이미지(Bevis Atlas images), Manchester Astronomical Society(UK)(www.manastro.org) 제공)

장 그럴듯한 설명은 염소나 염소들이 한때 별개의 별자리였다는 설이다. 마차부자리에서 가장 밝은 별인 카펠라Capella는 라틴어로 '암염소'란 뜻이다. 한편, 그보다 덜 밝은 세 별인 마차부자리 엡실론별, 마차부자리 제타별, 마차부자리 에타별은 마차부의 팔에 해당하며 카펠라 바로 아래에 있는데, 가끔 이 별들을 '아이들'이란 뜻으로 하이디Haedi라 부른다. 전설에 따르면, 염소 아말테이아는 제우스가 아기일 때 젖을 먹였다. 그래서 이 공로로 아말테이아는 자신의 두 자식과 함께 하늘로 올라가 별자리가 되었다고 한다. 이 두 별자리는 다소 기묘한 조합인데도 불구하고 프톨레마이오스는 이 둘을 합쳐 하나로 만들었고, 그 후로 그렇게 굳어졌다.

여기서 조금 더 가면 기린자리가 나온다. 기린자리는 실제로는 은하수에 살짝 걸치고 있을 뿐이다. 기린자리는 바이어와 라카유 이전에 페트루스 플란키우스(115쪽 참고)가 만든 별자리이다. 그 다음에는 메두사의 머리를 들고 있는 페르세우스자리가 나온다. 이 별자리는 9장에서 페르세우스가 안드로메다 공주를 구하는 장면에 다시 나올 것이다. 마찬가지로 은하수에 있는 카시오페이아자리와 케페우스자리(세페우스자리라고도 함)도 9장에서 자세히 나올 테니, 이 별자리들에 관한 이야기는 궁금하더라도 그때까지 좀 참도록 하자.

그 다음에는 도마뱀자리와 여우자리가 나온다. 두 별자리는 앞에 나왔던 방패자리(은하수에서 약간 멀리 떨어진)와 마찬가지로 헤벨리우스 부부가 만들었다. 도마뱀자리는 가끔 '작은 카시오페이아자리'라고 부르는데, 둘 다 똑같이 'W'자 모양을 하고 있기 때문이다. 여우자리의 원래 이름은 '거위와 함께 있는 작은 여우자리'였는데, 나중에 두 별자리가 쪼개졌다. 그러다가 거위자리는 별자리 자격을 잃었고, 이제는 여우자리에서 하나의 별로만 남아 있는데, 가장 밝은 별인 안세르가 그것이다.

오늘날 우리가 사용하는 별자리 중 헤벨리우스 부부가 만든 것은 모두 7개이다. 이들이 정한 별자리는 주변에서 본 물체와 동물로 만들었다. 살쾡이자리와 도마뱀자리도 그런 예이다. 비록 지금은 보기가 드물지만, 헤벨리우스 부부가 17세기에 살던 폴란드에서 살쾡이는 도마뱀처럼 흔히 볼 수 있었다.

그 다음에는 헤라클레스 이야기에 나오는 백조자리, 화살자리, 독수리자리가 나오고, 이어 뱀주인자리가 나온다. 뱀주인자리는 그저 은하수에 걸쳐 있을 뿐이지만, 언급할 가치가 있는 이유는 그의 어깨

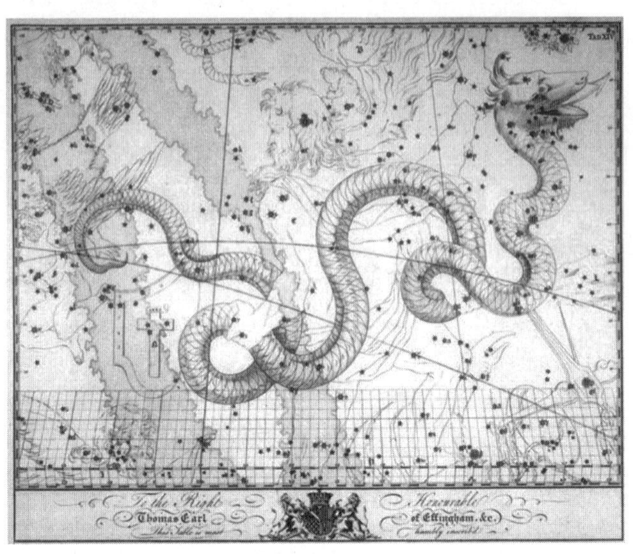

밤주인자리와 뱀자리(베비스 아틀라스 이미지(Bevis Atlas images), Manchester Astronomical Society(UK)(www.manastro.org) 제공)

를 감고 있는 뱀자리와 관련이 있기 때문이다. 뱀자리의 꼬리는 은하수를 따라 죽 뻗어 있다.

뱀자리는 가끔 성도에서 별개의 두 별자리로 표시되기도 하는데, 뱀주인자리 양쪽에 자리 잡은 뱀머리자리와 뱀꼬리자리가 그것이다. 뱀자리에서 가장 밝은 별은 우누칼하이로, '뱀의 목'이란 뜻의 아랍어에서 유래했다. 뱀주인자리는 관련 신화가 많은데, 가장 인기 있는 것은 뱀주인을 의술의 신인 아스클레피오스로 보는 이야기이다. 그는 뱀이 다른 뱀에게 약초를 가져다주는 것을 본 후, 약초를 사용해 환자를 살리는 방법을 발견했다고 한다. 제우스는 아스클레피오스가 사람을 불사의 존재로 만들까 봐 염려하여 그를 죽였지만, 그의 선행을 기려 하늘의 별자리로 만들었다고 한다.

은하수의 중심과 그 남쪽의 별자리들

이제 우리는 다시 황도로 돌아와 은하수의 중심에 이르렀다. 여기에서는 궁수자리와 전갈자리를 만난다. 그 다음에는 라카유가 만든 별자리인 수준기자리와 컴퍼스자리를 만나고, 이어 이 장 첫머리에 나왔던 제단자리와 이리자리를 만난다.

이리자리는 고대 그리스인이 만든 별자리이지만, 그 이름은 후대에, 어쩌면 로마 시대 혹은 그보다 더 나중에 정해졌다. 고대 그리스인은 이리자리를 더 일반적인 동물로 보았는데, 어쩌면 이웃 별자리인 켄타우루스가 죽인 동물이었을지도 모르고, 어쩌면 헤라클레스가 네 번째 과제를 수행하면서 잡은 에리만토스의 멧돼지였을지도 모른다.

이리자리 다음에는 은하수에서 조금 더 먼 곳에 켄타우루스자리가 있으며, 그 뒤를 이어 남십자자리, 파리자리, 그리고 라카유가 아르고자리를 쪼개 만든 네 별자리인 용골자리, 돛자리, 고물자리, 나침반자리가 있다. 그 다음에는 큰개자리와 외뿔소자리가 나온다. 외뿔소자리는 원래는 유니콘자리였고(베비스의 성도에도 유니콘으로 묘사돼 있음), 기린자리와 마찬가지로 플란키우스가 만든 별자리이다.

상당히 많은 별자리가 나왔는데, 그 대부분은 이미 앞에서 나왔거나 이어지는 장들에서 더 자세히 살펴볼 별자리이다. 이들 별자리—마차부자리, 기린자리, 도마뱀자리, 여우자리, 뱀자리, 뱀주인자리, 이리자리, 외뿔소자리—를 찾으려면, 은하수를 바라보면서 이미 알고 있는 별자리에서 시작하는 게 가장 좋다.

기린자리는 북극성 근처에 있는 아주 희미한 별자리이다. 마차부자

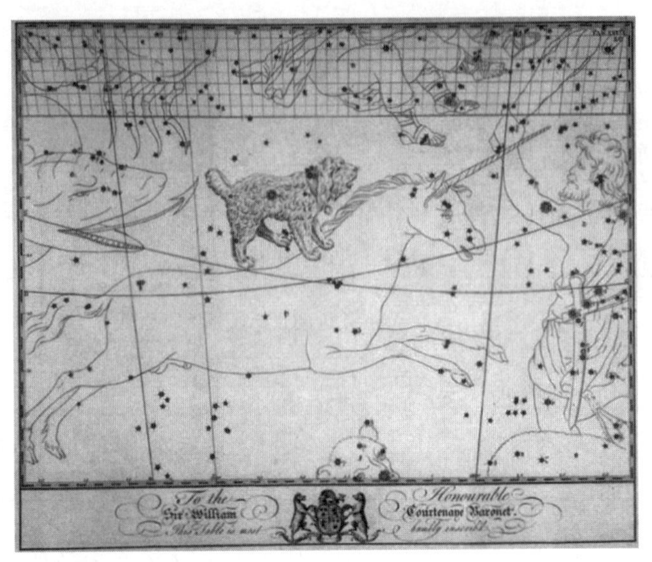

유니콘자리(베비스 아틀라스 이미지(Bevis Atlas images), Manchester Astronomical Society(UK)(www.manastro.org) 제공)

리는 기린자리 가까이에 있는데, 아주 밝은 별 카펠라가 마차부자리를 찾는 데 도움을 준다. 마차부자리는 은하수에 자리 잡고 있으며, 아주 밝은 별자리들로 둘러싸여 있다. 9월에 북반구에서는 밤늦은 시간에 북극성과 동쪽 지평선 사이에서 볼 수 있다. 그 옆에는 페르세우스자리가, 그 아래에는 황소자리와 오리온자리가 있는데, 모두 밝아서 찾기가 쉬운 별자리들이다. 북극성에서 서쪽으로 돌아 은하수를 따라가면, 또 하나의 희미한 별자리인 도마뱀자리가 나온다. 도마뱀자리를 찾는 데 성공한다면, 그것이 백조자리 동쪽에 있음을 알 수 있다. 백조자리의 반대편에는 백조자리와 독수리자리 사이에 희미한 여우자리가 끼여 있다. 뱀꼬리자리는 서쪽 지평선으로 다가가는 곳에서 볼 수 있고, 그와 함께 뱀주인자리도 볼 수 있다. 두 별자리는 황도 바로 위에 놓여 있는 반면, 이리자리는 황도 바로 밑의 천칭자리 아래에서 볼 수 있다. 이리자리는 남반구에서 보기가 훨씬 쉽다. 사실, 북반구의 대부분 지역에서는 이리자리가 지평선 위로 떠오르지 않는다. 한편, 외뿔소자리는 일 년 중 늦은 시기에 북반구에서만 볼 수 있다. 외뿔소자리는 오리온자리에서 가까운 곳에 오리온이 데리고 다니는 두 사냥개인 큰개자리와 작은개자리 사이에 있다. 큰개자리와 작은개자리는 다음에 더 자세히 소개할 것이다.

은하수의 정체가 밝혀지다

은하수는 한동안 그것과 관련된 신화를 살펴보는 것만으로 충분했지만, 시간이 지나자 마침내 천문학자들은 은하수의 정체가 무엇일까 하고 진지하게 생각하기 시작했다. 먼 옛날부터 은하수의 밝은 빛이 많은 별로 이루어진 것이 아닐까 하고 추측은 했지만, 망원경으로 은하수에서 개개의 별들을 보고서 실제로 그렇다는 사실을 확인한 사람은 갈릴레이였다. 계몽주의 시대의 독일 철학자 이마누엘 칸트Immanuel Kant는 1755년에 은하수의 정체는 회전하는 별들이 거대한 원반 모양을 이루고 있는 것이라고 처음 주장했다. 그는 실험이나 관찰을 통해 이 사실을 알아낸 게 아니라 뉴턴을 포함한 다른 과학자들이 이전에 한 연구를 제대로 이해하고 논리적으로 생각함으로써 이런 결론을 내렸다.

칸트 다음에는 윌리엄 허셜이 우리은하의 정확한 모양과 그 안에서 우리가 있는 위치를 최초로 알아냈다. 허셜은 단순히 별들의 수를 셈으로써 이 일을 해냈다. 그는 몇 가지 가정에서 출발했다. 먼저, 모든 별은 똑같은 양의 빛을 낸다고 가정했는데, 따라서 희미한 별은 밝은 별보다 더 먼 곳에 있다고 보았다. 또, 허셜은 우리은하의 가장자리를 볼 수 있다고 가정했다. 이 두 가지 가정은 나중에 틀린 것으로 밝혀졌다. 그가 알아낸 우리은하의 모양은 불규칙한 것이었는데, 가운데 부분이 불룩 솟아 있고, 좌우로 갈수록 점점 가늘어졌다. 그리고 태양과 태양계를 가운데 부분에 놓았다. 하지만 지금은 태양이 우리은하 중심과 가장자리 사이의 중간쯤에 있는 것으로 밝혀졌다.

19세기에 이르자 천문학자들은 은하수의 정체를 더 명확하게 이해하게 되었고, 많은 사람들은 이 지식을 의도적으로 일반 대중에게 널리 알리기 시작했다. 18세기에는 천문학 지식을 적극적으로 알려고 하는 사람들을 위해 책과 협회가 있었다면, 19세기에는 많은 천문학자들과 선의의 독지가들이 이 시장을 늘리려고 적극 나섰다.

우리은하의 행성들

우리은하가 우주 전체가 아니라는 사실은 20세기가 되어서야 밝혀졌다. 심지어 맨눈으로도 우리은하 밖에 있는 외부 은하를 몇 개 볼 수 있다. 다만, 그것이 다른 은하임을 과학적으로 확인하는 게 문제일 뿐이다.

비록 우리는 은하수가 하나의 은하이며, 그 밖에도 은하가 아주 많이 있다는 사실을 알고 있지만, 외계 생명의 존재 가능성을 찾으려면 그렇게 멀리까지 갈 필요도 없다. 우리은하 안에서도 유력한 후보가 최근에 많이 발견되었다. 외계 생명이 존재하려면, 지구와 비슷한 행성이 어딘가에 있어야 한다. 그러려면 태양과 비슷한 별 주위를 지구와 비슷한 거리에서 궤도를 도는 행성이 있어야 하며, 또한 그 행성은 지구와 비슷한 조건을 갖추고 있어야 할 것이다. 아직까지 결정적인 증거는 발견되지 않았다. 다만, 우리는 지구를 생명이 살아가기에 이토록 완벽한 곳으로 만든 조건들이 어떤 것인지 알기 때문에, 그런 조건을 갖춘 행성이 있는지 찾아보면 된다. 이 조건들은 외계 행성에 존재하는 생명을 탐사할 때 집중적으로 살펴보아야 할 매개변수가 된다.

그래서 천문학자들은 태양과 비슷한 별을 우선적으로 조사한다. 그 별은 너무 뜨거워서도 안 되고, 너무 커서도 안 되며, 방출하는 빛과 열에 변화가 너무 많이 일어나서도 안 된다. 거리를 생각한다면, 태양계의 경우 금성은 태양에 너무 가깝고, 화성은 너무 멀며, 지구가 딱 알맞다. 이것은 지구에는 생명이 살지만, 나머지 두 행성에는 생명이 살지 않는다는 사실이 증명해 준다. 또, 행성에 생명이 살려면 액체 상태의 물이 존재해야 하며, 태양에서 충분한 빛과 열을 받아야 한다. 만약 태양에 너무 가까우면 바다가 모두 증발해 버릴 것이고, 너무 멀면 꽁꽁 얼어붙을 것이다. 이렇게 생명이 살아갈 수 있는 조건을 갖춘 지역을 '생명체 거주 가능 영역'이라고 부른다. 행성의 종류도 문제가 된다. 목성, 토성, 천왕성, 해왕성 같은 거대 기체 행성에서는 생명이 살기 어렵다. 이런 사실들을 감안할 때, 태양계에서는 생명이 살 수 있는 행성이 지구뿐이라는 결론을 얻을 수 있다. 이런 방식의 외계 생명체 탐사는 이제 막 시작되었다. 행성의 종류와 별과의 거리를 따지기 전에 태양계처럼 행성을 거느린 별부터 찾는 게 급선무이다.

1781년 이전까지만 해도 우주에 존재하는 행성은 지구 외에 수성과 금성, 화성, 목성, 토성 이렇게 5개밖에 없었다.(적어도 사람들은 그렇게 알고 있었다.) 맨눈으로 발견할 수 있는 행성은 여기까지가 한계였다. 그러다가 1781년에 허셜이 천왕성을 발견했고, 63년 뒤에는 해왕성이 발견되었으며, 1930년에는 명왕성이 발견되었다. 명왕성은 오랫동안 태양계의 아홉 번째 행성으로 간주되었으나, 2006년에 국제천문연맹은 천왕성의 지위를 행성에서 끌어내려 왜소 행성으로 강등시켰다. 그와 동시에 세레스와 에리스라는 큰 소행성 2개를 천왕성과 같은 지위인 왜소 행성으로 승격시켰다. 1990년대까지는 태양계 밖에서 외계 행성이 발견된 적이 없었다.

지금도 다른 별 주위를 도는 행성을 볼 만큼 성능이 좋은 망원경은 없다. 대신에 천문학자들은 간접적으로 외계 행성을 탐지할 수 있는 기술을 여러 가지 개발했는데, 그중에서 가장 많이 쓰이는 것은 궤도를 도는 별의 움직임에서 미세한 '요동'을 탐지하는 것이다. 어떤 물체이건 질량이 있으면 거기서 중력이 발생한다. 질량이 클수록 그 중력의 세기는 더 강하다. 태양계의 모든 천체는 태양의 강한 중력에 붙들려 태양계를 벗어나지 못하고 태양계 안에서 돌아다닌다. 그런데 행성도 태양에 비해 훨씬 약하긴 하지만 중력이 있어 다른 행성이나 태양을 끌어당긴다. 행성이 클수록 그 중력이 별의 움직임에 미치는 영향이 더 크다. 천문학자들이 찾으려고 하는 것이 바로 큰 행성의 중력으로 인해 별의 움직임에 나타나는 미소한 변화이다. 행성이 별 주위를 돌면, 행성이 미치는 중력 때문에 별의 움직임에 미소한 흔들림이 나타날 것이다. 달의 중력이 지구의 바다에 미치는 영향도 바로 이와 유사한 사례이다. 달은 지구의 중력에 붙들려 지구 주위의 궤도를 돈다. 하지만 달도 지구에 비해 작긴 해도 질량을 갖고 있어 그 중력이 지구를 끌어당기는데, 이 때문에 지구에 밀물과 썰물이 일어난다.

외계 행성 발견

적어도 19세기 초 이후부터 천문학자들은 다른 별들도 나름의 태양계를 거느리고 있을 것이라고 생각했지만, 실제로 그것을 발견할 수 있는 방법과 기술은 1990년대에 와서야 개발되었다. 그리고 1995년부터 우리은하 안에서 외계 행성이 250개 이상 발견되었다. 즉, 태양 외에 다른 별 주위를 도는 행성이 250개 이상 발견되었다는 뜻이다. 1991년에 뱀주인자리에 있는 바너드별 주위를 도는 행성을 발견했다고 생각한 적이 잠깐 있었지만, 그 증거는 확실한 것이 아니었다. 진정한 최초의 외계 행성은 페가수스자리의 태양 비슷한 별 주위에서 발견된 목성만 한 크기의 행성이었다. 이것은 제네바 천문대에서 외계 행성을 찾던 천문학자들이 발견했다.

이 발견이 있고 나서 석 달이 지나기 전에 큰곰자리와 처녀자리의 별들 주위를 도는 행성이 2개 더 발견되었다. 이번에는 버클리에 있는 캘리포니아대학교의 한 팀이 발견했다. 그 후로 1990년대와 21세기에 들어서도 외계 행성이 속속 발견되었다. 처음에는 목성만큼 아주 큰 행성들만 발견되었는데, 별의 미소한 요동을 탐지할 수 있을 만큼 별에 큰 중력을 미치려면 행성이 아주 커야 했기 때문이다. 하지만 그러한 움직임을 탐지하는 기술이 발전하면서 이제는 더 작은 행성도 발견할 수 있게 되었다. 심지어 서로 다른 행성이 미치는 중력을 구별하는 것도 가능한데, 그래서 같은 별 주위를 도는 행성이 2개 이상인 것도 알아낼 수 있고, 각자의 질량도 알아낼 수 있다. 그리고 행성의 중력이 별의 움직임에 나타내는 미소한 '요동'을 발견하는 것이 가장 많이 쓰이는 방법이긴 하지만, 외계 행성을 찾는 방법은 이것 말고도 또 있다.

그런데 이 행성들이 발견된 별자리들이 우리가 은하수라고 생각하는 곳에서 발견된 게 아니란 사실을 눈치 챘는지 모르겠다. 하지만 하늘을 가로지르며 죽 뻗어 있는 은하수만이 우리은하의 전부라고 생각해서는 안 된다. 사실은 하늘에 보이는 별들은 거의 전부 다 우리은하 안에 있는 별들이다. 하늘을 가로지르는 띠는 별들의 밀도가 가장 높은 부분에 해당한다. 우리는 우리은하가 원반처럼 생겼다고 이야기하지만, 그것은 완전히 납작한 원반처럼 생긴 것은 아니다. 즉, 별들이 한 층을 이루어 평평하게 죽 늘어서 있는 게 아니다. 게다가 우리가 있는 태양계가 우리은하 안에 있기 때문에, 같은 은하 원반에 있는 별들이라도 우리가 보는 각도에서는 은하수 위나 아래에 있는 것처럼 보일 수 있다.

주위에 행성을 거느린 이 별들 중 맨눈으로 볼 수 있는 것은 거의 없지만, 그래도 몇 개는 볼 수 있다. 그중 가장 밝은 별은 폴룩스라고 부르는 쌍둥이자리 베타별이다.(원래는 알파별이 가장 밝고 베타별은 두 번째로 밝은 별이지만, 폴룩스는 베타별인데도 알파별인 카스토르보다 밝다.) 폴룩스는 실시 등급이 1.15등급이므로 쉽게 볼 수 있다. 하지만 행성의 중력으로 인해 나타나는 요동은 볼 수 없다. 그 행성은 2006년에야 발견되었는데, 행성 자체는 우리가 직접 볼 수 없지만, 우리가 보는 폴룩스가 그저 하나의 별이 아니라 또 다른 태양계임을 알려 준다. 아쉽게도 외계 행성들은 뭔가 그럴듯한 이름이 붙지 않았다. 예를 들면, 폴룩스 주위를 도는 행성은 '폴룩스 b'라고 부른다. 1995년에 최초로 발견된 외계 행성은 '페가수스자리 51 b'라고 부른다. 이 분류 체계는 밋밋하긴 하지만 아주 간단하다. 그 행성이 궤도를 도는 별 이름 뒤에 소문자로 b부터 시작해 발견된 순서대로 c, d, e……를 붙여서 사용한다. 따라서 페가수스자리 51 b는 페가수스자리 51번 별에서 발견된 첫 번째 행성이다.

케페우스자리, 용자리, 황소자리, 에리다누스강자리의 별들(케페우스자리 감마별, 용자리 요타별, 황소자리 엡실론별, 에리다누스강자리 엡실론별)도 실시 등급이 3등급에서 4등급 사이여서 맨눈으로 볼 수 있다.

한편, 별 이름을 정하는 체계도 약간 뒤죽박죽인 부분이 있긴 하지만 정해진 논리를 따르므로, 그것을 알아두면 별을 찾고자 할 때 도움이 된다. 아주 밝은 별들에는 북극성(영어로는 Polaris)과 폴룩스처럼 그리스어에서 유래한 이름이나, 알타이르와 데네브처럼 아랍어에서 유래한 이름이 붙어 있다. 그리고 해당 별자리 내에서 밝기 순서대로 기호를 붙여 나타내는 이름도 있는데, 적절한 이름이 없는 희미한 별도 이 기호로 이름을 붙일 수 있다. 요한 바이어가 1603년에 출간한 성도 《우라노그라피아》에서 도입한 이 체계에서는 그리스어 문자로 밝기를 나타낸다. 따라서 그 별자리에서 가장 밝은 별에는 알파(α), 두 번째로 밝은 별에는 베타(β)를, 세 번째로 밝은 별에는 감마(γ)를 쓰는 식으로 이름을 정한다. 그래서 작은곰자리의 북극성은 작은곰자리 알파별(α Ursae Minoris)이고, 폴룩스는 쌍둥이자리 베타별(β Geminorum)이다. 희미한 별들(맨눈에는 잘 보이지 않는 별들)은 일반적으로 잘 알려진 성도에 실린 목록에 따라 부른다.

7

10월, 오리온자리

오리온자리는 오리온의 허리띠에 해당하는 세 별을 찾으면 쉽게 찾을 수 있다.
밝은 세 별은 일직선으로 서로 가까이 늘어서 있다.
사냥개인 큰개자리와 작은개자리는 오리온을 뒤따르고 있는데,
은하수 양편에 하나씩 있다. 한편, 오리온자리의 발 아래쪽에는 토끼자리가 있다.
황소자리는 오리온의 방패 바로 앞쪽에서 가장 밝은 별인
알데바란부터 시작해 그 모습을 드러낸다.

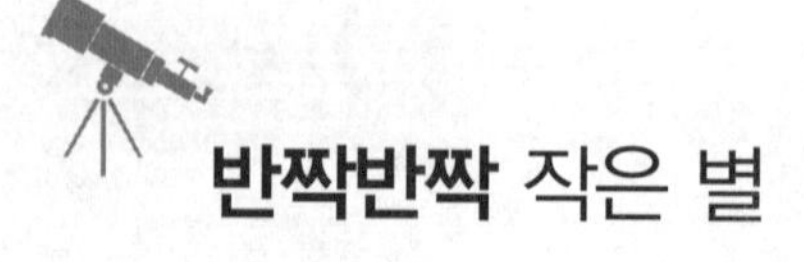

반짝반짝 작은 별

오리온자리는 북반구 하늘에서 큰곰자리 다음으로 가장 쉽게 알아볼 수 있는 별자리가 아닐까 싶다. 우리는 어릴 때부터 오리온의 허리띠를 이루는 세 별을 찾고, 그 다음에는 그 주변의 별들로 나아가면서 오리온의 어깨와 무릎과 발, 그리고 조금 더 멀리 나아가 그의 곤봉과 방패까지 찾는 법을 배운다. 오리온자리가 밝은 별자리라는 점도 찾는 데 큰 도움이 된다. 오리온자리는 북반구에서는 낮이 점점 짧아지기 시작하는 가을 하늘에 보이기 시작한다. 이런 점들 때문

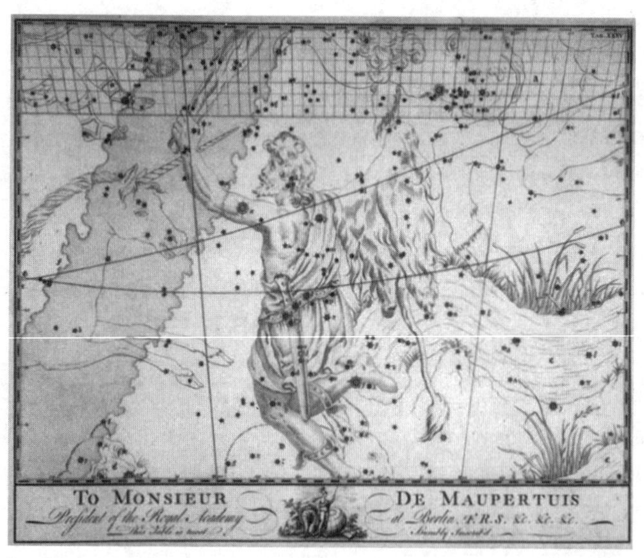

오리온자리(베비스 아틀라스 이미지(Bevis Atlas images), Manchester Astronomical Society(UK)(www.manastro.org) 제공)

에 오리온자리는 밤하늘에서 별을 보는 사람들에게 좋은 표적이자 길잡이가 된다. 계절이 가을에서 겨울로 바뀌면서 어둠이 더 빨리 찾아오기 때문에 오리온자리는 어린이가 관측하기에도 좋은 별자리이다.

난 네가 무엇인지 궁금해!

아주 어린 아이에게 밤하늘을 좋아하게 하는 방법은 여러 가지가 있다. 이제 만 세 살이 된 내 딸은 어린이집에서 집으로 올 때 나와 함께 별을 향해 "반짝반짝 작은 별……" 하고 노래를 부른다.

'반짝반짝 작은 별Twinkle Twinkle Little Star'은 밤하늘의 별을 보는 부모들이 아주 좋아하는 노래로 자리 잡았다. 그런데 이 동요의 기원을 잘못 알고 있는 사람들이 많다. 많은 사람들이 오해하고 있는 것과 달리, 이 동요는 모차르트가 만든 게 아니다. 그 가사는 19세기 초에 자매 사이인 두 영국인 여성이 시로 발표한 것이었고, 곡은 1761년에 발표된 프랑스 노래 'Ah! Vous dirai-je, Maman(아! 말씀드릴게요, 어머니)'을 사용했다. 모차르트는 이 프랑스 노래의 주제 음악을 변형한 변주곡을 열두 곡이나 작곡했는데, 이것이 널리 알려지는 바람에 모차르트를 이 동요의 원작자로 오해하는 사람들이 많다. 하지만 관련 날짜들을 비교해 보면, 모차르트는 '반짝반짝 작은 별'의 가사나 원곡하고는 아무 관계가 없음을 알 수 있다. 하지만 이야기를 지어내길 좋아하는 사람들이 이 이야기를 모차르트와 결합하여 모차르트가 불과 다섯 살 때 이 곡을 작곡할 정도로 천재였다는 전설까지 생겨났다.

'반짝반짝 작은 별'의 가사는 1806년에 자매 사이인 제인 테일러Jane

Taylor와 앤 테일러Ann Taylor가 출간한 동요집에 처음 실렸다. 가사는 그 시대에 딱 어울리는 것이었다. 가사는 별이 있는 장소가 아니라 별이 무엇인가에 대해 경이로움을 표현한다. 이렇게 관심의 초점이 이동한 것은 18~19세기의 천문학에 아주 중요한 의미가 있었다. 이 시를 쓴 제인 테일러는 비록 전체 작품 중 극히 일부만 출간되긴 했지만, 평생 동안 아주 많은 글을 썼다. 그래서 같은 시대에 살았던 마리아 에지워스Maria Edgeworth나 제인 오스틴Jane Austen 같은 작가와 비견되기도 했다. 제인이 천문학과 별에 흥미를 느꼈던 이유는 사회에서 적절한 대화와 행동을 보이며 살아야 한다는 압박에서 도피하기 위한 수단(적어도 조카의 말에 따르면)으로 자연에 광범위한 관심을 보였기 때문이다. 그 결과 천문학과 별에 흥미를 느꼈다. 두 자매는 어릴 때 아버지에게서 다른 과학 분야와 함께 천문학을 약간 배웠다.

두 자매가 쓴 시 전체를 아래에 소개한다. 대다수 사람들은 첫 연만 알고 있을 것이다.

Twinkle, twinkle, little star,(반짝반짝 작은 별,)
How I wonder what you are!(난 네가 무엇인지 궁금해!)
Up above the world so high,(세상 위 아주 높은 곳에 있는)
Like a diamond in the sky!(하늘의 다이아몬드처럼!)
Twinkle, twinkle, little star,(반짝반짝 작은 별,)
How I wonder what you are!(난 네가 무엇인지 궁금해!)

When the blazing sun is gone,(활활 타던 해가 사라지고)

When he nothing shines upon,(비치는 햇살이 전혀 없을 때,)

Then you show your little light,(그제야 넌 작은 빛을 보여 주지,)

Twinkle, twinkle, all the night.(반짝반짝 밤새도록.)

Twinkle, twinkle, little star,(반짝반짝 작은 별,)

How I wonder what you are!(난 네가 무엇인지 궁금해!)

Then the traveller in the dark,(어둠 속의 나그네는)

Thanks you for your tiny spark,(네 작은 불빛이 고마워.)

He could not see which way to go,(어디로 가야 할지 모를 테니,)

If you did not twinkle so.(반짝이는 네 불빛이 없다면.)

Twinkle, twinkle, little star,(반짝반짝 작은 별,)

How I wonder what you are!(난 네가 무엇인지 궁금해!)

In the dark blue sky you keep,(어둡고 파란 하늘에 항상 머물며)

And often through my curtains peep,(가끔 커튼 사이로 날 엿보지.)

For you never shut your eye,(넌 눈도 절대로 감지 않지,)

Till the sun is in the sky.(하늘에 해가 다시 나타날 때까지.)

Twinkle, twinkle, little star,(반짝반짝 작은 별,)

How I wonder what you are!(난 네가 무엇인지 궁금해!)

As your bright and tiny spark,(밝고 작은 불꽃으로)

Lights the traveller in the dark,(어둠 속 나그네의 길을 밝히지만,)

Though I know not what you are,(나는 네가 무엇인지 잘 몰라.)

Twinkle, twinkle, little star.(반짝반짝 작은 별,)

Twinkle, twinkle, little star,(반짝반짝 작은 별,)

How I wonder what you are!(난 네가 무엇인지 궁금해!)

나는 왕립 천문대를 방문하는 학생들에게 한 역사적 인물에게서 빌려 온 방법을 써 보았는데, 그 효과가 아주 좋았다. 이 방법은 캐롤라인 허셜이 조카인 존 허셜에게 써먹은 것이니 족보가 있는 방법이다. 기본 개념은 아주 간단하다. 학생들에게 베비스의 성도나 '우라니아의 거울'처럼 아름답게 그린 성도들을 보여 주고, 그중에서 가장 마음에 드는 것을 고르게 하는 것이다. 캐롤라인의 조카는 고래자리를 가장 좋아했다.

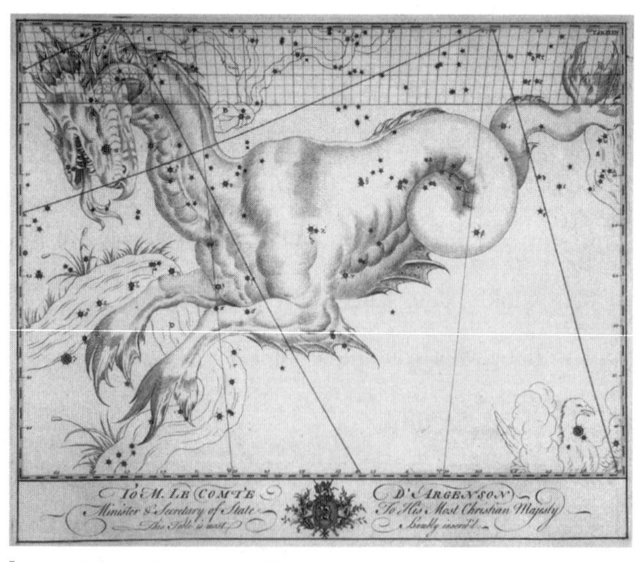

고래자리(베비스 아틀라스 이미지(Bevis Atlas images), Manchester Astronomical Society(UK)(www.manastro.org) 제공)

나는 매일 잠깐 동안 그 애를 보는 게 아주 즐거웠는데, 그 애는 보모가 자신을 고모의 작업실로 데려다 주는 걸 무엇보다 좋아했기 때문이다. 작업실에서 나는 플램스티드의 성도에 실린 별자리들을 보여 주면서 조카를 즐겁게 해 주었다. 별자리들 중에서 그 애가 가장 좋아한 것은 호래였다. 보모가 (어깨를 으쓱하면서) 조카를 내게 데려올 때마다 그 애는 "고모, 호래 보여주세요!"라고 말했기 때문이다.

물론 여기서 캐롤라인이 호래라고 한 것은 고래, 즉 고래자리를 말한다. 성도에서는 고래와 비슷해 보이지 않을진 몰라도, 아주 환상적으로 보인다. 어린이들이 고래자리에 매력을 느끼는 이유는 그 기묘함 때문일 것이다.

황도대의 별자리들

나이가 좀 든 어린이는 더 어린 아이들의 상상력을 사로잡는 기묘하고 환상적인 동물에 별로 관심을 보이지 않고, 대신에 개인적으로 의미가 있는 별자리에 관심을 보인다. 내 개인적 경험에 따르면, 나이가 좀 든 아이들이 정말로 좋아하는 것은 황도대의 별자리들, 곧 황도 12궁이다. 이 아이들은 자신이 태어난 별자리와 관계가 있는 별자리를 찾길 좋아한다. 천문학자는 자기가 하는 일이 점성술과 관련이 있는 것으로 비칠까 봐 이런 태도를 조장하는 것을 꺼리지만, 어린이들이 이 별자리들에 큰 매력을 느낀다는 사실은 부인할 수 없다. 이 별자리들은 마지막 장에서 집중적으로 살펴볼 테지만, 어린이와 청소년

이 이 별자리들을 볼 때에는 유의할 점이 두 가지 있다. 황도대의 별자리들은 모두 다 밤하늘에서 쉽게 찾을 수 있는 건 아니다. 큰곰자리나 오리온자리 같은 별자리는 아주 밝은 별들의 집단을 확인하고 그것에 대해 이야기하기 위한 수단으로 만들어졌지만, 황도대의 별자리들은 하늘의 일부(황도 중 12분의 1)를 확인하고 일 년이라는 시간을 일정한 간격으로 표시하기 위해 만들어졌다.

황도대에 늘어선 열두 별자리(황도 12궁)는 황도를 대략 일정한 간격으로 나누고 있다. 각 부분은 일 년 중 12분의 1 동안 태양(만약 태양이 너무 밝지 않다면) 뒤쪽에 있는 배경의 별들이다. 이 별자리들은 약 3000년씩 간격을 두고 세 단계에 걸쳐 한 번에 4개씩 만들어졌다. 첫 번째 네 별자리는 기원전 6500년 무렵의 두 지점과 두 분점에서 태양이 있던 위치를 나타낸다. 그런데 세차 운동 때문에 시간이 지나면서 이 천문학적 표지들의 위치가 이동해, 기원전 3500년 무렵에 이르자 네 별자리는 더 이상 지점과 분점과 일치하지 않게 되었고, 그래서 네 별자리를 다시 만들어야 했다. 거기서 다시 3000년이 지나자, 네 별자리를 또다시 만들 필요가 생겨났다.

오리온 이야기

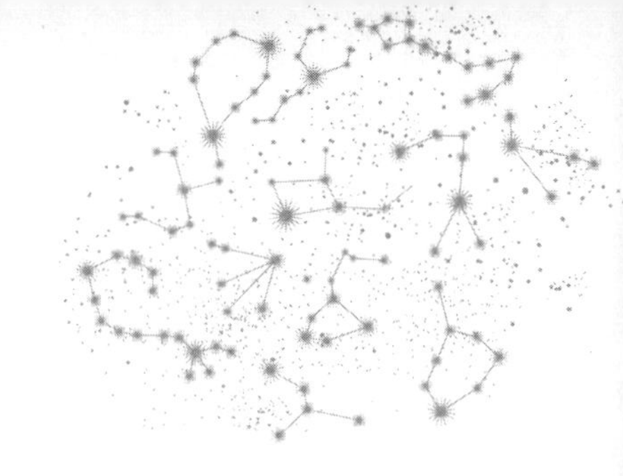

오리온은 포세이돈(바다의 신이자 제우스의 동생)과 에우리알레(크레타 왕인 미노스의 딸) 사이에서 태어났다. 오리온은 사냥꾼으로 유명했고, 늘 사냥개(밤하늘에서 큰개자리와 작은개자리)를 데리고 다녔으며, 아주 잘생긴 청년이었다. 하루는 에게 해에 있는 키오스 섬에 갔다가 메로페와 사랑에 빠졌다. 메로페의 아버지인 오이노피온 왕(술의 신인 디오니소스의 아들)은 외동딸 메로페의 남편감으로 오리온이 그다지 마음에 들지 않았다. 그래서 오리온에게 메로페와 결혼하려면 그 섬에 있는 사납고 위험한 짐승을 모두 잡아 없애라는 과제를 내주었다. 짐승을 모두 없애고 나자, 오이노피온 왕은 오리온에게 상을 내리기는 커녕 오히려 더 많은 일을 시켰다. 이에 낙담한 오리온은 어느 날 밤, 오이노피온 왕의 술을 잔뜩 마셨다. 그리고 술에 취한 상태에서 메로페를 범하려고 했고, 이에 오이노피온 왕은 그 벌로 오리온의 눈을 멀게 했다.

신탁(필시 델포이의 신탁)을 구했더니, 시력을 되찾으려면 세상의 동쪽 끝으로 여행해 아침 해를 만나 태양신인 헬리오스에게 시력을 되찾게 해 달라고 애원하라는 답을 얻었다. 다행히도 헬리오스는 오리온을 불쌍히 여겨 시력을 회복시켜 주었다. 시력을 되찾은 오리온은 복수에 나섰다. 오리온은 오이노피온 왕을 만나러 가던 길에 사냥의 여신인 아르테미스를 만났다. 이 부분에서는 여러 가지 이야기가 전하는데, 다만 어떤 이야기에서나 오리온이 아르테미스나 그 가족을 분노케 했다는 사실만큼은 분명하다. 한 이야기에서는 오리온은 아르테미스보다 더 뛰어난 사냥꾼이라고 주장하면서 지나치게 잘난 체한다. 또 다른 이야기에서는 아르테미스를 강제로 범하려고 한다. 또 한 이야기에서는 오리온이 아르테미스를 유혹하지만, 아르테미스의 오빠인 아폴론이 이에 반대한다. 어떤 이야기에서든 결과는 대지의 신이 전갈을 보내 오리온을 죽게 하는 것으로 끝난다. 그리고 오리온과 전갈은 둘 다 하늘로 올라가 별자리가 되었지만, 오리온이 자신을 죽인 전갈과 만나지 않도록 하늘에서 서로 정반대편에 자리를 잡고 있다.

오리온 이야기는 2장에 나왔던 헤라클레스 이야기와 비슷한 점이 많다. 헤라클레스는 불가능한 과제에 맞닥뜨리고, 사랑하던 여성과의 관계가 불행하게 끝나며, 구원을 위해 신탁에 의지한다. 헤라클레스는 심지어 사자 가죽을 걸치고 다니는데, 다만 오리온 이야기에서는 오리온이 사자 가죽을 걸쳤다는 언급은 나오지 않는다. 이러한 유사점들 때문에 일부 학자들은 두 인물이 출처가 같은 이야기에서 유래했다고 주장한다.

오리온이란 이름은 '하늘의 빛'이란 뜻의 수메르어 '우루-안나Uru-anna'에서 유래했다. 이것은 수메르 신화에서 헤라클레스에 해당하는 길가메시와 분명히 다르다. 따라서 시대적으로 고대 그리스보다 앞서고, 그리스 신화의 많은 이야기가 유래한 수메르 신화에서도 두 인물은 별개의 인물이었을 것이다. 한 가지 수수께끼는 오리온이 하늘에서 사자 가죽을 걸치고 황소(황소자리)와 싸우는 모습으로 묘사된다는 점이다. 오리온이 사자를 죽이거나 황소와 싸웠다는 이야기는 어느 신화에서도 찾아볼 수 없다. 하지만 그리스 신화의 헤라클레스와 수메르 신화의 길가메시Gilgamesh는 둘 다 황소와 싸웠다는 이야기가 있다. 고대 수메르의 황소자리에는 심지어 길가메시와 싸운 황소의 이름이 붙어 있었다. 그 이름은 '구드-안나'로, '하늘의 황소'란 뜻이다. 아주 단순해 보이는 신화조차도 숨은 뜻을 해석하는 데 큰 어려움이 따른다는 점을 감안하면, 이것은 영원히 수수께끼로 남을 가능성이 높다.

오리온자리 주변의 별자리들 중 신화 속의 오리온과 관계가 있는 별자리들은 모두 사냥꾼 오리온과 관련이 있다. 그의 발치에는 함께 데리고 다니던 사냥개가 큰개자리와 작은개자리가 있고, 그의 앞에는 마치 오리온과 싸우는 듯한 황소의 형상을 한 황소자리가 있다. 한편, 오리온의 발치 가까이에, 그리고 큰개자리의 코 바로 앞에는 토끼자리가 있는데, 두려움에 몸이 얼어붙은 듯한 형상이다. 하늘 반대편에는 오리온을 죽인 전갈자리가 있는데, 오리온자리가 져야만 떠오른다.

시리우스와 프로키온

이 별자리들을 찾으려면, 익숙한 별자리인 오리온자리부터 찾는 게 좋다. 가을철 성도에서 오리온자리를 찾은 뒤에 하늘을 올려다보라. 10월에는 오리온자리가 북반구 하늘에서 비교적 늦은 시간에 떠오르므로, 동쪽 지평선을 잘 지켜볼 필요가 있다. 정확한 시간은 장소에 따라 다르지만, 10월 말경의 런던에서는 대략 오후 10시(해가 진 후 세 시간 뒤)에 떠오른다. 11월과 12월로 넘어가면 떠오르는 시간이 점점 앞당겨져, 4월 중순에는 새벽에 떠올랐다가 오후 9시 무렵에 질 때까지(서쪽 하늘로) 계속 하늘에 머물러 있다. 따라서 10월과 11월은 초저녁 하늘에서 눈길을 끄는 별자리로 나타나면서 어린이들의 주요 관측 대상이 되기 전에 여러분이 이 별자리에 익숙해지고 쉽게 찾는 방법을 익히기에 좋은 기회이다. 오리온자리는 오리온의 허리띠에 해당하는 세 별을 찾으면 쉽게 찾을 수 있다. 밝은 세 별은 일직선으로 서로 가까이 늘어서 있다. 사냥개인 큰개자리와 작은개자리는 오리온을 뒤따르고 있는데, 은하수 양편에 하나씩 있다. 한편, 오리온자리의 발 아래쪽에는 토끼자리가 있다. 황소자리는 오리온의 방패 바로 앞쪽에서 가장 밝은 별인 알데바란부터 시작해 그 모습을 드러낸다.

이 별자리들에는 아주 밝고 유명한 별이 몇 개 있다. 오리온자리에는 리겔과 베텔게우스와 벨라트릭스가 있고, 큰개자리에는 시리우스가 있으며, 사실상 단 2개의 별로 이루어진 작은개자리에는 아주 밝은 별 프로키온이 있다. 이 별들의 이름은 모두 귀에 익은 이름이지만, 천문학적 이유 때문에 그렇진 않을 것이다. 필시 벨라트릭스Bellatrix와 시리우스Sirius는 롤링J. K. Rowling이 쓴 《해리 포터*Harry Porter*》에 나오는 인물 때문에 친숙하게 들릴 것이고, 베텔게우스Betelgeuse는 철자는 조금 다르지만 팀 버튼Tim Burton 감독이 만든 영화 제목과 같다.(우리나라에서는 〈유령 수업〉이란 제목으로 알려졌는데, 원래 제목은 〈비틀 주스Beetle Juice〉이다. 실제 유령 주인공의 이름은 Betelgeuse인데, 영어로는 Beetle Juice와 똑같이 '비틀주스'로 발음한다. —옮긴이)

사실 《해리 포터》에서 천문학과 관련된 이름은 벨라트릭스와 시리우스뿐만이 아니다. 시리우스의 가족 중에도 천문학과 관련이 있는 이름이 많다. 별에서 딴 이름은 시리우스와 사촌 벨라트릭스뿐만이 아니라, 시리우스의 동생 레굴루스Regulus와 숙부 알파드Alphard(별 이름은 알파르드)도 있다. 레굴루스는 사자자리에 있고, 알파르드는 바다뱀자리에 있다. 별자리에서 딴 이름도 있다. 벨라트릭스의 여동생은 안드로메다이고, 조카는 드레이코 말포이Draco Malfoy인데, 여기서 드레이코는 '용자리'를 가리킨다. 이들은 모두 매우 화려하긴 하지만 아주 어두운 집안 출신이다. 《해리 포터》의 팬들 중에서 별을 관측하는 사람들은 이런 연결 관계를 어떻게 해석할지 나로서는 쉽게 짐작하기 어렵다. 그래도 두 사람이 어두운 유산에도 불구하고, 결국은 선한 인물로 드러난다는 사실에서 희망을 품을 수 있다.

시리우스와 벨라트릭스는 베텔게우스, 리겔, 프로키온과 함께 문학이나 영화에 등장한 사실이 아니더라도 천체 관측자에게 아주 흥미로운 대상이다. 우선 시리우스와 프로키온은 별자리 내에서 차지하는 위치 때문에 그 이름을 얻었다. 프로키온은 작은개자리를 이루는 주요 별 2개 중에서 더 밝은 별이다. 그 이름은 '개보다 먼저'란 뜻의 그리스어에서 유래했는데, 밤하늘에서 시리우스(서양에서는 시리우스를 개를 나타내는 별로 보았다)보다 먼저 뜨기 때문에 이런 이름이 붙었다.

실시 등급이 −1.47등급인 시리우스는 밤하늘에서 가장 밝은 별이다. 시리우스는 별명이 아주 많은데, 영어에서 가장 잘 알려진 별명은 'Dog Star', 곧 '개별'이다. 시리우스가 큰개자리에 있기 때문에 이런 별명이 붙었다. 시리우스란 이름 자체는 '빛나는'이란 뜻의 그리스어에서 유래했다. 고대 이집트인은 시리우스를 소프데트Sopdet(그리스어로는 소티스)라고 불렀으며, 앞에서도 이야기했듯이, 시리우스가 매년 동트기 직전에 떠오르는 사건은 연례 행사처럼 일어나던 나일 강의 범람을 미리 알리는 경보 역할을 했다. 소프데트는 이집트 신화에 나오는 여신이다. 소프데트는 번영을 가져다주는 신으로 간주되어, 소프데트가 나타나면 축제를 벌였다. 소프데트의 아버지는 이집트 신화에서 유명한 신인 오시리스인데, 소프데트는 시리우스와 함께 딸인 금성을 낳았다.

산스크리트어로는 시리우스를 '므르가브야다(사슴 사냥꾼)' 또는 '루브다카(사냥꾼)'라고 했으며, 루드라를 상징하는 별로 여겼다. 루드라는 힌두교의 주요 신 중 하나인 시바의 전신으로 보인다. 신의 특징과 별 사이의 관계는 그 별과 함께 닥치는 기후와 다시 연결될 수 있다. 인도에서는 시리우스가 태양과 동시에 떠오르는 사건은 몬순이 시작되는 시기와 대체로 일치한다. 몬순이 시작되면, 일부 지역에서는 강한 폭풍우로 큰 피해가 발생할 수 있다.

시리우스와 프로키온은 둘 다 이중성이다. 1장에서 이야기했듯이, 하나의 별로 보이던 것이 자세히 관측했더니 2개의 별로 드러난 것을 이중성이라 부른다. 이중성에는 쌍성(중력에 붙들려 서로의 주위를 도는 한 쌍의 별)과 광학적 이중성(지구에서 볼 때에는 서로 아주 가까이 있는 것처럼 보이지만, 실제로는 몇 광년 이상 멀리 떨어져 있는 두 별)이라는 두 종류가 있다고 했다. 시리우스와 프로키온은 쌍성이다.

사실, 시리우스와 프로키온은 아주 비슷한 쌍성이다. 각각 아주 밝은 주계열성인 시리우스 A와 프로키온 A 주위를 희미한 백색 왜성인 시리우스 B와 프로키온 B가 돌고 있다. 주계열성은 어리지도 않고 늙지도 않은(막 태어난 별도 아니고, 중심부에서 연료를 거의 다 소모한 별도 아님) 반면, 백색 왜성은 거의 생애의 막바지에 이른 별이다.

별의 생애

시리우스 A와 프로키온 A는 둘 다 우리 태양과 같은 주계열성이고, 크기도 서로 비슷하다. 별의 질량은 흔히 태양 질량을 기준으로 나타내는데, 태양의 0.1배 정도인 적색 왜성에서부터 태양의 150배 이상인 극대거성에 이르기까지 별들의 질량은 아주 다양하다. 시리우스 A는 질량이 태양의 2배 정도이고, 프로키온 A는 1.5배 정도이다. 별의 크기를 크기(부피) 대신에 질량으로 이야기하는 이유는 질량이 크기보다 덜 모호하고 더 명확하기 때문이다. 질량은 그 별에 얼마나 많은 물질이 들어 있는지 말해 주며, 별의 종류(주계열성인지 거성인지 왜성인지)는 별의 밀도와 부피를 어느 정도 알려 준다.

시리우스 A와 프로키온 A를 주계열성으로 분류하는 것은 이 별들이 중심부에서 수소가 헬륨으로 변하는 핵융합 반응이 일어나는 단계에 있기 때문이다. 별의 전체 생애 중 이 단계는 H-R도상에서 주계열성들이 모여 있는 위치에 해당한다. H-R도는 별의 온도, 절대 등급(즉, 실제 밝기), 진화 단계 사이의 관계를 잘 보여 준다.

H-R도는 별의 온도와 밝기를 통해 그 별이 전체 생애 중 어느 단계에 있는지 알려 준다. H-R도는 천문학자들이 별이 어떻게 진화하는지 제대로 알기 전인 1910년 무렵에 만들어졌다. 영국 천문학자 아서 에딩턴Arthur Eddington(1919년에 개기 일식을 관측하기 위한 두 탐험대를 이끌어 아인슈타인의 상대성 이론이 옳음을 뒷받침하는 증거를 얻은 것으로 유

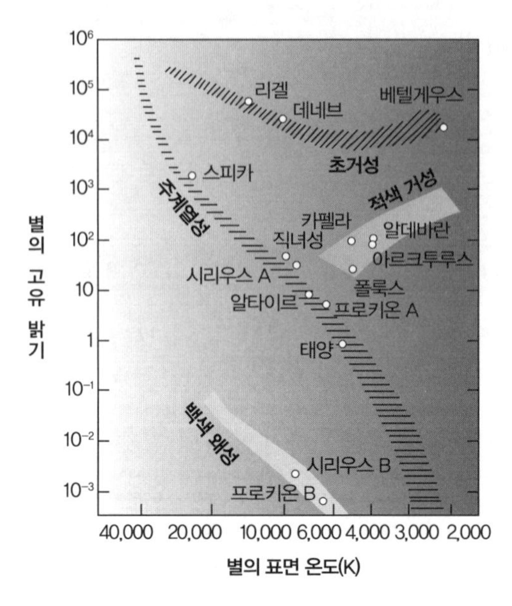

별의 진화 단계에서 잘 알려진 일부 별의 위치를 보여 주는 H-R도

명함)은 H-R도를 이용해 별의 진화 이면에 작용하는 물리학을 잘 이해할 수 있었다. 처음에 천문학자들은 별이 주계열성에서 거성이 될 때까지 모든 단계를 일정한 속도로 지나가면서 진화한다고 생각했다. 그런데 에딩턴은 보통 별은 전체 생애 중 대부분의 시간을 주계열성으로 보낸다는 사실을 보여 주었다. 수소를 헬륨으로 변화시키는 핵융합 반응이 일어나는 동안은 별의 온도와 밝기가 거의 일정하게 유지된다. 그러다가 중심부에서 수소가 모두 바닥나면, 별은 주계열성에서 벗어나 거성이 되며, 일부 별은 마지막에 왜성이 된다.

별은 성운 속의 물질들이 서로의 중력에 끌려 밀도가 높은 덩어리로 뭉치면서 태어난다. 성운에 일종의 충격, 예컨대 초신성이 폭발할 때 생긴 충격파 같은 것이 와 닿을 때 이런 일이 일어날 수 있다. 중력에 끌려 수축하는 구름은 점점 뜨거워지다가 중심부에서 핵융합 반응(수소가 융합해 헬륨으로 변하는)이 일어나기 시작한다. 이런 일이 일어나기 시작한 별을 원시별이라 부른다. 원시별은 복사압(열과 빛이 밖으로 뻗어 나가면서 미치는 힘)이 모든 물질을 중심으로 끌어당기는 중력과 맞설 만큼 강해질 때 비로소 진짜 별이 된다. 다시 말해서, 이 단계에서 별은 복사압과 중력이 평형 상태에 놓인다. 별은 평형 상태에 도달한 다음에야 비로소 주계열성이 되어 공식적으로 별로 인정받는다. 원시별 상태에 있는 별 주위에 가스와 먼지 구름이 남아 있을 때가 종종 있다. 이 가스와 먼지 구름을 원시별의 원시 행성 원반이라 부르는데, 이름이 말해 주듯이 여기서 행성들이 생겨나 태양계가 만들어진다.

주계열성은 중심부에서 수소 핵융합 반응이 일어나는 별이라고 했다. 그런데 이 단계가 끝날 무렵이 되면, 별은 크게 팽창한다. 프로키온 A는 현재 이 상태에 있다. 이 과정이 얼마나 빨리 일어나고, 다음에 어떤 일이 일어나느냐 하는 것은 별이 처음에 가졌던 질량에 달려 있다. H−R도로 다시 돌아가 보면, 주계열성 위에 거성과 초거성이 있는 걸 볼 수 있다. 질량이 태양의 0.5배보다 작은 별은 거성이 되지 못하고 아주 작은 별의 한 종류인 적색 왜성이 된다. 질량이 태양의 0.5~6배인 별은 수소 핵융합 반응이 멈추는 단계에서 바깥층이 크게 부풀어 오르면서 주계열성에서 거성으로 변한다. 그런 다음, 거성은 행성상 성운이 되었다가 바깥층이 우주 공간으로 빠져 나가고 나면 남은 중심부가 왜성이 된다. 한편, 질량이 아주 큰 별은 초거성이 된다. 초거성은 아주 큰 별이어서 중심부에서 수소 핵융합 반응이 멈추고 나면, 팽창해서 아주 크고 뜨겁고 밝은 별이 된다. 초거성은 나중에 초신성으로 폭발할 가능성이 높고, 폭발하고 나서 남은 중심부는 결국 중성자별이나 블랙홀이 된다. H-R도는 별의 온도와 색 사이의 관계도 알려 준다. 리겔처럼 아주 뜨거운 별은 파란색으로 보이는 반면, 베텔게우스처럼 비교적 온도가 낮은 별은 빨간색으로 보인다. H-R도에서 주계열성 아래쪽에는 왜성들이 있는데, 그 위치는 이 별들이 상대적으로 어둡고 차가운 별임을 말해 준다. 질량이 아주 무거워서 중성자별이나 블랙홀이 되는 별을 제외한 거의 모든 별은 진화의 최종 단계에서 백색 왜성이 되는 것으로 보인다.

백색 왜성은 대개 탄소와 산소로 이루어져 있지만, 처음에 출발할 때 별의 질량이 충분히 컸다면 그보다 더 무거운 원소들로 이루어질 수도 있다. 백색 왜성이 탄소 이상의 무거운 원소들로 이루어진 이유는 별의 진화 방식 때문이다. 주계열성 단계에서는 중심부에서 수소 핵융합 반응이 일어나 헬륨이 만들어진다. 거성 단계에서는 헬륨 핵융합 반응이 일어나 더 무거운 원소가 만들어진다. 헬륨 핵융합 반응마저 끝나면, 거성은 바깥층이 우주 공간으로 빠져 나가고, 이제 탄소와 산소로 이루어진 중심부는 백색 왜성이 된다. 시간이 한참 지나면 백색 왜성은 마침내 식어서 흑색 왜성이 된다.(적어도 그럴 것으로 예상된다.) 아직은 우주에 흑색 왜성이 하나도 없는 것으로 보이는데, 흑색 왜성이 만들어지기까지 걸리는 시간이 우주가 태어나서 지금까지 흐른 시간보다 더 길기 때문이다. 백색 왜성도 비교적 최근에 발견되었는데, 1922년에 백색 왜성이란 용어가 만들어지기 얼마 전에 발견되었다.

오리온자리와 대삼각형

H-R도를 보면, 시리우스 A와 프로키온 A가 둘 다 주계열성이고, 여름철 대삼각형을 이루는 직녀성과 알타이르 역시 주계열성임을 알 수 있다. 프로키온과 시리우스와 베텔게우스는 겨울철 대삼각형이라 부르는 형태를 이룬다. 프로키온과 시리우스는 또한 리겔(오리온자리), 알데바란(황소자리), 카펠라(마차부자리), 폴룩스/카스토르(쌍둥이자리)와 함께 더 큰 기하학 형태인 겨울철 육각형 또는 겨울철 원을 이룬다.

겨울철 대삼각형은 비교적 최근에 만들어진 것으로 보이는데, 아마도 현대의 아마추어 천체 관측자들에게 밤하늘에서 길을 찾는 데 도움을 주려는 목적에서 만들어졌을 것이다. 겨울철 대삼각형이란 용어는 20세기 중엽에 패트릭 무어Patrick Moore 같은 천문학자들이 '여름철 대삼각형'이란 용어를 대중 사이에 널리 퍼뜨리던 것과 거의 같은 무렵에 처음 사용되었다. 별자리 외에 성군星群, asterism이라 부르는 이러한 별들의 집단을 별도로 사용하는 이유는 밤하늘에서 별자리들 사이의 관계를 파악하는 데 도움이 되기 때문이다. 별자리와 그에 얽힌 이야기는 그 별들의 패턴을 기억하는 데 도움을 주는 반면, 성군은 별자리들이 서로 어떤 관계에 있는지 확인하는 데 도움을 준다. 다시 말해서, 여름철 대삼각형은 백조자리와 독수리자리와 거문고자리가 밤하늘에서 서로 어떤 관계로 늘어서 있는지 기억하는 데 도움을 준다. 겨울철 대삼각형은 오리온자리와 오리온이 데리고 다니는 두 사냥개가 어떻게 연결되는지 보여 주며, 겨울철 육각형 또는 겨울철 원은 오리온자리와 큰개자리, 작은개자리, 황소자리, 마차부자리, 쌍둥이자리가 서로 어떻게 연결되는지 보여 준다. 오리온자리에서 가장 밝은 두 별인 리겔과 베텔게우스는 그 이름이 별자리 내에서 그 위치를 나타내는 아랍어에서 유래했다. 둘 다 초거성이지만, 별의 전체 생애 중 약간 다른 단계에 있다. 베텔게우스는 아주 큰 적색 초거성으로, 우리가 아는 한 밤하늘에서 가장 큰 별 중 하나이다. 베텔게우스는 변광주기가 긴 준규칙적 변광성인데, 팽창과 수축을 반복하면서 그 밝기가 예측할 수 없게 변한다. 고대 중국인의 관측 기록에 따르면, 베텔게우스는 기원전 1세기와 기원후 150년 사이의 어느 시점에 적색 초거성이 된 것으로 보인다. 그 이전에 중국인이 관측한 기록에서는 베텔게우스를 흰색이라고 묘사했지만, 150년에 프톨레마이오스는 빨간색이라고 묘사했다. 만약 이 기록이 사실이라면, 베텔게우스는 1세기에 적색 초거성이 된 게 분명하고, 한동안 적색 거성 상태로 남아 있을 것이다. 대체로 적색 거성 단계는 수만 년 정도 지속된다. 이 긴 시간이 끝날 무렵에 베텔게우스는 결국 폭발하여 초신성이 되고, 뒤에 남은 중심부는 백색 왜성이 될 것이다. 하지만 이 별은 주로 탄소와 산소로 이루어진 표준적인 백색 왜성이 되진 않을 것이다. 대신에 그보다 약간 더 무거운 원소들로 이루어진 백색 왜성이 될 것이다.

오리온자리에서 세 번째로 밝은 별은 벨라트릭스인데, '여전사'란 뜻이다. 가끔 아마존별이라고 부르기도 하는데, 이 이름 역시 전설상의 여전사를 가리킨다. 바이어가 붙인 이름은 오리온자리 감마별로, 오리온자리에서 세 번째로 밝은 별임을 나타낸다. 흥미로운 사실이 하나 있는데, 바이어가 리겔과 베텔게우스에 붙인 이름은 두 별의 밝기를 제대로 반영한 것이 아니다. 리겔은 오리온자리에서 가장 밝은 별인데도 바이어는 이 별을 오리온자리 베타별로 정한 반면, 두 번째로 밝은 별인 베텔게우스를 오리온자리 알파별로 정했다. 물론 그동안에 두 별의 밝기가 변했을 가능성도 있지만, 천문학자들은 그런 일이 일어날 만큼 충분한 시간이 흐르지 않았다는 이유로 그 가능성을 부정한다.

맨눈으로 볼 수 있는 오리온성운

태양계 안의 천체를 제외한다면, 밤하늘에서 사진으로 가장 많이 찍힌 천체 중 하나가 바로 오리온성운이다. 대부분의 성운과 달리 오리온성운은 맨눈으로도 쉽게 볼 수 있다. 물론 맨눈에 보이는 성운의 모습은 다음 사진과는 많이 다른데, 별처럼 또렷한 점으로 보이지 않고 흐릿한 반점처럼 보인다. 오리온성운(M42)은 말머리성운을 포함한 훨씬 큰 오리온 구름의 일부이지만, 이 구름 중에서 맨눈으로 보기가 가장 쉬운 성운이다. 오리온성운은 오리온의 검(오리온의 허리띠 아래에 있는 세 별)에 위치하고 있으며, 별이 탄생하는 성운이다. 마야족은 오리온성운을 또렷한 점으로 보이는 별이 아니라 얼룩으로 보았지만, 유럽 천문학자들은 1610년 무렵까지 하나의 별로 분류했다. 오리온성운 안에서는 별들이(심지어 외부 태양계까지도) 태어나고 있다. 천문학자들은 이 성운에서 별이 탄생하는 증거만 발견한 게 아니다. 오리온성운에서는 원시 행성 원반(태양계 탄생의 바탕이 되는)이 아주 많이 발견되어, 우주에 태양계가 비교적 흔하며, 지금까지 발견된 250여 개의

오리온성운(M42)(STScI(http://hubblesite.org) 제공)

태양계는 전체 중 극히 일부에 지나지 않음을 말해 준다.

오리온성운에서건 다른 성운에서건 일단 별들이 생겨나면, 성운은 그냥 그 상태로 머물러 있지 않고 진화한다. 별들은 성운 안에서 작은 무리를 지어 생겨나 산개 성단을 이루고, 나머지 성운은 크기가 약간 줄어든다.

오리온자리는 별자리와 별의 생애, 별의 본질에 관한 일부 과학적 측면을 명쾌하게 설명하는 방법을 제공한다. 오리온자리는 쉽게 알아볼 수 있는 별자리이며, 잠잘 시간이 가까워질수록 점점 더 밝아진다. 그래서 일찍 자야 하는 사람들을 감질나게 한다.

8

11월, 유성

유성우와 혜성에 얽힌 미신은 떨쳐 내기가 쉽지 않았다.
16세기까지만 해도 점성술을 의혹의 눈초리로 바라보던 사람들조차
혜성의 출현을 불길한 징조로 받아들였다.
일부 작품에서 개인의 별점을 비판했던 셰익스피어Shakespeare도
작중 인물들이 혜성의 출현을 왕의 운명을
예고하는 징후로 해석하는 걸 허용했다.

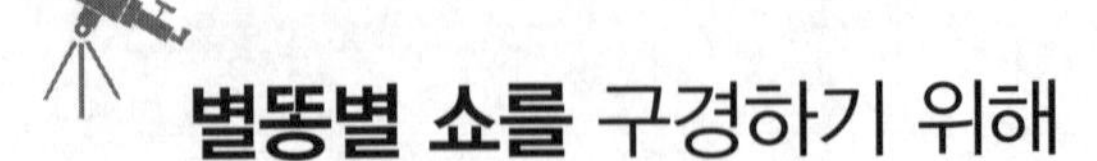

별똥별 쇼를 구경하기 위해

별똥별은 별이 아니라 유성이다. 즉, 우주 공간에 떠다니던 작은 먼지나 얼음 조각이 지구 대기권으로 들어오면서 불타는 것이다. 가끔 유성우가 나타날 때가 있는데, 이때에는 며칠 동안 온 하늘에(비록 같은 장소에서 출발해 날아오는 것처럼 보이긴 하지만) 많은 유성이 나타나는 걸 볼 수 있다. 유성이 왜 생기는지 과학적 설명이 나오기 전에는 사람들은 정말로 별이 하늘에서 떨어지는 줄 알았다. 따라서 점성술에서 유성우를 파멸의 징조로 여긴 것은 놀라운 일이 아니다. 그래도 개별적인 유성은 불운의 징조로 여기지 않은 것 같다. 하지만 유성이 떨어지는 동안 소원을 빌면 효과가 있다는 생각은 비교적 최근에 생긴 것으로 보인다.

유성우는 지구가 태양 주위를 돌다가 혜성이 남기고 간 잔해를 만날 때 일어난다. 개별적인 별똥별(즉, 유성)은 우주 공간에 떠돌던 작은 조각이 대기권으로 들어와 불타면서 나타난다. 좀 큰 조각이 대기권으로 들어오면, 대기권을 지나는 동안 다 타 없어지지 않고 남은 남은 물질이 지상에 떨어지는데, 이것을 운석이라고 한다.

11월에는 특별히 장관을 이루는 유성우를 볼 수 있는데, 이 유성우를 사자자리 유성우라고 부른다. 사자자리 유성우라 부르는 이유는 모든 유성이 사자자리에서 날아오는 것처럼 보이기 때문이다. 사자자리 유성우는 지구가 템펠-터틀 혜성이 남기고 간 잔해를 지나갈 때

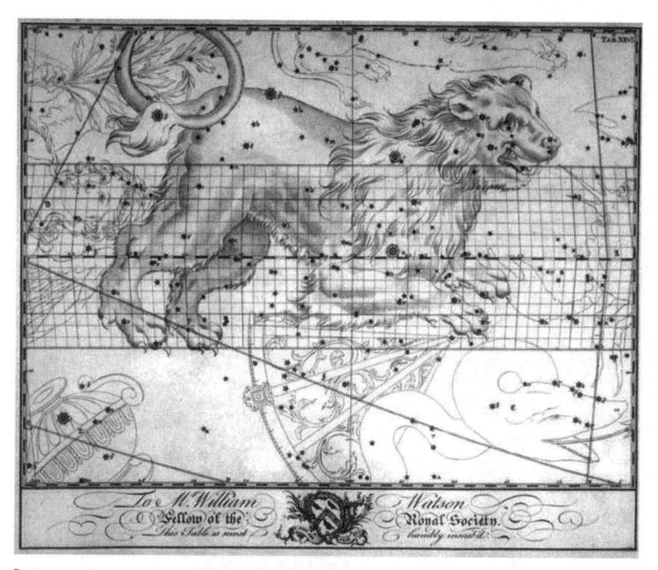

사자자리(베비스 아틀라스 이미지(Bevis Atlas images), Manchester Astronomical Society(UK)(www.manastro.org) 제공)

일어난다. 극대기인 11월 중순에는 시간당 최대 수천 개의 유성이 사자자리에서 날아온다. 이 인상적인 장관을 보려면, 거리의 밝은 조명에서 멀리 떨어져 충분히 어두운 곳을 찾아야 하고, 날씨도 구름이 끼지 않고 맑아야 한다.

북반구의 11월 하늘에서는 사자자리가 새벽에 떠오르지만, 유성우는 밤새도록 하늘 전체에서 볼 수 있다. 일반적으로 유성우는 그 복사점—유성들이 그곳에서 날아오는 것처럼 보이는 지점—이 하늘 높이 떠 있을 때 가장 잘 볼 수 있다. 사실, 여러분이 시간당 수천 개의 유성이 떨어지는 광경을 볼 가능성은 극히 낮다(적어도 향후 몇 년 안에는). 왜냐하면, 유성우의 규모가 주기적으로 변하기 때문이다. 1833년에 유성 폭풍(시간당 유성이 1000개를 넘은 유성우)이 일어났고, 1866년

1833년의 유성 폭풍을 묘사한 이 그림은 제7일 안식일 예수 재림 교회 교인인 조지프 하비 왜거너Joseph Harvey Waggoner가 쓴 《가정 예배를 위한 성경 읽기Bible Readings for the Home Circle》에 실린 것이다.

과 1966년에도 비슷한 유성 폭풍이 일어났지만, 다른 해들에는 그런 걸 볼 수 없었다. 운이 나쁜 해에는 극대기에도 시간당 겨우 10여 개만 볼 수 있을 뿐이다. 그러니 유성우 관측 계획을 짤 때에는 극대기가 언제인지, 그리고 그때 나타나는 유성우의 규모가 어느 정도인지 정확하게 예측하기 어렵다는 사실을 꼭 명심해야 한다. 그렇다고 낙담할 필요는 없다. 천체 관측에서 확실하게 보장할 수 있는 것은 아주 적은데, 특히 날씨라는 변수가 아주 크게 작용하기 때문이다. 그러니 항상 대안으로 다른 계획을 세워 두는 게 좋다. 예컨대, 별 아래에서 낭만적인 소풍과 야영을 즐긴다는 계획을 세울 수 있다. 설탕과 향신료를 넣어 데운 와인이나 브랜디를 섞은 코코아 같은 맛있는 음식도 천체 관측을 즐기는 데 큰 도움이 된다.

볼 만한 유성우

1833년의 사자자리 대유성우는 아주 극적인 장관을 연출했다. 11월 13일 새벽에 극대기에 도달한 그 유성 폭풍은 아메리카 대륙에서 가장 잘 보였다(유럽과 그보다 더 동쪽 지역에서는 이미 낮이었기 때문에). 신문들은 사람들이 느낀 큰 불안감을 대대적으로 보도했다. 마치 하늘의 모든 별들이 떨어지는 것처럼 보였고, 그것은 신의 분노를 나타내는 메시지라고 해석하는 사람들이 많았다. 이 유성 폭풍에는 온갖 종류의 밝기를 가진 유성이 포함돼 있었는데, 가끔 '화구火球' 또는 '불꽃별똥'이라고 부르는 아주 밝은 유성도 있었다. 어떤 화구는 정말로 아주 밝아서 사람들이 잠자던 방 안을 환히 밝히기까지 했다.(그 당시는 가스등이나 전기 조명이 발명되기 이전이어서, 아무도 한밤중에 방 안이 그렇게 환하게 밝아질 것이라고는 예상치 못했다는 사실을 감안해야 한다.) 무슨 일이 일어났는지 제대로 아는 사람은 거의 없었지만, 이 유성 폭풍을 본 천문학자들은 그 원인을 찾아 나섰고, 이 유성 폭풍 이후에 유성과학이 새로운 과학 분야로 자리를 잡기 시작했다.

1866년과 1867년에 사자자리 유성우는 또 한 번 장관을 보여 주었다. 이번에는 일반 대중도 사전 정보를 충분히 알고서 이 유성우를 맞이했다. 그 무렵에 템펠-터틀 혜성이 발견되었다.

일단 어떤 혜성이 발견되면, 천문학자들은 계산을 시작한다. 이 일은 발견자가 하는 경우가 드물며, 대신에 수학 실력이 뛰어난 천문학자들이 맡아서 한다. 템펠-터틀 혜성은 공전 주기가 33년으로 밝혀졌다. 과거의 관측 기록을 조사해 본 결과, 이것은 1366년(중국 천문학자들이 목격하고 기록한)과 1699년에 나타난 것과 같은 혜성임이 분명했다. 또한, 1833년과 1866년에 일어난 큰 유성 폭풍도 템펠-터틀 혜성 때문에 일어난 것으로 보였다. 그래서 1899년에도 유성 폭풍이 일어날 것이라고 자신 있게 예측할 수 있었다. 하지만 불행하게도 1899년의 유성우는 실망스러웠다. 천문학자들이 1899년에 큰 유성 폭풍이 일어날 것이라고 큰소리쳤기 때문에, 그때가 되자 적어도 수백 명이 유성우를 보기 위해 잠을 자지 않고 밤하늘을 지켜보았다. 하지만 시간당 10만여 개나 떨어질 거라던 유성우는 시간당 겨우 20개 정도 떨어지는 것에 그쳤고, 대중은 천문학자의 예측을 신뢰하지 않게 되었다. 그래서 1966년에 사자자리 유성우가 화려하게 시작되었을 때, 그것을 보러 밖으로 나온 사람들은 극소수였다.

1999년의 유성 폭풍에 대한 추측은 미국항공우주국이 부추겼는데, 미국항공우주국은 지금도 유성 폭풍이 일어나는 동안에는 안전을 위해 우주선의 비행을 자제한다. 1999년의 유성 폭풍은 시간당 약 2000개(분당 30~40개)의 유성이 떨어져 그래도 규모가 어느 정도 큰 편이었다. 2033년의 유성 폭풍 예보는 갈수록 점점 개선되는 모형을 바탕으로 얼마나 정확할지 기대된다.

지구에서 규칙적으로 관측되고 때로는 장관을 빚어내는 유성우의 원인이 된 혜성은 템펠-터틀 혜성뿐만이 아니다. 5장에서 소개했던 페르세우스자리 유성우는 스위프트-터틀 혜성이 남기고 간 잔해 때문에 일어난다. 페르세우스자리 유성우는 하늘 전체에서 볼 수 있는 사자자리 유성우와 달리 대개 북반구에서만 볼 수 있다. 또, 극대기에도 시간당 60여 개(분당 1개)의 유성이 떨어지는 것에 그쳐 사자자리 유성우에 비하면 규모가 다소 떨어진다. 하지만 그래도 이 정도면 관측을 위해 밖으로 나갈 만하다. 그리고 일 년 중 관측 시기도 좋은 편이다. 아무래도 밖으로 나가 밤하늘을 관측하기에는 11월보다는 8월이 좋기 때문이다.

이것들 말고도 여기서 언급할 만한 가치가 있는 유성우가 2개 더 있는데, 유성우 자체가 특별히 볼 만한 장관이서가 아니라 모혜성의 중요성과 명성 때문에 가치가 있는 것들이다. 물병자리 에타 유성우와 오리온자리 유성우는 둘 다 핼리 혜성이 남긴 잔해 때문에 일어난다. 물병자리 에타 유성우는 물병자리에서, 더 구체적으로는 그중의 한 별인 물병자리 에타별에서 날아오는 것처럼 보인다. 매년 4월 말에서 5월 초 사이에 볼 수 있는 이 유성우는 극대기에도 시간당 10여 개의 유성만 떨어질 뿐이다. 그래도 더 많은 유성을 보려면, 남반구에서 관측하는 게 좋다. 북반구에서는 4월 말에서 5월 초 사이에 물병자리가 동틀 무렵에 떠오르기 때문에, 유성을 볼 기회가 더 줄어든다. 물병자리 에타 유성우가 공식적으로 발견된 것은 1870년으로(이전에 목격한 기록이 있긴 하지만), 지중해를 항해하던 영국 해군의 터프먼G. L. Tupman 중령이 발견했다. 몇 년 뒤, 물병자리 에타 유성우가 핼리 혜성과 관계가 있다는 사실을 윌리엄 허셜의 손자인 알렉산더 허셜Alexander Herschel이 알아냈다. 그 당시 알렉산더 허셜은 생겨난 지 얼마 안 된 유성과학 분야에서 전문가로 인정받고 있었다.

헬리 혜성 때문에 일어나는 두 번째 유성우 역시 북반구보다 남반구가 관측하기에 더 좋다. 오리온자리 유성우는 매년 10월 말에 볼 수 있는데, 오리온자리 오른쪽 어깨 바로 위(오리온이 우리를 내려다본다고 가정할 때), 베텔게우스 위쪽에서 날아오는 것처럼 보인다. 극대기에는 시간당 30여 개의 유성이 떨어지는데, 남반구에서는 조금 더 많이 보이는 반면, 북반구에서는 조금 더 적게 보인다. 이 유성우를 발견한 사람은 미국의 헤릭E. C. Herrick이지만, 그 복사점을 찾아낸 사람은 알렉산더 허셜이다.

유성우는 불길하다?

이들 유성우는 모두 19세기 이후에 발견되거나 처음으로 자세히 기록되고 연구되었다. 유성우를 관측하는 데 관심을 보인 사람들 중에는 시인인 윌리엄 블레이크William Blake와 앨프레드 테니슨Alfred Tennyson도 있었다. 1850년부터 사망한 1892년까지 영국의 계관 시인을 지낸 테니슨은 순전히 유성을 보기 위해 와이트 섬의 자기 집에 관측소를 지었다. 영국의 비공식 국가인 '예루살렘Jerusalem'의 가사를 쓴 것으로 유명한 윌리엄 블레이크도 유성과 유성우에 큰 매력을 느꼈다. 1795년에 출간된 에드워드 영Edward Young의 시 〈밤의 사색Night Thoughts〉을 위해 블레이크가 그린 그림에는 본문에 구체적인 언급이 없을 때에도 혜성이나 유성을 포함시킨 경우가 많다. 블레이크는 토머스 그레이Thomas Gray의 시 〈시인: 핀다로스풍의 시The Bard. A Pindaric Ode〉를 위해서도 삽화를 그렸는데, 그중에는 다음 구절에 해당하는 삽화에 세 유성이 포함돼 있다.

> 비통함이 넘치는 검은 옷을 걸치고서
> 시인은 초췌한 눈으로 서 있었지.
> (그의 턱수염과 백발은 유성처럼
> 불안에 휩싸인 공기 중으로 흩날렸지.)

삽화 작업을 통해 블레이크는 천문학을 포함해 광범위한 분야를 접했다. 블레이크는 천문학에 큰 흥미를 느꼈는데, 특히 다양한 천체 현상의 역사적, 신화적 해석에 흥미를 느꼈다. 블레이크가 영의 책, 그중에서도 특히 종말론적 시인 〈밤의 사색〉을 위해 그린 삽화에 유성과 유성우를 포함시킨 것은 역사적으로 옛 사람들이 유성우를 죽음과 파괴와 세상의 종말과 연결 지은 사실에 기초한 것이었다.

유성우와 혜성에 얽힌 미신은 떨쳐 내기가 쉽지 않았다. 16세기까지만 해도 점성술을 의혹의 눈초리로 바라보던 사람들조차 혜성의 출현을 불길한 징조로 받아들였다. 일부 작품에서 개인의 별점을 비판했던 셰익스피어Shakespeare도 작중 인물들이 혜성의 출현을 왕의 운명을 예고하는 징후로 해석하는 걸 허용했다. 예를 들면, 《헨리 6세 *Henry VI*》 제1부에 다음과 같은 대사가 나온다.

> 하늘에 검은 천을 드리워 낮을 밤으로 바꾸라!
> 시간과 국가의 변화를 의미하는 혜성이여,
> 하늘에 그대의 수정 머리카락을 휘둘러,
> 헨리의 죽음에 동의하여 반란을 일으킨
> 사악한 별들을 응징하라!
> (Hung be the heavens with black, yield day to night!
> Comets, importing change of time and states,
> Brandish your crystal tresses in the sky,
> And with them scourge the bad, revolting stars
> That have consented unto Henry's death!)

《줄리어스 시저*Julius Caesar*》에도 비슷한 대사가 있다.

> 거지가 죽을 때엔 혜성이라곤 눈을 씻어도 보이지 않지만,
> 군주가 죽을 때엔 하늘 자체가 활활 타오르며 알려 준다네.
> (When beggars die there are no comets seen:
> The heavens themselves blaze forth the death of princes.)

과거로 더 거슬러 올라가면, 군주의 불운을 예고하는 혜성으로 가장 유명한 혜성이 등장하는데, 바로 바이외 태피스트리에 묘사된 핼리 혜성이다. 이 태피스트리에는 혜성이 머리 위의 하늘을 지나간 직후에 해럴드 2세Harold II가 헤이스팅스 전투에서 눈에 화살을 맞는 장면이 묘사돼 있다. 물론 그 당시에는 이 혜성이 아직 핼리 혜성이라는 것이 알려지지 않았고, 그저 불길한 징조로 간주되었을 뿐이다.

모든 혜성은 암석과 먼지, 얼음, 얼어붙은 기체가 뭉친, 지름 수 km의 덩어리이다. 혜성은 길쭉한 타원을 그리며 태양 주위의 궤도를 도는데, 타원의 한쪽 끝에서 태양에 가까워졌다가 태양을 돌고 나면 다시 태양계의 행성들을 지나면서 태양에서 멀어져 간다. 혜성이 태양에 가까워지면, 태양에서 나오는 열에 얼어붙은 물질이 녹아 혜성 주위에 코마coma라고 부르는 대기가 생겨나는데, 이것이 먼지와 함께 뒤로 길게 뻗어 나가면서 혜성의 꼬리를 만든다. 혜성이 지나가고 난 뒤에는 먼지가 일부 남아 혜성이 지나간 길을 알려 준다. 지구의 궤도가 혜성이 지나간 이 길과 겹칠 때, 그 먼지 중 일부가 대기권으로 들어오면서 유성우가 된다. 혜성은 스스로 빛을 내지 않는다. 태양을 제

외한 태양계의 나머지 천체들과 마찬가지로 혜성은 햇빛을 반사하여 우리 눈에 보인다.

혜성이 태양 가까이로 다가오면

'더러운 눈덩이'라고 부르는 혜성의 핵은 코마나 꼬리와는 달리 딱딱한 고체 상태이며, 온갖 종류의 원소와 화합물로 이루어져 있다. 혜성은 태양계의 나머지 천체들과 함께 한때 태양을 빙 둘러싸고 있던 원시 행성 원반에서 만들어진 것으로 보인다. 태양은 약 46억 년 전에 분자 구름에서 다른 별들과 함께 태어났다. 아주 오래된 운석을 조사했더니 아주 오래된 별에서만 만들어질 수 있는 원소들이 그 속에서 발견되었는데, 이것은 태양의 탄생을 촉발시킨 사건이 근처에서 일어난 초신성 폭발(어쩌면 여러 번에 걸친)이었음을 시사한다.

5장에서 이야기한 것을 아직 기억하고 있을지 모르겠는데, 초신성은 아주 큰 별이 생애의 막바지에 이르렀을 때 맞이하는 단계이다. 별은 처음에는 중심부에서 핵융합 반응을 통해 수소가 헬륨으로 변하다가 수소 연료가 바닥나면, 이번에는 헬륨 핵융합 반응이 일어나 헬륨이 더 무거운 원소로 변한다. 그리고 계속해서 다음 단계의 핵융합 반응이 일어나 더 무거운 원소들이 생기다가 마침내 폭발하면서 갑자기 밤하늘에서 아주 밝게 빛나고, 그동안 만들어진 원소들은 주변 우주 공간에 흩어진다.

태양은 아주 어린 시절에 초신성에서 뿜어져 나온 이 다양한 원소들로 이루어진 먼지와 가스 원반으로 둘러싸여 있었다. 수백만 년이

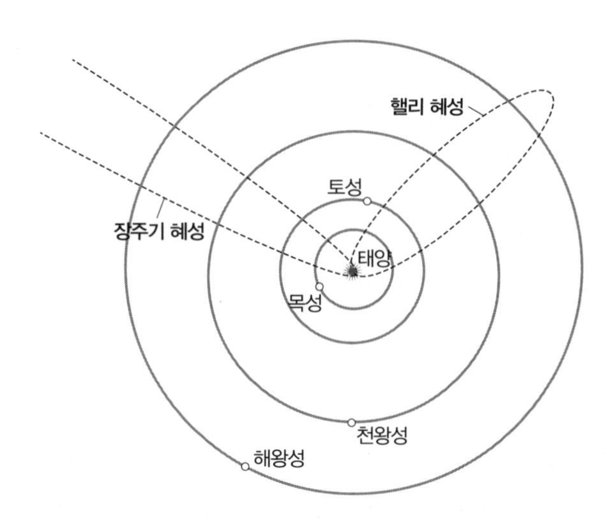

전형적인 혜성의 궤도 경로

지나는 동안 이 가스 원반에서 오늘날 태양계를 이루는 행성과 왜소 행성, 위성, 소행성, 혜성이 생겨났다. 혜성은 태양에서 멀리 떨어진 태양계 외곽 지역에서 생겨났는데, 이곳에서는 태양에서 날아오는 열이 얼어붙은 물질 대부분을 증발시킬 만큼 충분히 강하지 않기 때문이다.

태양계 외곽에는 혜성이 핵의 상태로 집중적으로 모여 있는 지역이 두 군데 있다. 하나는 카이퍼대(더 정확하게는 카이퍼대 바로 바깥쪽에 위치한 산란 원반)이고, 또 하나는 오르트 구름이다. 카이퍼대는 해왕성 궤도와 명왕성 궤도 사이에 있는 고리 모양의 지역으로, 이곳에는 많은 혜성과 소행성이 모여 있다. 명왕성은 전에는 어엿한 행성으로 대접받았지만, 왜소 행성으로 지위가 강등된 지금은 카이퍼대의 한 천체로 취급된다. 오르트 구름은 카이퍼대보다 더 멀리 떨어진 바깥쪽에 있다. 이 두 지역에 있는 혜성들은 평소에는 이곳에 머물러 있지만, 태양계 안에서 지나가는 행성의 중력이나 태양계 밖에 있는 별의 중력에 영향을 받아 그 경로가 변할 수 있다. 그렇게 해서 경로가 태양계 중심 쪽으로 향하게 되면, 매우 길쭉한 타원 궤도를 그리며 돌게 된다. 만약 그 혜성이 태양 가까이 다가오면서 충분히 밝게 빛나면, 밤하늘에서 우리가 보는 혜성으로 나타난다.

우리가 밤하늘에서 볼 수 있는 혜성이 큰 뉴스가 되는 이유는 그런 혜성이 드물기 때문이다. 그런 혜성은 10년에 1개 정도 나타난다. 기억에 남는 혜성 중에서 비교적 최근에 나타난 것으로는 핼리 혜성과 헤일-밥 혜성이 있다. 다음 번에는 어떤 혜성이 언제 나타날지는 불확실한데, 늘 새로운 혜성이 계속 발견되기 때문이다.

핼리 혜성

나는 열한 살 때인 1986년에 언론의 호들갑스러운 보도 속에서 다시 돌아온 핼리 혜성을 보려고 거리로 나갔던 기억이 지금도 생생하다. 또, 핼리 혜성에서 영감을 얻어 학교에서 벌인 학습 활동도 기억하는데, 그중 하나는 바이외 태피스트리에 대해 반 전체가 함께(아마도 거의 일 년 내내 매달려) 했던 활동이었다. 실제로 태피스트리를 만든 건 아니지만(학교 측은 우리의 바느질 솜씨를 그리 신뢰하지 않았음), 천과 양털과 바느질도 그 활동의 일부로 포함되었다.

왕립 천문대에 처음 도착했을 때 나는 앞으로 관리할 전시물을 죽 둘러보았는데, 그중 상당수는 1986년에 돌아온 핼리 혜성과 관련된 수집품이었다. 그 대부분은 자명종 시계와 특정 주제의 풍선껌 포장지 같은 기묘한 것들(그럼에도 불구하고 나라를 대표해 수집할 가치가 있어 보였던 것들)이었다. 이처럼 핼리 혜성의 귀환은 축하하고 기념할 만한 사건이었다.

핼리 혜성의 매력 중 하나는 맨눈으로 볼 수 있다는 점이다. 핼리 혜성은 약 75년마다 한 번씩 태양과 지구에 충분히 가까이 다가오는데, 이때에는 맨눈으로도 볼 수 있다. 핼리 혜성이 태양에 다가올 때 우리는 밤하늘에서 그 모습을 볼 수 있고, 태양 뒤쪽으로 돌아가는 동안에는 잠깐 그 모습이 사라졌다가 태양에서 멀어져 가기 시작할 때 다시 그 모습을 볼 수 있다. 얼마 후 핼리 혜성은 저 멀리 어두운 우주 공간으로 모습을 감추고, 다시 그 모습을 보려면 약 75년을 기다려야 한다. 미국 작가 마크 트웨인Mark Twain은 핼리 혜성이 나타난 1835년에 태어났는데, 핼리 혜성이 다시 돌아오는 1910년에 죽을 것이라고 예언했다가 실제로 그 해에 죽은 것으로 유명하다. 다른 혜성과 마찬가지로 핼리 혜성도 먼지와 얼음으로 이루어져 있고, 태양 주위를 빙 돌아 목성 너머로 사라지는 긴 타원 궤도를 돈다. 돌아오는 주기가 200년 미만인 혜성을 단주기 혜성, 200년 이상인 혜성을 장주기 혜성이라고 하기 때문에, 핼리 혜성은 단주기 혜성이다. 혜성이 돌아온다고 하는 것은 태양계 바깥쪽에서 태양 쪽으로 돌아오는 것만 말하고, 태양을 돌아 다시 우리 쪽으로 다가오는 것은 돌아온다고 하지 않는다.

일반적으로 태양계에서 단주기 혜성이 출발하는 곳은 장주기 혜성이 출발하는 곳과 다르다. 단주기 혜성은 카이퍼대(에지워스-카이퍼대라고도 함)에서 온다. 카이퍼대는 해왕성 궤도 바로 바깥쪽부터 오르트 구름까지 황도면을 중심으로 뻗어 있는 지역으로, 얼음 물질(온도가 낮다 보니 우리가 기체라고 생각하는 물질도 얼음 상태로 존재함)로 이루어진 천체들이 많이 모여 있다. 에지워스-카이퍼대는 1940년대에 아일랜드 천문학자 케네스 에식스 에지워스Kenneth Essex Edgeworth와 미국 천문학자 제러드 카이퍼Gerard Kuiper가 처음 제안했지만, 1992년에 가서야 실제로 발견되었다. 그런데 모든 단주기 혜성이 반드시 카이퍼대에서 오는 것은 아니다. 예컨대, 핼리 혜성은 이곳에서 오지 않는다. 하지만 과학자들은 이러한 반례에도 불구하고, 이 이론을 포기하는 대신에, 핼리 혜성도 한때는 장주기 혜성이었지만 궤도를 여러 차례 도는 사이에 큰 행성들의 중력에 영향을 받아 그 속도가 빨라진 것이라고 결론지었다.

그런데 핼리 혜성의 특이한 점은 그 밖에도 여러 가지가 있다. 한 사람이 평생 동안 맨눈으로 두 번 볼 수 있는 혜성은 현재로서는 핼리 혜성이 유일하다. 그리고 관측 기록이 가장 잘 남아 있는 혜성이기도 하다. 과거의 역사 기록을 자세히 살펴보면, 아주 먼 옛날에도 핼리 혜성을 목격한 기록을 찾을 수 있다. 가장 오래된 관측 기록은 기원전 240년에 작성한 것으로, 중국 천문학자들이 남겨 놓았다. 그 후에 돌아온 핼리 혜성을 목격한 기록도 중동, 메소포타미아, 페르시아 등에 남아 있다. 1066년에 돌아온 핼리 혜성이 목격된 것은 말할 것도 없고, 1682년에 돌아왔을 때에는 에드먼드 핼리가 호기심을 갖고 집중적으로 조사했다.

핼리 이전에는 모든 혜성은 단 한 번만 나타나는 현상이라고 생각했다. 하지만 핼리는 1682년 이전에 일정한 간격으로 혜성이 목격된 사건들을 조사하다가 그 혜성들이 모두 동일한 혜성이라고 결론지었다. 핼리는 뉴턴의 친구였는데, 그를 설득해 과학사에서 아주 유명한 《프린키피아*Principia*》를 써서 출판하게 하는 데 중요한 역할을 했다. 뉴턴이 《프린키피아》에서 중요하게 다룬 내용 중 하나는 바로 중력의 법칙(일명 만유인력의 법칙)이었다. 핼리는 뉴턴의 도움을 받아 이 법칙을 이용해 혜성의 궤도 모양과 속도를 계산했다. 혜성은 타원 궤도를 따라 움직였다. 태양 주위를 돌아갈 때에는 아주 빠른 속도로 움직이고, 태양을 돈 다음에는 속도가 떨어져서 행성들을 지나 온 곳으로 다시 돌아갔다. 그 궤도를 계산함으로써 핼리는 그 혜성이 1757년에 다시 돌아올 것이라고 예측했다. 하지만 애석하게도 핼리는 1742

년에 죽는 바람에 그것을 보지 못했다. 하지만 그 혜성은 그가 예측한 해에 정말로 다시 돌아왔고, 그의 업적을 기려 그 혜성에 그의 이름이 붙었다.

헤일-밥 혜성

단주기 혜성은 대부분 카이퍼대에서 오지만, 핼리 혜성을 비롯해 몇몇 혜성은 장주기 혜성이 오는 곳인 오르트 구름에서 온다. 1997년에 지구에 충분히 가까이 다가오고 또 맨눈으로 볼 수 있을 만큼 충분히 밝게 빛났던 헤일-밥 혜성은 장주기 혜성이다. 카이퍼의 스승인 얀 오르트Jan Oort가 발견한 오르트 구름은 혜성들이 많이 모여 있는 또 다른 지역으로, 카이퍼대보다 더 멀리 떨어진 곳에서 태양계를 빙 둘러싸고 있다. 하지만 오르트 구름은 카이퍼대와 달리 아직은 이론상으로만 존재할 뿐이고, 직접 발견된 것은 아니다.

헤일-밥 혜성은 두 미국인이 각자 독자적으로 발견했다. 앨런 헤일Alan Hale은 1995년에 이 혜성을 발견했다. 헤일은 해군과 제트추진연구소에서 공학자로 일한 뒤에 천문학 박사 과정을 밟았다. 천문학에 대한 관심은 무인 우주 탐사선 보이저 2호와 관련된 일을 포함해 제트추진연구소에서 하던 일에서 영향을 받아 생겼을 것이다. 박사 과정을 마친 뒤, 헤일은 천문학자로 일자리를 구하기가 쉽지 않다는 사실을 알고서 어스와이즈 연구소(지금은 남서부우주연구소라는 이름으로 알려져 있음)를 세웠다. 그리고 얼마 지나지 않아 이 혜성을 발견했다.

한편, 토머스 밥Thomas Bopp은 순수한 아마추어 천체 관측자였다.

그가 하는 일은 천문학과 아무 관계가 없었지만(그는 건축 자재 공장에서 관리자로 일했음), 여가 시간에 하늘을 보길 즐겼다. 밥은 1995년 당시에 자기 망원경조차 없었지만, 밤하늘을 아주 잘 알았다. 어느 날 밤, 밥은 친구 망원경을 빌려서 하늘을 보다가 바로 그 혜성을 보았다.(1996년 중엽과 1997년에는 맨눈으로도 볼 수 있었지만, 1995년에는 그 혜성을 보려면 망원경이 필요했다.) 그는 그 사진을 찍었고, 앨런 헤일처럼 재빨리 미국에서 일어나는 모든 천문학적 발견을 맨 먼저 접수하는 곳인 국제천문연맹 산하의 중앙천문전신국에 보고했다. 중앙천문전신국은 앨런 헤일과 토머스 밥이 보낸 정보를 검토한 뒤, 그 발견이 사실임을 확인하고, 그 혜성을 두 사람의 이름을 따 헤일-밥 혜성이라고 불렀다.

헤일-밥 혜성은 몇 가지 이유에서 극적인 이야기를 남겼는데, 그 이유 중에는 좋은 것도 있고 나쁜 것도 있었다. 헤일-밥 혜성은 언론에서 대대적으로 보도하면서 어디에서 무엇을 찾아야 할지 안내해 주어 아마도 역사상 가장 많이 관측된 혜성일 것이다. 하지만 이 혜성은 사이비 종교인 천국의 문Heaven's Gate 신도들을 집단 자살로 이끈 계기를 제공하기도 했다. 신도들은 외계인이 자신들을 데려갈 것이라고 믿었는데, 혜성 옆에서 이상한 점(혜성 사진을 잘못 해석한 것일 수도 있고, 조작한 것일 수도 있음)이 반짝이자 그것을 외계인의 우주선이라고 오해해 그 우주선으로 갈 수 있을 것이라고 믿고서 교주와 함께 집단 자살을 선택했다.

혜성 사냥꾼

헤일과 밥은 전통적인 아마추어 또는 준아마추어 혜성 사냥꾼이었다. 2장에서 보았듯이, 혜성 사냥은 중산층과 상류층 사이에 개인 망원경 소유가 유행으로 번져 간 18세기에 시작되었다. 황동과 유리로 아름답게 만든 그 망원경은 멋진 응접실이나 서재의 창가 테이블을 장식했고, 과학적 대화 소재로서도 훌륭한 역할을 했다. 물론 그런 망원경으로 하늘을 보려면, 잘 알려진 별을 혜성과 착각하지 않도록 하늘에 대한 지식도 좀 있어야 했다. 흐릿한 천체들을 잘 정리한 목록이 큰 도움이 되었는데, 프랑스의 샤를 메시에는 바로 그 목적을 위해 1774년에 메시에 목록을 만들었다.

메시에는 프랑스의 천문학자이자 혜성 사냥꾼이었다. 망원경으로 볼 때 혜성처럼 흐릿한 별처럼 보이지만 실제로는 별이 아닌 성운과 성단, 이중성을 정리한 그의 목록은 혜성을 찾을 때 헛수고를 피하는 데 큰 도움을 주었다. 성공을 거둔 혜성 사냥꾼 중에 여성이 상당수 포함된 것이 흥미롭다. 캐롤라인 허셜은 새로운 혜성을 8개 발견했는데, 19세기 후반의 혜성 사냥꾼치고는 상당히 큰 성과였다.

한편, 캐롤린 슈메이커Carolyn S. Shoemaker는 혼자서 가장 많은 혜성을 발견한 기록을 갖고 있다. 캐롤린 슈메이커는 좀 더 전문적인 방식으로 혜성 사냥에 나섰다. 슈메이커는 아이들을 다 키우고 나서 비교적 늦게 전문 천문학자가 되었다. 처음에 일한 직장은 칼텍(캘리포니아공과대학)이었는데, 그곳에서 소행성과 혜성을 찾는 일을 시작했다. 그 후 20여 년 동안 슈메이커는 소행성 약 800개와 혜성 32개를 발견했다. 그중에서 특히 유명한 것은 슈메이커-레비 9호Shoemaker-Levy 9 혜성인데, 1994년에 목성과 충돌하면서 세상의 이목을 끌었던 바로 그 혜성이다.

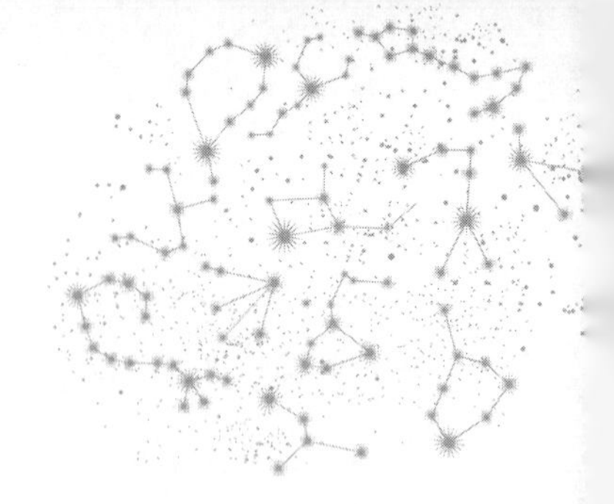

최악의 상황에 대한 공포

1990년대 후반에는 혜성이나 소행성이 지구와 충돌하여 인류가 멸망하는 이야기를 주제로 한 재난 영화가 많이 나왔다. 이 영화들은 슈메이커-레비 9호 혜성에서 부분적으로 영감을 받았을 가능성이 있다. 슈메이커-레비 9호 혜성은 실제로 혜성이 행성과 충돌할 수 있음을 보여 주었기 때문이다. 또한 소행성 충돌로 공룡이 멸종했다는 가설도 급격히 부상하고 있었다. 영화 〈딥 임팩트〉나 〈아마겟돈〉을 기억하는가? 심지어 일부 천문학자는 자신이 직접 연구를 통해 접한 최악의 시나리오를 바탕으로 소설을 썼다. 빌 네이피어Bill Napier의 《네메시스*Nemesis*》가 바로 그런 예이다.

천문학자들까지 이 분야에 뛰어들었다는 것은 여기에 단순히 대중문화를 넘어선 뭔가가 있음을 시사한다. 냉전이 끝나고 천문학과 우주 탐사에 대한 지원이 급감하자, 천문학자들은 위기를 느꼈다. 1990년대 후반에 그들에게 절실하게 필요했던 것은 더 많은 자금 지원을 이끌어 낼 수 있는 정치적 명분이었다. 지구로 향하는 혜성이나 소행성을 조기 발견하기 위한 투자를 늘리지 않으면, 세상에 종말이 닥칠지도 모른다는 개념은 대중의 상상력을 사로잡기에 아주 좋은 명분이었다. 천문학자들은 연구비 지원을 끌어 내기 위해 후원자를 설득할 때 늘 뛰어난 창조성을 보여 주었다. 왕립 그리니치 천문대는 1675년에 왕실의 후원을 받아 설립되었는데, 바다에서 화물선을 잃는 걸 막으려면 아주 정확한 성도가 필요하다는 천문학자들의 설득에 왕이 넘어갔기 때문이었다. 21세기의 천문학자들은 현대의 일반 대중이 공감할 수 있는 명분이 필요하다.

그렇다고 큰 소행성이나 혜성이 지구에 충돌해 막대한 피해를 초래할 가능성이 전혀 없는 것은 아니다. 아주 큰 소행성이나 혜성이(혹은 여러 개가) 지구에 충돌한 사건이 공룡 멸종의 결정적 원인이 되었다는 이론이 널리 받아들여지고 있다. 멕시코 유카탄 반도 해저에 칙술루브 크레이터라는 아주 거대한 운석 구덩이가 있는데, 이것이 생긴 시기는 공룡이 멸종한 시기와 대략 일치한다. 다만, 많은 과학자들은 공룡의 멸종에는 운석 충돌 외에 다른 요인들도 작용했다고 주장한다. 그리고 운석이 충돌했다 하더라도, 직접적인 충돌의 결과로 공룡이 멸종했다기보다는(물론 운석이 떨어진 곳에 있던 생물들은 모두 죽었겠지만) 공중으로 솟아오른 먼지가 초래한 결과로 멸종했을 가능성이 높다.

큰 운석 충돌의 흔적

운석은 우주 공간에서 지구로 들어온 물체(혜성이나 소행성 또는 유성체)가 대기 중에서 다 타지 않고 지상에 도달한 것을 말한다. 소행성 중에는 아주 큰 암석 덩어리도 있고, 불규칙한 모양의 작은 암석도 있다. 소행성을 뜻하는 영어 단어 'asteroid'는 윌리엄 허셜이 만들었다. 아마도 자신이 발견한 천왕성을 두드러져 보이게 하기 위해 허셜은 더 정확한 용어인 'planetoid(미행성)'보다 이 용어를 선택한 것으로 보이지만, asteroid는 행성보다 별에 더 가깝다는 인상을 준다.(문자 그대로 해석하면 asteroid는 '별과 비슷한'이란 뜻이고, planetoid는 '행성과 비슷한'이란 뜻이다.)

아주 큰 운석이 지구와 충돌하면, 그 충격의 힘으로 큰 구덩이가 파이면서 많은 물질이 공중으로 튀어 나간다. 그래서 작은 입자들이 아주 많이 대기 중으로 날아올라 동물들이 숨쉬기 힘들 뿐만 아니라, 태양열과 햇빛을 가림으로써 기후 변화가 일어날 수 있다. 충돌 순간은 잠깐이지만, 대기 중으로 날아오른 먼지가 다시 가라앉기까지는 긴 시간이 걸린다. 바로 이 숨쉬기 힘든 공기와 기후 변화가 공룡의 멸종을 초래한 결정적 원인으로 추정된다.

지구는 역사를 통해 칙술루브 운석보다 작은 물체가 우주에서 날아와 충돌한 사건을 많이 겪었다. 우주에서 날아온 물체가 충돌해 생긴 운석 구덩이는 약 160개가 확인되었다. 달도 그러한 충돌 때문에 생겨났을 가능성이 높다. 이 이론에 따르면, 지구가 완전한 모습을 갖추기 전에 뭔가 큰 물체가 지구와 충돌하면서 지구에서 커다란 조각이 떨어져 나갔는데, 그것이 달이 되었다고 한다.

지구에 남아 있는 운석 구덩이 중 가장 크고 또 가장 오래된 것은 남아프리카공화국에 있는 브레드포트 크레이터이다. 이 운석 구덩이는 지질학자들의 큰 관심을 끌어 유네스코 세계 자연 유산으로 등록되었다. 브레드포트 운석 구덩이는 지름이 약 300km나 되는데, 약 20억 년 전에 생겼다. 미국 애리조나 주 플래그스태프에 있는 미티어 크레이터는 세상에서 가장 보존이 잘 되고 또 방문객이 가장 많은 운석 구덩이 중 하나이다. 크기는 브레드포트 크레이터에 비해 훨씬 작지만, 오히려 이 때문에 이것이 운석 구덩이임을 알아보기가 더 쉬웠다.

미티어 크레이터는 천문학적, 지질학적 중요성 외에도 1960년대에 달에 착륙할 우주 비행사들의 훈련 장소로 사용되었고 1984년에는 영화 〈스타맨Starman〉의 촬영 장소로 사용되었다는 점 때문에 관광객들의 관심을 끈다.

가장 최근에 일어난 극적인 운석 충돌은 1908년에 시베리아의 퉁구스카Tunguska에서 일어난 사건이다. 6월 30일 새벽에 이곳에서 큰 폭발이 일어났는데, 그 위력은 도시 하나를 완전히 파괴할 정도로 컸다. 만약 이 일이 몇 시간 뒤에 일어났더라면, 지구의 자전 때문에 충돌 장소가 바뀌어 상트페테르부르크가 완전히 파괴되었을 것이라고 한다. 그 사건이 일어난 후 며칠 밤 동안 유럽 전역의 밤하늘이 환하게 빛났다. 처음에는 운석 충돌의 결과로 그런 일이 일어났다고 생각했지만, 1927년에 러시아 과학자들이 현장을 찾아 조사해 보았더니 운석 구덩이를 전혀 발견할 수 없었다. 그 후의 조사에서는 아주 많은 운석이 발견되었다. 그래서 현재는 큰 운석이 지표면 부근에서 공중 폭발하면서 그 파편이 사방으로 흩어졌을 것이라고 추정한다. 그리고 유럽 전역의 밤하늘이 환했던 원인은 폭발로 대기 중에 남은 먼지와 큰 파편들의 충돌로 대기 중으로 날아오른 먼지가 빛을 반사했기 때문으로 보인다.

그동안 지구에 충돌한 운석의 수를 감안하면, 충돌 위험이 있는 소행성이나 혜성을 철저히 감시해야 한다는 천문학자들의 주장에 힘을 실어 줄 필요가 있어 보인다. 이미 전 세계 각지에서 많은 연구팀이 이 목적을 위해 일하고 있다. 그래도 천문학자들은 이것만으로는 부족하며, 더 많은 노력을 기울일 필요가 있다고 주장할지 모른다.

우주에서 아주 큰 물체가 날아와 지구에 충돌한다는 생각은 공포를 불러일으키지만, 우리는 우주에서 날아온 작은 물체에 대해서는 큰 호기심을 느낀다. 작은 운석은 훌륭한 수집품이 될 수도 있고, 보석을 만드는 재료가 될 수도 있다. 이 두 가지 다 그 시장이 점점 커지고 있다.

땅에 떨어진 운석을 발견하기는 쉽지 않지만, 유성을 보는 것은 그렇게 어렵지 않다. 그리고 사람들은 유성우나 혜성, 운석 충돌에 대해서는 두려움을 느끼지만, 유성은 행운을 가져다준다고 여긴다. 유성(별똥별)을 보면서 소원을 비는 미신이 언제 어디서 유래했는지는 불확실하지만, '빛나는 별, 밝은 별Star Light, Star Bright'이라는 19세기의 미국 동요에서 유래했을지 모른다는 주장이 있다. 이 동요의 가사로 이 장을 마무리 짓기로 하자.

빛나는 별, 밝은 별
오늘 밤 보는 첫 번째 별
소원을 빌자, 소원을 빌자,
오늘 밤 빈 소원이 이루어지기를.
(Star light, star bright
The first star I see tonight
I wish I may, I wish I might,
Have the wish I wish tonight.)

9

12월, 카시오페이아 왕비

포세이돈은 케페우스 왕과 카시오페이아 왕비를
하늘로 올려 보내 별자리로 만들었는데,
페르세우스자리와 안드로메다자리 옆에 두었다.
카시오페이아 왕비가 자신의 미모를 자랑한 것에 대해
아직 분이 풀리지 않았던지 포세이돈은 카시오페이아자리를 북극성 가까이에
의자를 마련하고 거기에 앉혔는데, 그래서 일 년 중 절반(겨울철)은
카시오페이아는 하늘에서 거꾸로 뒤집힌 채 의자에 앉아 있는 모습으로 보인다.

공주와 용

북반구에서 어두운 밤이 오래 지속되는 12월은 하늘을 관측하기에 아주 좋은 시기이다. 반면에 남반구에서는 북반구의 6월처럼 밤이 짧고 밝아 천체 관측은 대체로 태양으로 만족해야 한다. 이제 북반구의 12월 하늘에서 찬란하게 빛나는 북극성 주변의 별자리들에 초점을 맞춰 살펴보기로 하자.

먼 옛날, 페니키아(훗날의 팔레스타인)의 야파(요파라고도 함)라는 도시에 케페우스 왕과 카시오페이아 왕비가 살았다. 그리고 22명의 자식 중에 아에로파와 안드로메다라는 두 딸이 있었다. 안드로메다는 특히 아름다운 것으로 유명했다. 어느 날, 카시오페이아 왕비는 자신과 안드로메다 공주의 아름다움을 자랑했는데, 심지어 바다의 요정인 네레이드(네레이데스라고도 하며, 네레우스와 도리스 사이에서 태어난 50명 혹은 100명의 딸들을 말한다. 모두 미모가 뛰어났으며 미래를 예언하는 능력이 있었다. 바다의 신 포세이돈과 그의 아들 트리톤과 함께 다니면서 바다를 항해하는 선원들을 도와준다고 한다.)보다 더 아름답다고 자랑했다. 이 말을 엿듣고 화가 난 네레이드는 포세이돈에게 고해 바쳤고, 포세이돈은 홍수를 일으키고 거대한 바다 괴물을 보내 페니키아를 공격하게 했다. 위기를 맞이한 케페우스 왕이 아몬 신에게 신탁을 구하자, 페니키아를 구하는 길은 안드로메다 공주를 바다 괴물에게 바치는 것밖에 없다는 답을 얻는다. 그래서 안드로메다 공주를 바위에 사슬로 묶어 제물로 바치는데, 그때 페르세우스가 날개 달린 말 페가수스를 타고 날아온다. 헤라클레스와 마찬가지로 페르세우스도 제우스의 사생아로, 반신반인의 영웅이었다. 페르세우스는 폴리데크테스 왕(페르세우스의 어머니를 사랑하여 페르세우스를 성가시게 여긴)이 내린 과제를 해결하고 막 돌아오던 길이었다. 그 과제는 바로 메두사를 처치하는 것이었다. 페르세우스는 쳐다보는 사람을 모두 돌로 변하게 만드는 메두사의 머리를 들고 왔을 뿐만 아니라, 메두사의 목에서 흐른 피로 만들어진 페가수스를 타고 날아왔다.

메두사의 머리를 손에 들고 페니키아 해안을 날아가던 페르세우스는 바위에 묶여 있는 안드로메다 공주를 보고는 한눈에 반했다. 그래서 공주와 결혼하게 해 주면, 바다 괴물 케투스를 죽이고 안드로메다 공주를 구해 주겠다고 제안했다. 케페우스 왕과 카시오페이아 왕비는 이에 동의했지만, 케투스가 돌로 변하고 안드로메다가 무사히 구출되자 마음이 바뀌었다. 그들은 사람들에게 결혼식을 망치고 신랑을 죽이도록 지시했다. 하지만 페르세우스가 메두사의 머리를 꺼내자 사람들은 모두 돌로 변했고, 페르세우스와 안드로메다는 행복하게 잘 살았다.

포세이돈은 케페우스 왕과 카시오페이아 왕비를 하늘로 올려 보내 별자리로 만들었는데, 페르세우스자리와 안드로메다자리 옆에 두었다. 카시오페이아 왕비가 자신의 미모를 자랑한 것에 대해 아직 분이 풀리지 않았던지 포세이돈은 카시오페이아자리를 북극성 가까이에 의자를 마련하고 거기에 앉혔는데, 그래서 일 년 중 절반(겨울철)은 카시오페이아는 하늘에서 거꾸로 뒤집힌 채 의자에 앉아 있는 모습으로 보인다. 카시오페이아자리는 북극성에 가까이 있는 별들(주극성)로 이

카시오페이아자리(베비스 아틀라스 이미지(Bevis Atlas images), Manchester Astronomical Society(UK)(www.manastro.org) 제공)

루어져 있으며, 북반구 하늘에서 늘 보이지만, 북극성 주위를 돎에 따라 앉아 있는 모습이 바로 되었다가 뒤집어졌다가 하며 계속 변한다. 한편, 약간 희미한 별들로 이루어진 케페우스자리는 별로 눈에 띄지 않게 그 옆에 서 있다. 안드로메다는 아버지의 저주를 받아 영원히 바위에 묶인 모습으로 남아 있고, 그녀를 구한 페르세우스는 페가수스를 타고 메두사의 머리를 든 모습으로 그 곁에 있다.

신화 속의 인물 찾기

카시오페이아자리는 'W'자 모양의 밝은 별자리로, 북극성에서 가장 가까운 은하수 지역에 있다. 카시오페이아자리 옆에는 케페우스자리와 용자리가 북극성 주위를 도는 원을 그리며 서 있다. 용자리는 원형으로 죽 뻗어 북극성 건너편에서 큰곰자리와 만난다. 한 바퀴 빙 돌아 카시오페이아자리로 다시 돌아오면, 북극성에서 바깥쪽으로 조금 더 벗어난 곳에서 안드로메다자리(남쪽으로 황도 쪽을 바라보라)를 볼 수 있다. 그 발치에 페르세우스자리가 있는데, 마차부자리와 아주 밝은 별 카펠라 바로 앞쪽에서 은하수에 그 몸을 걸치고 있다. 안드로메다자리의 머리 옆에는 페가수스자리가 있다. 고래자리(포세이돈이 보낸 바다 괴물)는 황도 하늘에서 상당히 넓은 지역을 차지하고 있다.

이 신화는 눈에 선명하게 보이는 이 별자리들을 모두 연결하는 것 외에도 고대 그리스의 별자리 역사에 대해 중요한 단서를 제공한다. 그리스 신화 중 많은 이야기가 별자리에서 시작되었다는 사실은 일반적인 상식이다. 하지만 고대 그리스인이 아무것도 없는 상태에서 이 모든 것을 만들어 낸 것은 아니다. 많은 것과 마찬가지로 그 기원은 중동에서 찾을 수 있다.

오늘날 사용되는 별자리들이 유럽의 천문학 전통에서 유래했다거나 초기의 별자리들을 고대 그리스인이 만들었다고 흔히 말하지만, 이것은 정확한 이야기가 아니다. 오늘날 우리가 사용하는 별자리와 별 이름은 적어도 수백 년 동안 유럽과 중동 아시아를 넘나든 천문학자들과 천체 관측자들의 활동과 사상의 산물이다.

메소포타미아에서 만들어진 별자리

19세기까지만 해도 유럽인은 고대 그리스의 별자리들을 그리스인이 만들었다고 믿었다. 하지만 시간이 지나면서 메소포타미아, 특히 수메르와 바빌론 지역에서 발견된 고고학적 증거와 자료가 해독되자, 새로운 사실이 드러났다. 황도대의 별자리들은 메소포타미아에서 기원한 게 틀림없으며, 시간의 검증을 견디고 살아남은 별자리 중 최소한 20개도 그렇다.

흔히 고대 그리스인이 만든 것으로 간주되는 별자리들은 로마의 지배하에 있던 이집트에서 활동하던 그리스 수학자이자 천문학자인 클라우디오스 프톨레마이오스가 150년 무렵에 집대성한 것이다. 프톨레마이오스는 《알마게스트*Almagest*》란 책에서 황도 12궁을 포함해 모두 48개의 별자리를 기술했다. 황도 12궁을 언급한 기록 중 가장 오래된 것은 기원전 400년 무렵에 바빌론에서 작성한 것이기 때문에(그림으로 기술한 것은 이보다 더 앞서지만), 이 열두 별자리는 바빌론에서 기원한 것으로 보인다. 이것은 수천 년의 세월에 걸쳐 태양과 달과 행성들의 경로를 점점 더 자세히 조사하면서 점진적으로 만들어졌다.

고대 그리스인은 이렇게 만들어진 황도 12궁을 그대로 갖다 썼을 뿐이며, 이것들을 함께 묶어 그 모양들과 서로간의 관계를 설명하는 신화를 만들어 냈다. 나중에 이슬람 천문학자들은 이 별자리들을 갖다 쓰면서 하늘에 관한 베두인족의 이야기와 결합시켰다. 이러한 결합 과정을 통해 우리가 아는 대부분의 별 이름뿐만 아니라, 이 별들이 실제로 어디에 있는지 기술하는 이야기가 만들어졌다.

베들레헴의 별은 무엇이었을까?

주요 종교 중에서 이슬람교만큼 천문학과 깊은 관련이 있는 종교도 없다. 천문학은 기도 시간과 라마단의 주요 날짜와 시간을 알아내는 데 필요할 뿐만 아니라, 모든 이슬람교도는 알라가 창조한 우주를 잘 이해하도록 노력해야 할 의무가 있다. 이슬람 세계에서 천문학이 크게 발전한 것은 아마도 이 때문일 것이다.

지난 12월에 나는 한 라디오 방송에서 인터뷰를 하다가 베들레헴의 별에 대한 질문을 받았다. 매년 이맘때쯤이면 언론에서 이 별에 관심을 보인다. 흥미롭게도, 예수는 다른 종교들에도 나오지만, 베들레헴의 별은 오직 기독교와 예수 탄생 이야기하고만 관련이 있는 것으로 보인다. 성경에는 베들레헴의 별이 세 동방박사를 예수가 태어난 장소로 안내했다고 나온다. 유대교는 예수의 탄생이나 그것과 관련된 별은 말할 것도 없고 예수 자체에 대해서도 별다른 언급이 없다. 유대교는 예수를 역사적으로 존재한 유대인일 뿐이며, 사람들이 잘못 해석하여 그를 하느님의 아들로 오인했다고 본다. 이슬람교에서는 예수를 조금 더 중요한 인물로 보지만, 주요 경전인 《코란》과 《하디트》(이슬람교에서 마호메트의 언행을 수록한 것으로, 코란 해석의 1차 자료이며 코란 다음으로 권위 있는 책)는 예수의 탄생 이야기가 성경과는 다르게 나오며, 베들레헴의 별 같은 것은 나오지 않는다.

성경에서도 베들레헴의 별은 아주 짧게 언급될 뿐이다. 《신약성경》

중 〈마태오 복음서〉 2장 1~11절에는 이렇게 나온다.

> 예수님께서는 헤로데 임금 때에 유다 베들레헴에서 태어나셨다. 그러자 동방에서 박사들이 예루살렘에 와서 "유다인들의 임금으로 태어나신 분이 어디 계십니까? 우리는 동방에서 그분의 별을 보고 그분께 경배하러 왔습니다." 하고 말하였다. 이 말을 듣고 헤로데 임금을 비롯하여 온 예루살렘이 깜짝 놀랐다. ……[중략]……그때에 헤로데는 박사들을 몰래 불러 별이 나타난 시간을 정확히 알아내고서는, 그들을 베들레헴으로 보내면서……[중략]……그들은 임금의 말을 듣고 길을 떠났다. 그러자 동방에서 본 별이 그들을 앞서 가다가, 아기가 있는 곳 위에 이르러 멈추었다. 그들은 그 별을 보고 더없이 기뻐하였다. 그리고 그 집에 들어가 어머니 마리아와 함께 있는 아기를 보고 땅에 엎드려 경배하였다.

이 글로부터 베들레헴의 별이 밤중의 특정 시간에 뜨는 중요한 별임을 알 수 있다. 이것은 수백 년 동안 천문학자들의 호기심을 자극했다. 그들이 보인 관심 중 일부는 이 이야기의 모든 부분을 이해하고 싶은 욕구에서 나왔지만, 어떤 역사적 사건이 일어난 시기를 정확히 알아내는 데 천문학이 중요한 역할을 할 수 있다는 자부심도 한몫을 했다. 기독교는 예수가 서기 1년에 태어났다고 가정하지만, 오늘날 예수가 실제로 그때 태어났다고 받아들이는 사람은 거의 없다. 대신에 알려진 사건들을 바탕으로 예수가 태어난 때를 정확하게 알아내려는 시도들이 있었다. 예를 들면, 예수에 대한 예언을 두려워해 두 살 이하의 사내아이를 모조리 죽인 헤로데 왕은 월식 직후에 죽었다고 전한다. 월식은 비교적 쉽게 예측할 수 있기 때문에, 과거에 일어난 시기도 쉽게 계산할 수 있다. 헤로데 왕이 죽을 때 일어난 월식으로 가장 유력한 날짜는 기원전 4년 3월 30일인데, 그렇다면 예수는 그것보다 약 2년 전에 태어났다는 이야기가 된다. 이것은 대략적인 시간의 틀을 제공한다. 하지만 만약 베들레헴의 별이 무엇인지 확인할 수 있다면, 그 날짜를 훨씬 정확하게 알아낼 수 있을 것이다.

금성과 목성의 합

베들레헴의 별 후보 중에는 중국과 한국 천문학자들이 기원전 5년에 관측한 초신성(평소에 보이지 않다가 갑자기 예외적으로 밝게 빛나는 별로 나타났을)과 기원전 12년에 나타나 맨눈으로도 충분히 보였을 핼리 혜성이 있다. 하지만 혜성 가설에 대해서는 강한 반론이 있는데, 혜성은 대개 불길한 징조로 여겨졌다는 게 그것이다. 그러니 혜성은 〈마태오 복음서〉에 나오는 것과 같은 분위기를 연출했을 리가 없다. 기원전 4년과 5년에 맨눈으로 볼 수 있을 만큼 밝은 빛을 내며 나타난 다른 혜성들도 같은 이유로 후보에서 탈락했다. 중국과 한국의 천문학자들이 관측한 초신성은 염소자리에서 나타났고, 기원전 5년 3월과 4월에 맨눈으로 볼 수 있었다. 이것은 예수가 12월에 태어났다는 사실과 일치하지 않지만, 예수 탄생에 얽힌 다른 특징들하고는 잘 들어맞는다. 예컨대, 그 소식을 들었을 때 양치기들은 양을 몰고 들판에 나가 있었다.(이것은 한겨울보다는 봄철에 일어날 가능성이 더 많은 사건이다.)

또 한 가지 해석은 그 별이 점성술적으로 의미가 있을 만큼 그렇게 밝지 않았다는 것이다. 세 동방박사는 조로아스터교 사제인 마기Magi로 묘사될 때가 많은데, 마기는 마법과 관련이 있으며, 필요하다면 점성술과 관련이 있다고도 볼 수 있다. 점성술적 설명은 왜 이 세 사람이 하늘에서 징조를 찾았는지, 그리고 그 별을 발견했을 때 그것을 해석하는 방법을 어떻게 알고 있었는지 설명하는 데 도움을 준다. 행성들의 다양한 합合(두 행성이 하늘에서 서로 아주 가까이 붙어 있는 것처럼 보이는 상태)도 점성술에서 유력한 징조로 제안되었지만, 개인적으로 가장 그럴듯하다고 생각하는 것은 기원전 2년 6월 17일에 사자자리에서 일어난 금성과 목성의 합이다. 여기에는 성경에서 예수가 자신과 동일시했다고 하는 샛별인 금성이 등장한다. 행성의 밝기는 공전 궤도상의 위치와 지구와 태양과의 거리에 따라 달라진다. 금성과 목성이 사자자리에서 합이 일어난 그때, 금성은 하늘에서 실시 등급이 −4.3등급 정도로 아주 밝게 빛났을 것이다. 행성들의 왕(이 사실도 의미가 있다.)인 목성도 −1.8등급으로 아주 밝았다. 행성은 스스로 빛을 내지 않고 햇빛을 반사해 빛나기 때문에, 그 밝기는 타원 궤도상의 위치에 따라 달라진다. 모든 것을 종합할 때, 금성과 목성은 평소보다 훨씬 밝게 보였을 것이다. 이 합이 사자자리에서 일어났다는 사실도 중요한데, 이 별자리는 목성과 함께 왕을 상징하기 때문이다. 따라서 모든 것이 딱 맞아떨어지는 것처럼 보인다. 유일한 문제는 이 날짜가 헤로데 왕이 생존한 시기와 그가 겪은 월식과 일치하지 않는다는 점이다.

겨울 축제

베들레헴의 별로 유력한 후보 둘은 모두 시기가 크리스마스와 맞지 않지만, 12월 25일이 예수의 실제 생일로 간주된 적은 전혀 없었다. 크리스마스는 사실은 그 이전부터 있었던 겨울 축제를 빌려 온 것이다. 대부분의 문화에는 일종의 겨울 축제가 있는데, 동지 무렵에 벌어질 때가 많다. 동지는 북반구에서는 12월 21일경에 찾아온다. 로마인은 빛의 신인 미트라를 기념하는 축제를 12월 25일에 벌였는데, 기독교가 나중에 이 축제를 빌려 와 크리스마스로 만든 것으로 보인다. 기독교가 널리 퍼져 나가면서 곧 크리스마스가 이교도의 축제인 율Yule(기독교로 개종하기 전에 북유럽에서 기념하던 동지 축제일)을 비롯해 다른 겨울 축제들을 대체하기 시작했다. 예수 탄생 이야기와 아무 상관 없는 크리스마스 전통(예컨대 크리스마스 트리와 산타클로스)이 많이 있는 이유는 이 때문이다.

북반구에서 기념하는 겨울 축제는 크리스마스뿐만이 아니다. 유대교에서 기념하는 빛의 축제인 하누카Hanukkah는 기독교 달력에서는 해마다 변하지만 유대교 달력에서는 고정된 날짜에 시작해 8일간 계속된다. 유대교 달력은 태음태양력을 쓰는데, 이것은 달과 태양의 움직임을 모두 고려해 만든 달력이다. 대략적으로 설명하면, 한 달의 길이는 달이 지구 주위의 궤도를 도는 시간이나 달의 위상 변화 주기를 바탕으로 하는 반면, 일 년의 길이는 지구가 태양 주위를 한 바퀴 도는 시간을 바탕으로 한다. 어쨌든 하누카는 늘 동지 무렵에 찾아온다. 힌두교, 시크교, 자이나교, 일부 불교가 기념하는 빛의 축제인 디왈리는 매년 10월과 11월 무렵에 찾아온다. 디왈리 축제는 며칠 동안 이어지는데, 그 날짜는 달의 위치로 정해진다. 구체적으로는 달과 태양의 움직임을 모두 고려해 만든 인도와 벵골 달력에서 카르티카 달에 신월이 시작되는 날에 시작한다.

이슬람교에는 겨울 축제에 해당하는 것이 없지만, 라마단과 그 끝을 알리는 축일인 이드가 시작되는 날은 모두 천문학적으로 결정된다. 둘 다 디왈리와 마찬가지로 특정 달에 신월이 처음 보이는 날이 그 시작을 알린다. 하지만 이슬람교 공동체 내에서는 '처음 보이는 날'의 의미를 놓고 의견 차이가 있다. 이런 이유 때문에 이슬람교는 천문학을 중시하지 않을 수 없었다. 라마단은 신월이 나타나는 정확한 날짜(이것은 아주 정확하게 계산할 수 있다.)로 정해지는 게 아니라, 초승달이 처음 보이는 날로 정해진다. 매년 라마단 시기가 다가오면, 그리니치 천문대에서 일하는 우리는 전국의 이슬람교도들로부터 정확한 일출과 일몰 시간을 묻는 전화를 받느라 바쁘다. 일출과 일몰 시간에 따라 매일 단식을 시작하고 끝내는 시간이 결정되기 때문이다. 전에 논란이 되었고 지금도 논란이 되는 질문들이 있는데, 하나는 라마단이 전 세계의 어디서건 초승달이 처음 보이는 때부터 시작되는가, 아니면 각 나라에서 초승달을 처음 보는 때부터 시작되는가 하는 것이고, 또 하나는 이슬람교도는 각자 초승달을 직접 보아야 하는가 하는 것이다. 이런 질문들은 우리와 우리의 소프트웨어에 왜 그토록 많은 문의가 빗발치는지 설명해 준다. 우리는 그들을 위해 새 초승달이 맨눈으로 볼 수 있을 만큼 폭이 충분히 넓어지는 시간을 계산해 줄 수 있다. 또, 그 시간에 어느 나라가 밤이 되어 새 초승달을 볼 수 있는지도 알려 줄 수 있다. 단 한 번의 목격만으로 전 세계에 라마단의 시작을 알리기에 충분하다면, 어느 날 밤에 메카에서 초승달이 보이는 순간으로 라마단의 시작을 결정할 수 있다. 혹은 어떤 장소에서 그날 밤에 초승달이 보일지 보이지 않을지(물론 날씨가 좋을 경우에. 그것까지는 우리도 예측할 수 없지만) 계산할 수 있다.

라마단과 이드는 가끔은 겨울에 찾아올 때도 있고, 가끔은 여름에 찾아올 때도 있다. 이것은 이슬람력이 계절 변화와 일치시키는 태양력의 요소가 전혀 없이 달의 움직임만을 바탕으로 만든 순수한 태음력이기 때문이다. 이 때문에 이슬람력은 주로 종교적 목적으로만 쓰이고, 농사와 다른 계절적 활동을 위해 별도의 달력을 함께 쓰는 경우가 많다. 그렇다 하더라도 이슬람력은 어디까지나 천문학을 바탕으로 만든 달력이다.

안드로메다은하

겨울철 별자리에는 흥미로운 천체가 많다. 그중에서 가장 유명한 것은 아마도 안드로메다은하일 것이다. 알 수피가 '작은 구름'이라고 묘사했고, 혜성이 아니면서 흐릿한 천체들을 모아 놓은 메시에 목록에 31번 또는 M31로 올라 있는 안드로메다은하는 맨눈으로 볼 수 있는 세 은하 중 하나이다.(나머지 두 은하는 대마젤란은하와 소마젤란은하이다. 우리은하까지 포함한다면 맨눈으로 볼 수 있는 은하는 모두 4개이지만, 우리가 볼 때 우리은하는 다른 은하들과 비슷한 모양으로 보이지 않는

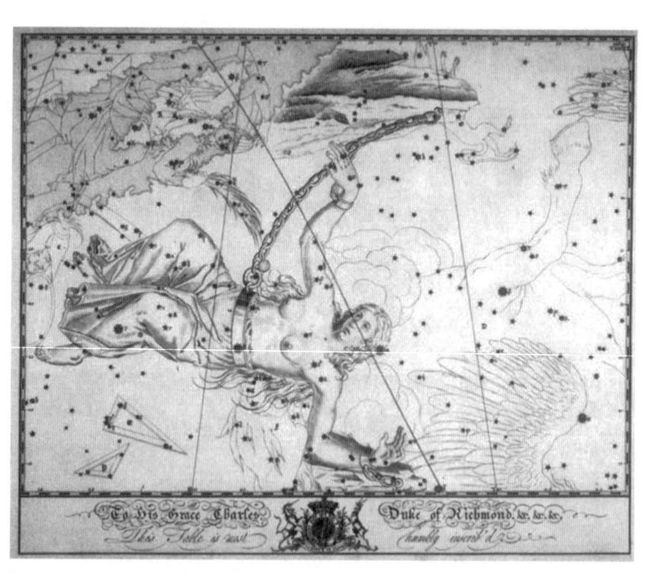

안드로메다은하(베비스 아틀라스 이미지(Bevis Atlas images), Manchester Astronomical Society(UK)(www.manastro.org) 제공)

데, 우리가 우리은하 안에 있기 때문이다.) 안드로메다은하는 실시 등급이 약 4.5등급이고, 안드로메다자리의 몸통에 해당하는 곳 바로 오른쪽에서 볼 수 있다. 베비스의 성도에 묘사된 안드로메다자리 그림은 옷을 반쯤 걸치고 두 바위 사이에 사슬로 묶여 있는 아름다운 안드로메다 공주의 모습을 보여 준다. 베비스가 성도를 만들 무렵에는 안드로메다은하가 알려져 있지 않았지만, 어두운 색의 원이 안드로메다 공주의 몸 오른쪽에 있는 사슬과 겹치는 부분에 위치한다.

우리는 6장에서 우리은하와 안드로메다은하가 어떤 관계가 있는지 잠깐 살펴본 적이 있다. 거기서 안드로메다은하는 우리은하와 함께 같은 국부 은하군에 속하며, 또 같은 처녀자리 초은하단에 속한다고 말했다. 이제 때가 되었으니 여기서 안드로메다은하를 좀 더 자세히 살펴보기로 하자. 안드로메다은하는 비교적 큰 은하로, 국부 은하군 안에서도 가장 큰 은하이다. 그 안에 포함된 별은 약 1조 개나 되는 것으로 추정된다. 안드로메다은하는 나선 은하이며, 초속 약 3000km로 우리은하 쪽으로 다가오고 있다. 한편, 우리은하 역시 안드로메다은하를 향해 달려가고 있기 때문에, 약 25억 년 뒤에 두 은하는 충돌할 것으로 예상된다. 만약 그런 일이 일어난다면, 두 은하는 합쳐져 거대한 타원 은하가 될 것이다.

1887년에 아마추어 천문학자인 아이작 로버츠Isaac Roberts는 개인 천문대에서 안드로메다은하 사진을 찍었다. 그 당시만 해도 우주에 존재하는 은하는 우리은하 하나뿐이고, 우리은하가 우주 전체라고 생각했기 때문에, 로버츠는 그 천체를 태양계와 행성들이 태어나고 있는 나선 모양의 성운이라고 해석했다.

안드로메다은하(Robert Gendler 제공)

1923년, 에드윈 허블은 M31 성운에서 세페이드 변광성(케페우스형 변광성이라고도 함)을 발견했다. 이 발견은 또 다른 발견을 낳았는데, M31로 알려진 흐릿한 천체가 사실은 성운이 아니고 또 다른 은하로 밝혀진 것이다! 이렇게 안드로메다은하라는 새로운 은하가 등장하자, 우주에 대한 우리의 개념이 완전히 바뀌게 되었다. 우리은하는 더 이상 유일한 은하도 아니었고, 전체 우주도 아니었다. 우리는 그것보다 훨씬 더 큰 우주와 마주치게 되었다. 허블의 발견은 우리에게 처음으로 우주가 얼마나 큰지 깨닫게 해 주었다.

세페이드 변광성

세페이드 변광성과 그것이 먼 천체의 거리를 알아내는 데 차지하는 중요성은 1923년 당시만 해도 아주 새로운 발견이었다. 맨 처음 발견된 세페이드 변광성은 고래자리 델타별이었는데, 1784년에 천문학자 존 구드릭이 발견했다. 여러 종류의 변광성 중에서도 세페이드 변광성이 특별한 이유는 변광 주기와 절대 광도(즉, 실제 밝기) 사이에 밀접한 관계가 있기 때문이다. 3일을 주기로 밝기가 변하는 세페이드 변광성은 태양보다 약 800배 밝다. 그리고 변광 주기가 30일인 세페이드 변광성은 태양보다 약 1만 배 밝다. 따라서 변광 주기를 알아낸다면(이것은 오랫동안 열심히 관측하면 알 수 있음), 실제 밝기를 계산할 수 있다. 실제 밝기를 알아내면, 지구에서 보이는 겉보기 밝기(실시 등급)와 비교함으로써 그 별이 얼마나 먼 곳에 있는지 계산할 수 있다. 변광 주기와 절대 광도 사이의 관계는 미국 천문학자 헨리에타 스완 레빗Henrietta Swan Leavitt이 1912년에 알아냈다. 이 관계는 세페이드 변광성에서만 성립하는 게 아니라, 그것과 관계가 있는 어떤 별에서도, 예컨대 같은 성단이나 허블이 발견한 것처럼 같은 은하 안에 있는 별에서도 성립한다. 레빗은 하버드대학교 천문대에서 '피커링의 여자' 혹은 못마땅하게 여긴 일부 천문학자의 표현으로는 '피커링의 하렘' 중 한 명으로 일했다. 그리니치 천문대에서 일한 애니 몬더처럼 레빗도 19세기 후반에 하버드대학교 천문대장이던 에드워드 찰스 피커링Edward Charles Pickering이 여성을 시험적으로 써 보려고 세운 계획 덕분에 천문대에 들어왔다. 레빗이 맡은 일은 천문대에서 촬영한 사진들을 분류하고, 사진 건판에 나타난 별들의 밝기를 측정해 목록으로 작성하는 것이었으며, 남성 동료보다 절반의 급료만 받고 일했다. 이 일을 하면서 레빗은 많은 것을 배우고 새로운 변광성을 많이 발견했다. 레빗은 맡은 일만 하는 데 그치지 않고 열심히 연구해 마침내 세페이드 변광성의 변광 주기와 절대 광도 사이에 성립하는 관계를 발견했다. 나중에 허블은 레빗이 알아낸 이 관계를 이용해 안드로메다은하를 비롯해 다른 은하들까지의 거리를 계산했다.

최초의 세페이드 변광성(고래자리 델타별)을 발견한 존 구드릭에 관한 이야기는 이미 앞에서 다룬 바 있다. 그가 주로 연구한 대상은 변광성이었는데, 고래자리 델타별 외에도 안드로메다 이야기에 등장하는 다른 별자리에서 또 다른 변광성을 발견했다. 그것은 페르세우스

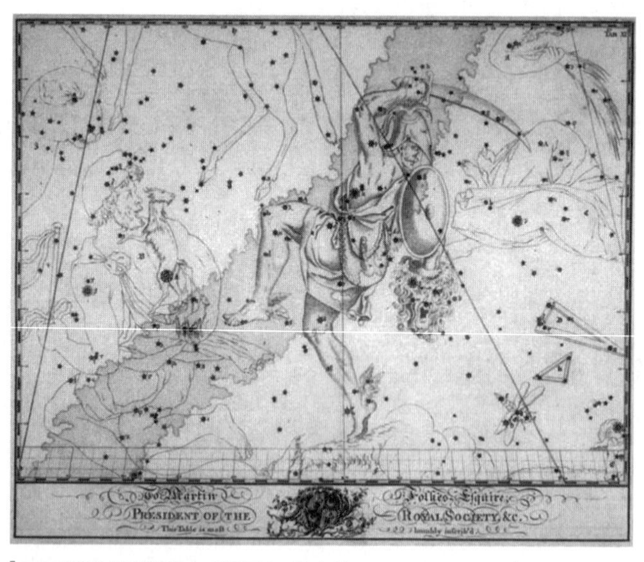

페르세우스자리(베비스 아틀라스 이미지(Bevis Atlas images), Manchester Astronomical Society(UK)(www.manastro.org) 제공)

자리의 알골이라는 식변광성이었다. 알골은 '악마'란 뜻의 아랍어에서 유래한 이름이다. 알골은 페르세우스가 손에 들고 있는 메두사의 머리에 위치하고 있기 때문에 이런 이름이 붙었다.

알골은 페르세우스자리에서 두 번째로 밝은 별로, 실시 등급은 2등급 정도인데, 대략 3일에 한 번씩 급작스럽게 약 3.5등급으로 어두워진다. 이 현상을 처음으로 제대로 설명한 사람은 구드릭이지만, 이 별의 밝기가 변한다는 사실은 오래 전부터 알려져 알골은 '윙크하는 악마'라는 별명을 지니고 있었다. 기억하고 있겠지만, 구드릭은 식쌍성은 서로의 주위를 도는 두 별에서 한 별이 다른 별을 가리기 때문에 밝기가 변한다고 설명했다. 둘 중 더 희미한 별인 페르세우스자리 베타별 B는 더 밝은 별인 페르세우스자리 베타별 A 주위를 돌고 있다. 3일(더 정확하게는 2시간 21시간)마다 한 번씩 페르세우스자리 베타별 B는 페르세우스자리 베타별 A를 가려 알골의 전체 밝기가 더 어두워진다.

티코의 초신성

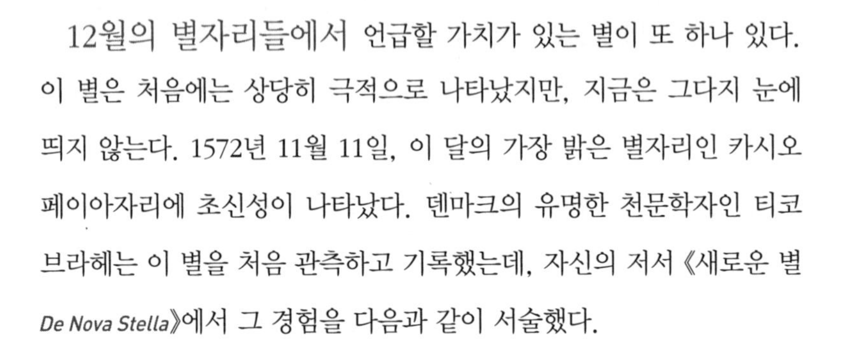

12월의 별자리들에서 언급할 가치가 있는 별이 또 하나 있다. 이 별은 처음에는 상당히 극적으로 나타났지만, 지금은 그다지 눈에 띄지 않는다. 1572년 11월 11일, 이 달의 가장 밝은 별자리인 카시오페이아자리에 초신성이 나타났다. 덴마크의 유명한 천문학자인 티코 브라헤는 이 별을 처음 관측하고 기록했는데, 자신의 저서 《새로운 별 *De Nova Stella*》에서 그 경험을 다음과 같이 서술했다.

> 11월 11일, 해가 지고 나서 사방이 점점 어두워져 갈 때 나는 맑은 하늘의 별들을 바라보고 있었다. 그때, 바로 내 머리 위에서 새롭고 특이한 별이 다른 별들을 압도하며 밝게 빛나는 걸 발견했다. 나는 어린 시절부터 하늘의 별들을 다 꿰고 있었으므로, 하늘의 그 장소에 이 별처럼 눈길을 끄는 밝은 별은 말할 것도 없고 아주 작은 별조차 있었던 적이 없었다는 사실을 명백하게 알고 있었다. 나는 그것을 보고 너무나도 놀라서 내 눈을 의심했다. 하지만 다른 사람들에게 그 장소를 알려 주고 보게 했을 때 그들 눈에도 역시 그 별이 보인다는 사실을 확인하고 나자, 더 이상 의심할 여지가 없었다. 그것은 실로 기적과도 같은 일이었다. 이 시대 이전, 곧 세상이 생겨난 이래 어떤 시대에도 나타난 적이 없는 별이 나타난 것이다!

중국인은 이와 같은 밤하늘의 사건을 수천 년 전부터 기록해 왔지만, 유럽의 천문학자들에게는 이와 같은 사건은 아주 새로운 것이었다. 그것은 유럽인이 목격한 최초의 초신성이었다.

하늘에 새로 나타난 별

티코 브라헤는 천문학사에서 보기 드문 기인이었다. 그는 젊은 시절에 친구와 수학적 논쟁을 하다가 벌인 결투로 코가 잘려 나가고 나서 금속 코를 달고 다녔다. 또, 말코손바닥사슴을 애완용으로 키웠는데, 어느 날 말코손바닥사슴은 맥주에 취해 계단에서 굴러 떨어져 죽고 말았다.(왜 말코손바닥사슴이 집 안에 있었는지 그 이유는 확실치 않다.) 하지만 브라헤가 천문학사에 이름을 남긴 이유는 바로 천문학에 남긴 업적 때문이다. 그는 망원경도 없이 당시에 세계에서 가장 정확한 성도를 만들었는데, 15세기 중엽에 만들어진 울루그 베그의 성도보다 훨씬 나은 것이었다. 귀족의 아들로 태어난 브라헤는 최고의 가정 교사들에게서 교육을 받았고, 연구를 하면서 돈 때문에 불편을 겪은 적은 없었다. 그리고 초신성을 발견하고 나서는 덴마크와 노르웨이의 왕이던 프레데리크 2세Frederik II의 후원까지 받았다. 프레데리크 2세는 재정적 지원을 하는 데 그치지 않고, 섬 하나를 통째로 하사했는데, 브라헤는 그곳에 천문대를 2개나 세웠다. 프레데리크 2세가 죽고 그 뒤에 즉위한 왕이 브라헤에게 그다지 호의적이지 않자, 브라헤는 신성로마제국 황제인 루돌프 2세Rudolf II를 새로운 후원자로 삼았다. 이를 위해 브라헤는 황제의 천궁도를 만들어 앞날을 예언해 주었다.

초신성 발견은 브라헤의 경력에 큰 도움이 되었다. '새로운 별'의 발견이 큰 주목을 받은 이유는 그 당시 사람들은 고대 그리스의 아리스토텔레스Aristoteles 이후부터 내려온 우주관을 믿었기 때문이다. 이 우주관은 하늘의 세계는 영원히 변하지 않는다고 주장했다. 아리스토텔레스와 기독교 교회(아리스토텔레스의 모형을 그대로 받아들여 거기에 하느님과 천국의 자리를 집어넣은)는 오직 지상 세계의 사물만 변한다고 주장했다. 지구 대기권 밖에는 고정된 별과 하느님과 천국이 있으며, 이 모든 것은 완전한 존재들이어서 영원히 변치 않는다고 믿었다. 그래서 옛날의 유럽 천문학자들은 하늘에서 혜성과 유성을 발견하고는, 이것들이 지구 대기권 안에서 일어나는 현상이며, 따라서 천문학보다는 기상학의 영역에 속한다고 믿었다. 그들의 하늘의 별들에서는 어떤 변화도 보지 못했으며, 설사 보았다 하더라도 뭔가 그럴듯한 설명을 지어냈을 것이다.

그래서 브라헤는 초신성을 처음 보았을 때, 자신의 상상이 만들어낸 허상이 아닐까 생각했다. 그 다음에는 그뿐만 아니라 다른 사람들도 그것이 별이 아니라, 지구 대기권 안에서 일어난 현상일 거라고 생각했다. 하지만 좀 더 정밀한 관측을 한 뒤에 브라헤는 그 별은 달보다 더 먼 곳에, 따라서 분명히 지구 바깥에 있음을 입증했다. 그는 '시차視差'를 이용해 이것을 입증했다. 다음과 같은 실험을 직접 해 보면 시차가 무엇인지 쉽게 이해할 수 있다. 눈앞에 손가락을 하나 세운 뒤, 한쪽 눈을 감고서 손가락을 보라. 다음에는 반대쪽 눈을 감고서 같은 손가락을 보라. 그러면 손가락은 배경 앞에서 좌우로 이동한 것처럼 보인다. 만약 손가락 대신에 좀 멀리 있는 물체를 표적으로 삼아 똑같이 해 보면, 그 물체가 배경 앞에서 이동하는 거리는 아주 작게 나타날 것이다. 그리고 아주 멀리 있는 물체를 표적으로 삼으면, 그 물체는 전혀 움직이지 않는 것처럼 보인다. 브라헤는 새로 나타난 별을 서로 다른 두 장소에서 관측하면서 그 뒤에 있는 별들을 배경으로 그 위치에 아무 변화가 없다는 사실을 발견하고서, 새로운 별은 지구 대기권 밖에 있는 게 분명하다는 사실을 알아냈다.

오늘날 SN 1572로 알려진 이 초신성은 지금도 천문학자들에게 큰 관심의 대상이다. 다만, 처음 발견된 지 불과 2년 뒤인 1574년부터 밝기가 크게 어두워져 일반 천체 관측자가 맨눈으로 보기는 어렵다. 이 초신성 잔해는 1960년대에 캘리포니아 주 팔로마 산 천문대에서 천문학자들이 초대형 망원경을 사용해 발견했다. 그리고 나중에는 인공위성 ROSAT에서도 사진을 찍었다. 또한, 제2차 세계 대전 때 군사용으로 쓰던 레이더를 발전시킨 전파 망원경으로도 그 모습을 촬영하는 데 성공했다. 이 모든 증거는 이 별이 백색 왜성이 폭발해 생긴 1a형 초신성이었음을 시사한다. 잘 알다시피, 백색 왜성은 중간 크기의 별이 바깥층이 우주 공간으로 빠져 나간 뒤에 남은 중심부에서 생긴다. 가끔 이 중심부가 근처에 있는 별에서 물질을 빨아들여 질량이 더 커질 수 있다. 이 여분의 질량 때문에 백색 왜성은 온도가 크게 높아지고, 심지어는 폭발할 수 있다. 이런 일이 일어날 때, 이 별은 밤하늘에서 마치 새로운 별이 나타난 것처럼 밝게 빛나는 초신성이 된다. 초신성은 별은 완전하고 불변의 존재라는 우리의 오랜 고정 관념을 허물어뜨렸다.

10

1월, 차와 별

허셜 부부가 주최한 '차와 별' 저녁에 초대받는 사람은
선택된 극소수에 불과했다. 이들은 대부분 천문학자가 아니었다.
이들은 유명한 천문학자를 만나 함께
즐거운 저녁 시간을 보내고 덤으로 별도 약간 보았다.
오늘날에는 전 세계 각지에서 아마추어 천문학 동호회들이
밤하늘의 별을 보는 행사를 개최하고, 많은 사람이 참석한다.

북쪽왕관자리와 남쪽왕관자리

이제는 지금까지 다루지 않았던 별자리 일부와 그와 관련된 신화 그리고 이 별자리들에서 아주 흥미로운 별들을 볼 때가 되었다.

먼저 아주 밝고 쉽게 확인할 수 있는 북반구 별자리인 북쪽왕관자리부터 살펴보기로 하자. 북쪽왕관자리는 헤르쿨레스자리와 목동자리 사이에 반원형으로 늘어선 밝은 별들로 이루어져 있다. 북쪽왕관자리는 1월 중순 무렵에 북반구에서 중심 위치에 와 찾기가 비교적 쉽다(적어도 일단 목동자리를 발견했다면). 이 별자리는 디오니소스가 아내인 아리아드네에게 결혼 선물로 준 금관인데, 아리아드네가 늙어 죽자 디오니소스가 금관을 하늘로 올려 별자리로 만들었다고 한다.

> 테세우스가 자신의 결혼식에 그녀를 데려간 그 날에
> (용맹한 켄타우로스가 사나운 라피테스족과
> 피비린내나는 난투극을 벌여 대패를 당했을 때)
> 아리아드네가 상앗빛 이마에 썼던 왕관이
> 지금 하늘에 어떻게 자리를 잡고 있는지 보라.
> 밝은 하늘을 통해 빛줄기를 내리비춰
> 그녀의 주위를 아주 질서정연하게 도는
> 별들을 장식하네.

에드먼드 스펜서Edmund Spenser는 자신의 서사시 〈선녀 여왕The Faerie Queene〉에서 북쪽왕관자리를 이렇게 묘사했다. 스펜서는 엘리자베스 1세 시대의 시인으로, 당대에도 큰 존경을 받았지만, 후대인 19세기 초에도 바이런Byron과 워즈워스Wordsworth 같은 낭만주의 시인들에게 존경을 받았다. 〈선녀 여왕〉에서 무심코 별들을 언급한 것은 그 당시로서는 특이한 일이 아니었다. 셰익스피어도 같은 시대의 많은 작가와 마찬가지로 별을 언급했는데, 엘리자베스 1세 시대의 영국 사람들은 오늘날보다 별들에 더 친숙했기 때문이다. 그 시대에는 가로등은 말할 것도 없고 실내 조명도 거의 없었으므로 밤하늘은 오늘날보다 더 캄캄했고 밤은 더 길었다. 점성술도 오늘날보다 더 많이 믿었으므로, 모두 별들에 대해 어느 정도 알고 있었다.

아리아드네가 왕관을 얻은 이야기는 여러 가지가 있지만, 북쪽왕관자리를 설명하는 데 가장 보편적으로 사용되는 이야기에는 디오니소스와 미노타우로스와 영웅 테세우스가 등장한다. 미노타우로스는 아리아드네의 어머니인 파시파에가 황소와 사랑에 빠져 낳은 괴물로, 몸은 사람이지만 얼굴과 꼬리는 황소의 모습이었다. 미노타우로스는 위험한 괴물이어서 미노스 왕(파시파에의 남편이자 아리아드네의 아버지)은 미궁을 짓고 거기에 미노타우로스를 가두었다. 한편, 미노스 왕과 아테네 왕 사이에 벌어진 분란 때문에 아테네는 해마다 청년 7명과 처녀 7명을 미노스 왕에게 바치게 되었다. 미노스 왕은 이들을 미노타우로스에게 주어 잡아먹게 했다.

그러다가 어느 해에 아테네 왕의 아들인 테세우스가 미노타우로스를 죽이기로 결심하고 미노타우로스의 먹이가 되겠다고 자원했다. 테세우스와 아리아드네가 만나는 순간, 두 사람은 사랑에 빠졌고, 아리아드네는 검과 실패를 주어 그를 돕는다. 미궁 속으로 들어간 테세우스는 그 검으로 미노타우로스를 죽이고, 실(한쪽 끝을 입구에 붙여 둔)을 이용해 출구를 찾는다.

그러고 나서 테세우스와 아리아드네는 함께 배를 타고 떠난다. 도중에 아리아드네가 몸이 아파 그들은 근처의 섬에 들른다. 그런데 아리아드네가 잠이 들었다가 깨어 보니, 테세우스는 떠나고 없었다. 친구들과 함께 그 섬에 들렀던 디오니소스가 슬픔에 빠진 아리아드네를 위로해 준다. 둘은 곧 사랑에 빠져 결혼을 하고, 행복하게 잘 살았다. 하지만 인간인 아리아드네는 영원히 살 수 없어 결국 죽었고, 디오니소스는 사랑하는 그녀 없이 영원히 살아가야 했다. 디오니소스는 그녀를 영원히 기억하기 위해 그녀가 썼던 금관을 하늘로 올려 보내 7개의 밝은 별로 만들었는데, 이것이 북쪽왕관자리가 되었다고 한다.

밤하늘에는 왕관이 하나 더 있는데, 남반구 하늘에서 볼 수 있는 남쪽왕관자리가 그것이다. 남쪽왕관자리는 프톨레마이오스가 정한 48개의 별자리 중 하나이고, 전통적인 그리스 별자리로 간주되지만, 관련 신화는 없다. 베비스의 성도에 실린 그림처럼 성도에서는 종종 켄타우로스인 궁수자리 발밑에 놓인 화환으로 묘사된다.

남쪽왕관자리를 이루는 별들 혹은 그 일부는 고대 그리스 외에 다른 문화들에서도 별자리로 사용되었다. 특히 알 수피는 '거북', '여성용 텐트', '타조 둥지' 등 베두인족 천문학자들이 사용한 이름을 여러 가지 언급했다. 애석하게도 알 수피는 관련 신화를 전하지 않은 것으로 보이며, 그래서 왜 이런 이름들이 붙었는지는 수수께끼로 남아 있

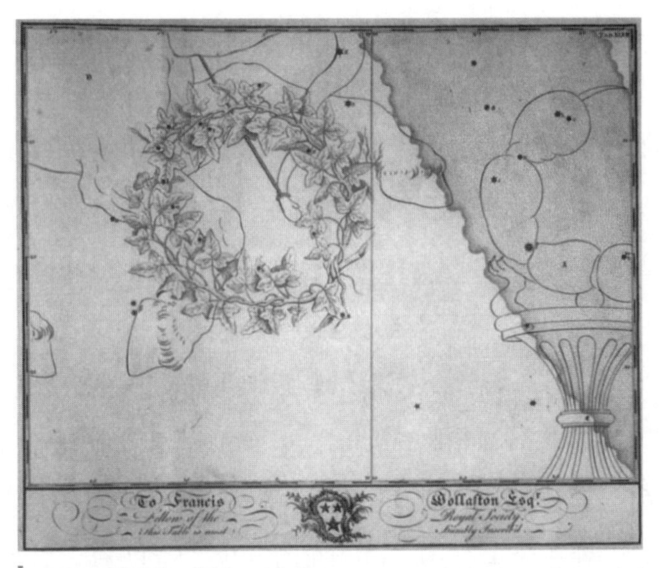

남쪽왕관자리(베비스 아틀라스 이미지(Bevis Atlas images), Manchester Astronomical Society(UK)(www.manastro.org) 제공)

다. 중국의 전통 천문학에서는 5개의 붉은색 별로 이루어진 거북 별자리인 귀龜가 대략 남쪽왕관자리에 해당한다. 귀는 28수 중 여섯 번째 별자리인 미수尾宿 아래에 있다.

요한 바이어의 독일인 친구로, 밤하늘을 기독교로 개종하려고 시도했던 율리우스 실러도 남쪽왕관자리를 대체하는 이름을 제안했다. 그는 이 별자리를 '솔로몬의 왕관'이라고 불렀다. 솔로몬은 물론 《구약성경》에 나오는 이스라엘의 왕이다.

머리털자리와 돌고래자리

목동자리를 기준으로 북쪽왕관자리의 반대편, 목동자리에서 가장 밝은 별인 아르크투루스 근처에 다소 희미한 별자리인 머리털자리가 있다. 이 별자리는 1572년에 초신성을 발견한 티코 브라헤가 자신의 성도에 별자리로 집어넣었다. 그런데 브라헤는 근대에 별자리를 만든 사람들과는 달리 이 별자리에 관련된 신화를 만들었으며, 적어도 자신의 새로운 별자리 이름을 찾기 위해 기존의 그리스 신화를 뒤져 적당한 이야기를 찾으려고 노력했다. 머리털자리는 라틴어로 코마 베레니케스Coma Berenices라고 하는데, '베레니케의 머리털'이란 뜻이다. 베레니케는 기원전 3세기에 이집트를 다스렸던 프톨레마이오스 3세의 왕비였다. 프톨레마이오스 3세가 아시리아와 벌어진 전쟁에 출전하자, 베레니케는 아프로디테 여신에게 남편이 무사히 돌아오면 자신의 긴 금발을 바치겠다고 맹세했다. 그리고 남편이 무사히 돌아오자, 그녀는 약속대로 머리카락을 잘라 여신의 제단에 바쳤다. 그런데 그 머리카락이 불가사의하게 사라지자, 왕과 왕비는 격노하여 사제들을 죽이겠다고 위협했다. 그때, 궁중 천문학자이던 사모스의 코논Conon이 나서 왕비의 머리카락은 하늘로 올라갔다고 달랬다. 아프로디테 여신이 그 제물에 매우 기뻐하여 이를 하늘에 두기로 했다고 한 것이다.

이 이야기에 등장하는 인물들은 아프로디테 여신을 제외하고는 모두 역사적으로 실재한 사람들이다. 프톨레마이오스 3세는 기원전 3세기에 이집트의 왕을 지냈고, 베레니케라는 이름의 아내가 있었다. 또, 사모스의 코논이라는 천문학자가 그를 보필했는데, 코논은 이 이야기뿐만 아니라 아르키메데스Archimedes의 친구로도 유명하다.

베레니케는 신화 속 인물이 아니라 실존한 인물이기 때문에, 그녀의 머리카락이 하늘의 별자리가 된 것은 아주 특이한 사례이다. 하지만 이것은 유일한 사례가 아닌데, 19세기의 일부 천문학자들이 교묘한 이름들을 별자리에 붙였기 때문이다. 돌고래자리에는 로타네브Rotanev와 수알로킨Sualocin이라는 두 별이 있다. 이 두 별의 철자를 거꾸로 읽으면 니콜라우스 베나토르Nicolaus Venator가 되는데, 이것은 이 별들의 이름이 포함된 성도를 처음 만든 시칠리아의 팔레르모 천문대에서 조수로 일하던 니콜로 카치아토레Niccolo Cacciatore의 라틴어 식 이름이다. 어떤 사람들은 카치아토레가 장난으로 그 이름을 직접 만들었다고 말하고, 어떤 사람들은 천문대장이던 주세페 피아치Giuseppe Piazzi가 그의 수고를 인정해 만들었다고 말한다. 그러나 두 사람은 당시 그 내력에 대해 입을 다물었는데, 자신의 이름을 별에 붙이는 것은 예의에 어긋나는 것으로 간주되었기 때문이다. 오늘날 별에 고객의 이름을 붙여 준다고 광고하는 회사들이 있지만, 이들은 전혀 인정받을 수 없는 상품을 팔고 있는 셈이다. 이들은 어떤 별에 여러분이 원하는 이름을 붙였다고 선언하는 증명서를 줄 수는 있지만, 다른 사람들에게 그 이름을 사용하게 할 권한은 전혀 없다. 그런 권한을 가진 곳은 오직 국제천문연맹뿐인데, 국제천문연맹은 그런 행위를 절대로 승낙하지 않을 것이다. 어쨌거나 교묘한 방법으로 별에 자신의 이름을 붙이는 데 성공한 사람은 카치아토레뿐만이 아니다.

돌고래자리는 천구의 적도 부근에 위치한 전통적인 그리스 별자리(프톨레마이오스의 목록에 포함돼 있었다는 점에서)이다. 천구의 적도는 지구의 적도를 천구로 연장한 것으로, 천구를 빙 두르며 지나가는 원이다. 이것은 북극성이 지구의 북극점 바로 위에 있는 별인 것과 같은 이치이다. 1장에서 우리는 지구가 황도에 대해 약간 기울어져 있다

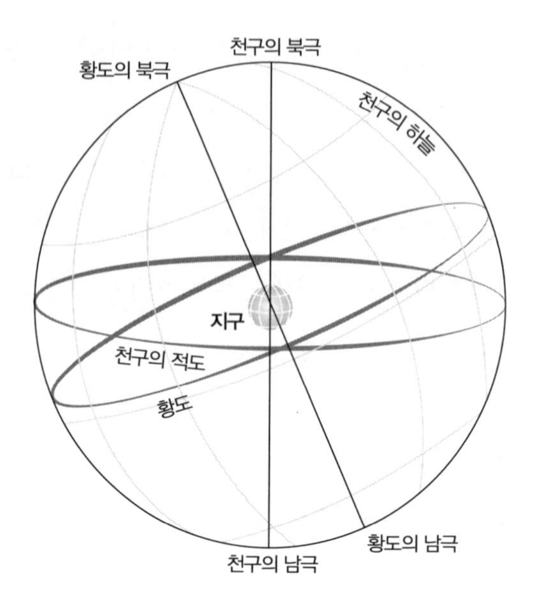

▎지구와 천구의 적도가 황도에 대해 기울어져 있음을 보여 주는 그림

고 배웠다. 이것은 적도 역시 약간 기울어져 있고, 따라서 천구의 적도 역시 약간 기울어져 있다는 뜻이다. 돌고래자리는 북반구 별자리로 분류되긴 하지만, 천구의 적도에 아주 가까이 있어 전 세계의 거의 모든 곳에서 볼 수 있다.

그리스 신화에 따르면, 바다의 신 포세이돈은 바다의 요정(네레이드)인 엠피트리테와 결혼하고 싶었지만, 엠피트리테는 순결을 지키려고 아틀라스 산으로 도망쳤다. 포세이돈은 많은 전령을 보내 엠피트리테를 설득하려고 했지만 모두 실패하고, 오직 돌고래만이 엠피트리테의 마음을 돌리는 데 성공했다. 이에 대한 보답으로 포세이돈은 돌고래를 별자리로 만들었다고 한다. 포세이돈과 네레이드는 앞에서 이미 등장한 바 있다. 네레이드는 카시오페이아의 오만함에 분노하여 포세이돈에게 고해 바쳤고, 이에 포세이돈은 바다 괴물 케투스를 페니키아로 보냈는데, 이 사건과 관련된 별자리가 많다고 소개했다.

국제천문연맹과 이전의 지도 제작자들은 일반적으로 프톨레마이오스가 정한 별자리와 나중에 유럽인 탐험가들이 정한 별자리를 선호했지만, 천체 관측자들은 종종 별자리의 일부를 따로 떼어 내 이름을 붙인 성군星群도 사용해 왔다. 큰곰자리에서 가장 밝은 별 7개를 서양에서는 흔히 쟁기plough나 냄비saucepan라고 불러 왔고, 동아시아에서는 북두칠성이라고 불러 왔다. 또, 궁수자리의 밝은 별들은 가끔 찻주전자라고 부르며, 카시오페이아자리는 의자에 앉아 있는 여인보다는 'W'자 모양으로 알아보는 경우가 많다. 돌고래자리에는 다이아몬드 모양으로 늘어선 별들의 집단이 있는데, 여기에는 '욥의 관'이라는 다소 기묘한 별명이 붙어 있다. 한 가지 설명은 이 이름이 《구약 성경》의 〈욥기〉에 나오는 "너는 갈고리로 레비아탄을 낚을 수 있으며 줄로 그 혀를 내리누를 수 있느냐?"라는 구절과 관련이 있다는 것이다. 처음에는 이 별자리를 돌고래보다는 고래나 바다 괴물인 레비아탄으로 묘사했기 때문이다. 그런데 성경과의 연관성에도 불구하고, 욥의 관은 실러가 만든 별자리가 아니다. 기억하겠지만, 실러는 모든 별자리 이름을 그리스 신화가 아니라 성경에 나오는 이야기로 대체해 지음으로써 하늘을 기독교로 개종시키려고 시도했던 17세기의 지도 제작자였다. 실러는 돌고래자리를 '카나의 물독'이라고 불렀다. 카나Cana는 《신약성경》에서 예수가 물을 포도주로 만드는 기적을 행한 도시로 나온다.

길고 구불구불한 에리다누스강자리

에리다누스강자리는 아주 큰 남반구 별자리이다. 신화에 나오는 이 강이 실제로 어떤 강이냐를 놓고 나일 강, 티그리스-유프라테스 강, 이탈리아의 포 강, 라인 강, 론 강 등 많은 후보가 거론되었다. 베비스의 성도에 묘사된 에리다누스강자리처럼 이 강들은 모두 길고 구불구불하다.

이 신화상의 강 한쪽 끝에 오리온이 서 있으며, 이 강은 실제로는 오리온 신화에서 아무 역할도 하지 않지만, 흔히 오리온 이야기의 배

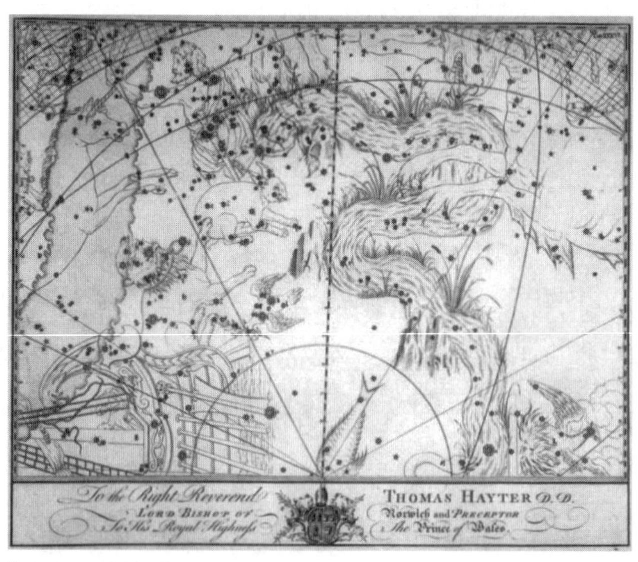

에리다누스강자리(베비스 아틀라스 이미지(Bevis Atlas images), Manchester Astronomical Society(UK)(www.manastro.org) 제공)

경 중 일부로 언급된다. 더 아래쪽으로 내려간 곳에서 에리다누스강자리는 고래자리와 만나며, 더 나중에는 봉황새자리와 만난다. 고대 그리스인은 봉황새자리를 몰랐으므로, 봉황새자리는 이 별자리에 관련된 신화의 일부로 포함될 수가 없었다. 사실, 이 별자리의 신화와 관련이 있는 별자리는 별로 없어 보인다. 대신에 에리다누스강자리는 남반구 하늘에서 넓은 부분을 차지하며 홀로 서 있다.

관련 신화 중에 에리다누스강자리가 물병자리의 물병에서 흘러나온 물이 강을 이룬 것이라는 이야기가 있다. 하지만 두 별자리가 하늘에서 실제로 그런 식으로 연결돼 있지 않기 때문에 이 이야기는 좀 무리가 있다. 더 그럴듯한 이야기는 아폴론(또는 태양신 헬리오스)의 아들인 파에톤과 관련된 이야기이다. 어떤 이야기에 따르면, 아버지의 전차를 몰다가 파에톤이 추락한 강이 에리다누스 강이라고 한다.

남쪽물고기자리

에리다누스강자리와 남쪽왕관자리와 마찬가지로 남쪽물고기자리도 남반구 별자리이다. 이 별자리는 황도대 별자리인 물고기자리를 이루는 두 물고기보다 앞서 존재한 원래의 물고기자리였던 것으로 보이며, 물고기자리는 가끔 남쪽물고기자리의 자식으로 간주된다. 남쪽물고기자리에는 더 유명한 자신의 자식보다 더 밝은 별들이 포함돼 있으며, 물병자리가 들고 있는 물병에서 쏟아지는 물의 강 아래에서 입을 벌린 채 드러누워 있는 모습으로 묘사된다. 이 별자리를 둘러싼 신화는 개략적인 것밖에 없지만, 풍요의 인어 여신인 데르케토(고대 시리아인은 '아타르가티스'라고 불렀음)와 관련된 이야기가 여러 가지 있다. 데르케토는 마법에 걸린 상태에서 인간과 사랑에 빠져 세미라미스라는 딸을 낳는데, 세미라미스는 나중에 바빌론의 왕비가 된다. 하지만 마법에서 풀린 데르케토는 자신이 저지른 일에 경악하여 남편을 죽이고 아이를 버린 뒤에 유프라테스 강 근처에 있는 밤비케(오늘날의 만비즈)의 호수에 몸을 던진다. 그렇게 물 속으로 가라앉으면서 데르케토는 물고기로 변했고, 하늘로 옮겨져 남쪽물고기자리가 되었다고 한다. 이 이야기는 여러 가지 버전이 있지만, 모두 큰 줄거리는 같은 맥락을 따른다. 이 별자리는 또한 아시리아의 물고기 신 다곤 또는 바빌로니아의 물고기 신 오안네스와 관련이 있다고 이야기한다.

남쪽물고기자리는 관련 신화보다는 가장 밝은 별 포말하우트Fomalhaut가 더 유명하다. 이 이름은 '물고기 입'이란 뜻의 아랍어 품알 하우트에서 유래했다. 이 별은 밝기와 듣기 좋은 이름 외에는 그다지 눈길을 끄는 특징이 없다. 태어난 지 2억 5000만 년쯤 된 젊은 주계열성이며, 수명은 약 10억 년으로 예상되기 때문에 아직 중심부에 수소 연료가 많이 남아 있다. 실시 등급이 1.73등급으로 아주 밝아 북반구 중위도 지역의 가을 하늘에서 유일하게 보이는 1등성 별이어서 '가을의 외로운 별'이라고 불렸다. 하지만 1월 하늘에서는 포말하우트가 더 이상 그렇게 외로운 별이 아니다. 1월 초순 초저녁의 북반구 하늘에서는 남쪽물고기자리가 밝은 별 포말하우트와 함께 서쪽으로 지는 걸 볼 수 있다.

포말하우트는 아주 밝고(하늘에서 열여덟 번째로 밝은 별), 또한 더 중요하게는 거리가 25광년으로 아주 가깝기 때문에, 다른 별보다 더 많은 관측과 조사가 이루어졌다. 최근에는 천문학자들이 허블 우주 망원경을 이용해 포말하우트 주위에 행성이 있는지 조사했다. 그 결과, 기대했던 행성은 발견되지 않았지만, 태양계의 카이퍼대(혜성의 핵들이 많이 모여 있는 장소)에 해당하는 것이 발견되었다. 혜성뿐만 아니라 명왕성도 있는 우리의 카이퍼대처럼 이곳에는 혜성뿐만 아니라 행성도 있을 가능성이 높다. 포말하우트 주변에서 카이퍼대에 해당하는 지역이 발견된 것은 아주 이례적인 일이었는데, 천문학자들에게 태양계 밖에서 보면 우리의 카이퍼대가 어떻게 보일지 감을 잡는 데 큰 도움을 주었다. 이러한 포말하우트의 구조는 이 카이퍼대와 별 사이에 행성들이 숨어 있을 수도 있다는 점을 암시한다.

삼각형자리

이 별자리는 남쪽왕관자리와 마찬가지로 그리스 신화하고는 아무 관계가 없을 것처럼 보인다. 삼각형자리는 단 3개의 별로만 이루어진 작은 별자리이고, 북반구에서는 훨씬 크고 밝은 별자리인 페르세우스자리, 안드로메다자리, 양자리로 둘러싸여 있다. 이 별자리에 얽힌 유일한 신화에 따르면, 이 별자리는 삼각형 모양으로 생긴 시칠리아 섬을 나타낸다. 시칠리아 섬의 보호신이자 풍요와 농업의 여신인 케레스(그리스 신화의 데메테르)가 유피테르(그리스 신화의 제우스)에게 시칠리아 섬을 하늘에 두어야 한다고 청했기 때문이라고 한다.

데메테르가 등장하는 이야기로, 천문학과 관련하여 잘 알려진 신화가 있다. 바로 페르세포네와 계절 변화에 관한 이야기이다. 1장에서도 설명했듯이, 계절 변화는 천문학과 밀접한 관계가 있다. 어릴 때 페르세포네는 나머지 신들과 따로 떨어져 어머니인 데메테르와 함께 살았다. 페르세포네가 아주 아름다운 아가씨로 자라자 여러 신이 구애를 했지만, 데메테르가 모두 퇴짜를 놓고 딸을 눈에 띄지 않는 곳에 꼭꼭 숨겨 두었다. 하지만 어느 날, 지하 세계의 신인 하데스가 페르세포네를 납치해 지하 세계로 데려가 버렸다. 데메테르는 비탄에 빠져 신으로서 해야 할 의무를 모두 내팽개친 채 딸을 찾아 나섰다. 데메테르가 일손을 놓자, 지상의 모든 씨는 제대로 싹이 터 자라지 못했고, 기존의 식물들도 모두 시들어 죽었다. 결국 데메테르는 딸을 찾아 데리고 오지만, 그 전에 페르세포네는 지하 세계에서 석류를 여섯 알 먹었다. 지하 세계의 음식을 먹은 이 일 때문에 페르세포네는 지상으로 완전히 돌아가지 못하고 지상과 지하를 오가야 하는 처지에 놓였다. 그래서 페르세포네는 일 년 중 여섯 달(석류 한 알에 한 달씩)을 하데스와 함께 지하 세계에 머물게 되었다. 이 여섯 달 동안 데메테르는 딸이 없어 슬픔에 빠지고, 그 때문에 지상 세계는 겨울이 되어 아무것도 자라지 않는다고 한다. 그리고 데메테르가 돌아와 딸과 어머니가 함께 지내는 동안은 모든 것이 꽃피고 열매를 맺는다.

퀘이사

현대 천문학, 적어도 20세기 천문학에서 삼각형자리는 최초의 퀘이사가 발견된 장소로 특별한 의미가 있다. 퀘이사란 이름은 1960년에 3C 48이 발견되면서 만들어졌다. 3C 48은 약 60억 광년 거리에 있는 것으로 밝혀졌다.

퀘이사quasar란 이름은 'quasistellar radio source(준성 전파원)'의 약자이다. 이름 그대로 별을 닮은 전파 방출원이지만 별은 아니란 뜻이다. 많은 별은 빛과 열뿐만 아니라 전파도 내보낸다. 빛과 열과 전파는 모두 전자기 스펙트럼의 일부이다. 빛은 뉴턴이 프리즘 실험을 통해 보여 주었듯이 무지개 색의 빛들로 분해할 수 있다. 가시광선이라 부르는 이 빛 부분은 전체 전자기 스펙트럼 중 극히 일부에 지나지 않는다. 빨간색 부분 바깥에는 적외선(열과 관련이 있는), 마이크로파, 전파 등이 있다. 그 반대쪽으로 파란색 부분 바깥에는 자외선과 X선 등이 있다. 별은 중심부에서 일어나는 핵융합 반응의 결과로 전자기 복사를 방출한다. 모든 원자는 그 내부에 많은 에너지를 포함하고 있다. 한 종류의 원자가 다른 종류의 원자로(예컨대 수소가 헬륨으로) 변하면, 원자핵 속에 갇혀 있던 에너지가 방출되는데, 이것은 전자기 복사의 형태로 방출된다.

전파천문학도 광학천문학과 비슷한 원리를 바탕으로 하지만, 먼 별에서 날아오는 가시광선을 보는 대신에 전파에 귀를 기울인다는 점이 다르다. 그래서 거울과 렌즈 대신에 접시 안테나를 단 망원경을 사용한다. 우리는 어떤 사물을 볼 수도 있고 거기서 나오는 소리도 들을 수 있지만, 보이지 않는 사물에서 나오는 소리도 들을 수 있다. 3장에서 우리는 월식에 대해 살펴보았다. 개기 월식이 일어나는 동안 달은 빨간색으로 보인다. 이때, 먼저 지구의 대기를 통과한 햇빛만 달 표면에 도착하는데, 대기를 통과하는 과정에서 빨간색을 제외한 나머지 빛들은 모두 흩어져 버리기 때문이다. 나머지 빛들은 빨간색 빛보다 파장이 짧아 산란이 더 쉽게 일어나기 때문에 이런 일이 일어난다. 이 원리는 광파와 전파 모두에 똑같이 적용된다. 전파는 빛보다 파장이 훨씬 더 길므로 온갖 장애물에도 불구하고 빛보다 훨씬 더 멀리까지 나아갈 수 있다. 따라서 전자기 스펙트럼에서 전파 부분을 선택해 자세히 관찰하면(혹은 들으면), 광학 망원경으로는 볼 수 없는 것을 볼 수(혹은 들을 수) 있다.

전파 망원경으로 포착할 수 있는 것들

우주에서 날아온 최초의 전파원은 1930년대에 벨 전화 연구소에서 일하던 공학자 칼 잰스키Karl Jansky가 우연히 발견했다. 잰스키는 대서양 횡단 무선 전화선에 생기는 간섭의 원인을 조사했는데, 가능성이 있는 모든 원인을 하나씩 제거해 나가다가 그 간섭 전파가 우리은하 중심에 있는 궁수자리에서 날아온다는 사실을 발견했다. 잰스키는 이것을 더 자세히 조사해 보고 싶었으나, 그것에 관심이 없었던 회사는 그에게 곧 다른 일을 맡겼다. 전파천문학은 제2차 세계 대전이 끝난 후 전쟁 때 개발된 레이더 기술과 전문 지식과 전문가들을 천문학 연구에 활용하면서 비로소 본격적으로 발전하기 시작했다. 영국 맨체스터 외곽에 위치한 조드렐뱅크에 최초의 대형 전파 망원경 중 하나를 건설하는 데 일등 공신 역할을 한 사람은 버나드 로벨Bernard Lovell과 찰스 허즈번드Charles Husband이다. 두 사람은 전쟁에서 쓰고 남은 물자를 사용해 1957년에 이곳에 전파 망원경을 세웠다. 거대한 위성 안테나처럼 생긴 접시 안테나는 처음에는 레이더에 포착되는 우주선宇宙線의 메아리를 탐지하기 위한 목적으로 세웠지만, 그런 것은 전혀 탐지되지 않았다. 대신에 이 전파 망원경이 맨 먼저 포착한 것은 안드로메다은하에서 날아온 전파였다. 이 전파 망원경은 현재 영국에서 자격이 충분히 있는데도 진가를 인정받지 못한 기념물 1위로 꼽힌다.(적어도 2006년에 벌어진 온라인 대회에서는 그렇게 선정되었다.)

그 후 전파천문학은 공식 천문학의 중요한 일부로 자리 잡았다. 지금은 전 세계에 세워진 대형 전파 망원경의 수가 대형 광학 망원경의 수만큼 많다. 두 종류의 망원경은 각자 나름의 장점이 있다. 가끔 별이 가시광선에서보다 전파 영역에서 더 밝게 나타날 때가 있는데, 이런 경우에는 전파 망원경으로 별을 더 자세히 볼 수 있다. 또, 별이 먼지 구름 뒤쪽에 있으면, 이 별을 광학 망원경으로는 볼 수 없지만 전파 망원경으로는 볼 수 있다. 전파는 먼지를 통과하기 때문이다.

많은 천체는 전파를 방출한다. 잰스키가 발견한 것처럼 우리은하에서도 전파가 나오고, 태양에서도 전파가 나온다. 태양 플레어와 흑점은 특히 강한 전파 방출원인데, 가끔 지구상에서 일어나는 전파 통신이나 지구와 인공위성 사이의 무전 교신을 방해한다. 특별히 강한 전파를 방출하는 은하를 전파 은하라 부른다. 은하들의 중심에는 거대한 블랙홀이 있는 것으로 보이는데, 블랙홀로 물질이 빨려 들어가는 과정에서 많은 에너지와 함께 강한 전파가 방출된다. 전파 은하는 아주 먼 우주에서도 발견된다.

접시 안테나를 무한정 크게 만들 수는 없기 때문에, 전파 망원경을 아주 크게 만드는 데에는 제약이 따른다. 하지만 여러 대의 전파 망원경을 세워 연결하면, 같은 크기에 해당하는 하나의 전파 망원경과 같은 효과를 얻을 수 있다. 미국 뉴멕시코 주 소코로를 비롯해 여러 전파천문학 관측소에는 바로 이 효과를 이용해 넓은 면적에 접시 안테나 수십 개를 배열한 VLAVery Large Array(극대 배열 전파 망원경 또는 장기선 간섭계라고도 함)로 우주를 관측하고 있다. 대형 접시 안테나들이 죽 늘어선 모습은 장관을 이루는데, 이 때문에 영화에도 자주 등장했다. 예를 들면, VLA는 1982년에 제작된 〈2010〉, 1985년에 제작된 〈콘택트〉, 1996년에 제작된 〈인디펜던스 데이〉에도 등장했다.

퀘이사 3C 48은 1959년에 만들어진 케임브리지 전파원 목록에 실린 이름이다. 그 당시만 해도 3C 48은 그저 하나의 전파원으로 간주되었다. 그런데 1년 뒤, 천문학자 앨런 샌디지Allan Sandage와 토머스 매튜스Thomas Matthews가 광학 망원경으로 그것과 일치하는 천체를 발견했는데, 그 전파를 방출하는 별이거나 적어도 별 비슷한 천체라고 결론내렸다. 퀘이사라는 이름은 몇 년 뒤인 1964년에 중국계 미국인 홍이 치우Hong-Yee Chiu가 만들었다. 퀘이사는 지금은 아주 어린(그리고 활동적인) 은하 중심에 있는 거대한 블랙홀로 추정되고 있다.

차와 별

1830년대에 유명한 천문학자 존 허셜과 그의 아내 마거릿은 '차와 별'을 위해 사람들을 초대했다. 초대된 손님들은 허셜의 집으로 와 가족과 함께 음식과 차를 즐긴 뒤에 밖으로 나가 그날 밤 하늘에 나타난 천체들을 보았다. 그 행사는 집에서 개인적으로 벌인 것이었다. 허셜의 손님들이 하늘에서 본 것은 하늘에 실제로 나타난 것뿐만 아니라, 허셜이 손님들이 흥미를 느끼리라고 판단한 것이 무엇이냐에 따라 달라질 수 있었다. 허셜은 거창한 천문학적 계획에 따라 그런 행사를 연 것이 아니라, 그저 손님들에게 흥미롭고 눈에 잘 보이는 별자리들을 소개한 것뿐이었다.

오늘날에는 19세기 초에 영국에서 과학자가 얼마나 인기가 있었는지 제대로 설명하기가 어렵다. 해리엇 마티노Harriet Martineau 같은 그 당시의 언론인들은 "존 허셜이 거리로 나오길 기다리거나 패러데이를 보기 위해 방 안으로 몰려가는 사람들…… 배비지와 버클랜드와 백을 스케치하는 여성들…… 휴얼이나 세지윅 뒤를 따라다니는 인파…… 과학자들 사이에 유명한 화가나 저자가 섞여 있는" 광경에 대해 묘사했다. 과학자는 유명 인사였고, 그래서 사람들은 과학자를 애써 알려고 노력했다.

존 허셜이 남반구 하늘의 성운과 성단, 이중성 목록을 만들기 위해 1830년대에 몇 년 동안 영국에서 남아프리카로 가 머물렀을 때도 예외가 아니었다. 허셜 부부에게는 세간의 이목이 집중되었다. 미국의 한 신문은 존 허셜에 대한 대중의 관심을 이용해 존 허셜이 달에서 온갖 종류의 동물을 발견했다는 거짓 기사를 연재했다. 그 기사들은 1835년 8월에 며칠 동안 〈뉴욕 선New York Sun〉의 일면을 장식하다가 마침내 거짓으로 판명되었다. 이 사건은 역사상 가장 성공적이고 정교한 언론 사기극 중 하나로 간주된다. 기사는 여러 회에 걸쳐 그 이야기를 만들어 갔다. 첫 회분에서는 그 '발견'에 대해 전혀 언급하지 않으면서 그것들이 얼마나 경외감을 불러일으킬지 안다고 말했다. 익명의 저자는 "우리는 다음을 확신한다."라고 말했다.

> 흥분을 불러일으키는 앞서의 경이로운 발견에 대해 우리 인류 모두가 빚을 진 불멸의 철학자는 마침내 성공을 확신하면서 자신의 새 거대한 장비를 조절한 뒤, 근엄하게 몇 시간 동안 멈추었다가 관측을 시작했다. 그는 수많은 동료들의 마음을 충격으로 가득 채우고, 아버지의 명성을 뛰어넘지는 못하더라도 모든 후손에게 자신의 빛나는 명성을 공고히 할 발견들에 대해 마음의 준비를 하고 있다.

위의 기사가 실린 뒤 다음 회에서는 허셜이 발견한 경이로운 사실을 생생하게 묘사하면서 달 표면의 모습을 보여 주었다.

> 다음번에 본 동물은 지구에서는 괴물로 분류될 만한 것이었다. 파르스름한 납빛을 띠고 염소만 한 이 동물은 염소 비슷한 머리와 턱수염이 있었고, 하나뿐인 뿔은 수직 방향에서 약간 앞쪽으로 기울어진 채 달려

있었다. 암컷은 뿔과 수염이 없는 대신에 훨씬 긴 꼬리가 달려 있었다. 이 동물은 무리를 지어 살며, 주로 숲의 오르막 빈터에서 많이 발견되었다. 우아한 대칭성은 영양과 비견할 만했고, 영양처럼 민첩하고 팔팔해 아주 빠른 속도로 달렸으며, 어린 양이나 고양이처럼 설명하기 힘든 익살맞은 행동을 보이며 푸른 잔디를 뛰어다녔다. 이 아름다운 동물은 우리에게 가장 강렬한 즐거움을 주었다. 우리의 흰색 화폭 위에 그 움직임을 베껴 옮겨 놓은 사진은 마치 카메라오브스쿠라에서 불과 몇 미터 앞에 있는 동물을 보는 것처럼 충실하고도 환하다. 우리가 손가락으로 그 수염을 만지려고 하면, 이 동물은 마치 우리의 무례함을 인식하기라도 한 듯이 갑자기 멀리 달아나 버린다. 하지만 곧 다른 녀석들이 나타나 우리가 뭐라고 말하거나 무슨 행동을 하더라도 개의치 않고 목초를 뜯어먹는다.

순전히 그의 명성 때문에 이런 종류의 기이한 기사까지 버젓이 실렸으니, 허셜 부부가 친구들과 별들과 함께 야외에서 조용하게 보내는 시간을 선호한 것은 놀랍지 않다. 또, 희망봉을 방문한 손님들이 대부분 허셜의 저녁 시간에 초대되길 원한 것도 전혀 놀랍지 않지만, 실제로 허셜 부부가 주최한 '차와 별' 저녁에 초대받는 사람은 선택받은 극소수에 불과했다. 이들은 대부분 천문학자가 아니었다. 이들은 유명한 천문학자를 만나 함께 즐거운 저녁 시간을 보내고 덤으로 별도 약간 보았다. 오늘날에는 전 세계 각지에서 아마추어 천문학 동호회들이 밤하늘의 별을 보는 행사를 개최하고, 많은 사람이 참석한다. 별을 보기 위해 동료 아마추어 천체 관측자들과 함께 추운 야외에서 밤을 지새우려면 상당한 관심과 열정이 있어야 한다.

함께 별을 보는 즐거움

차와 별 파티가 부활된다면, 정말로 멋지지 않을까? 이런 파티는 엄격한 계획에 따라 진행되기보다 훨씬 부드러운 천체 관측 경험을 제공할 수 있을 것처럼 보인다. 자신이 있는 곳에서 보이는(그리고 자신이 볼 수 있는) 별자리들을 검색하고, 그 별자리가 하늘에서 가장 높은 지점에 도달하는 때가 언제인지 알아낸 뒤, 파티가 시작되었을 때 참석한 사람들과 이런 정보를 서로 나눈다. 여러분이 있는 곳에서 달과 행성이 뜨는 시간이나 지는 시간과 같은 정보는 인터넷에서 쉽게 찾을 수 있다. 아니면, 별자리를 찾고자 할 때에는 특정 위도에 맞춘 이동식 원형 성도인 별자리 찾기판을 참고해도 된다. 그러고 나서 이 시간을 전후해 저녁 시간을 잡고, 보여 주고자 하는 것을 보여 줄 시간이 되었을 때 사람들을 정원이나 거리나 공원으로 데려가면 된다.

이런 파티에서는 끈기 있게 하늘을 관측할 수도 있고, 큰곰자리가 보이는지 살펴보기 위해 서둘러 밖으로 나가야 할 수도 있다. 하지만 1월에 가장 보기 좋은(여러분이 북반구에 산다면) 별들은 앞서 언급된 일부 별들이다. 북쪽왕관자리와 남쪽왕관자리는 찾기가 쉽지 않을 수 있지만, 다른 별자리들은 더 선명하고 하늘 가운데 근처에 위치한다. 예를 들면, 위도가 북위 51.5°인 런던에서는 초저녁에 돌고래자리가, 그 다음에는 남쪽물고기자리가 지는 반면, 삼각형자리가 하늘 높이 떠 있는 것을 볼 수 있다. 밤이 깊어 감에 따라 남쪽 지평선 근처에서 에리다누스강자리가 천천히 동쪽에서 서쪽으로 옮겨 가는 것을 볼 수 있다. 자정이 가까워지면 동쪽에서 머리털자리가 떠오르는 것을 볼 수 있다. 1월의 관측 활동이 지닌 매력(적어도 북반구에서는)은 밤하늘이 일찍부터 어두워지기 때문에, 어린이들도 천체 관측 활동에 함께 참여할 수 있다는 점이다. 원한다면, 사전에 천문학의 주제에 맞춰 집을 장식할 수도 있을 것이다.

11

2월, 이아손과 아르고호 원정대

아르고자리, 곧 용골자리와 고물자리, 나침반자리, 돛자리는
주로 남반구에서 볼 수 있고, 2월의 밤하늘에서 상당히 넓은 면적을 차지한다.
여기에는 남반구에서 가장 밝은 별 몇 개도 포함돼 있어 찾기가 비교적 쉽다.
남십자자리에서 시작해 은하수를 따라 북쪽에서 동쪽으로 나아가면,
다음의 밝은 별자리로 돛자리와 용골자리가 나오고,
그다음에는 고물자리와 나침반자리가 나온다.

아르고자리

다시 한 번 남반구 별자리로 돌아갈 때가 되었다. 이아손과 아르고호 원정대는 잘 알려진 이야기이지만, 천체 관측자의 관점에서는 주인공은 이아손이나 아르고호 원정대가 아니라 그들이 타고 간 배인 아르고호이다. 아르고호를 나타내는 남반구의 거대한 별자리 아르고자리는 이미 5장에서 소개한 바 있다. 베비스의 성도에서 아르고자리는 황금 양털을 구하러 가는 도중에 심플레가데스 바위에 도달하는 모습으로 묘사돼 있다.

이아손과 아르고호 원정대는 유럽과 아시아의 경계에 해당하는 보스포루스 해협 입구에서 심플레가데스 바위를 만났다. 심플레가데스 바위는 배가 그 사이로 지나가려고 할 때마다 닫히면서 배를 침몰시켰다. 하지만 이아손은 사전에 트라키아의 왕이자 장님 예언자인 피네우스에게서 이 장애물을 통과하는 방법을 들었다. 먼저 새를 바위 사이로 날려 보내 바위가 닫히게 한 뒤에 바위가 다시 열리는 틈을 타 힘껏 노를 저어 바위가 닫히기 전에 통과하면 된다는 것이었다. 아르고호 원정대는 피네우스가 가르쳐 준 대로 했고, 새를 포함해 모두가 무사히 심플레가데스 바위를 통과할 수 있었다.

베비스의 성도에서 도판 40번은 미국 독립 혁명을 촉발시키는 데 큰 역할을 한 것으로 유명한 영국의 정치인이자 작가인 토머스 웨이틀리Thomas Whately에게 헌정한 것이다. 웨이틀리는 1765년에 인지 조

아르고자리(베비스 아틀라스 이미지(Bevis Atlas images), Manchester Astronomical Society(UK)(www.manastro.org) 제공)

례(인지세법이라고도 함)를 만드는 데 관여했는데, 이것은 영국 의회가 북아메리카 13개 식민지에 대하여 각종 증서, 신문, 광고 따위의 인쇄물에 인지세를 매기도록 한 법이었다. 미국인은 이 세금을 부당하다고 여겨 반발했고, 결국 인지 조례는 미국 독립 혁명의 중요한 촉매가 되었다. 베비스가 남반구에서 아주 크고 눈에 잘 띄는 이 별자리를 왜 웨이틀리에게 헌정했는지 그 이유는 불분명하다.

5장에서 설명했듯이, 아르고자리는 오늘날 용골자리, 고물자리, 나침반자리, 돛자리의 네 별자리로 쪼개졌다. 이것만 해도 이 달의 별자리 중 4개를 차지하지만, 이아손과 아르고호 원정대 이야기와 관련된 별자리는 우리가 이미 만난 일부 별자리를 포함해 더 많다.

파란만장한 모험

우리의 주인공인 이아손은 숙부인 펠리아스 왕의 명령으로 황금 양털을 찾아오는 불가능한 임무에 나선다. 펠리아스가 그런 명령을 내린 이유는 신탁에서 누군가가 자신의 왕위를 찬탈할 것이라는 예언을 들었는데, 그 예언에서 묘사한 인물이 이아손과 거의 비슷했기 때문이다. 만약 이아손이 이 임무에 성공한다면, 펠리아스가 이아손의 아버지로부터 부당하게 빼앗은 이올코스의 왕 자리를 돌려 주기로 했지만, 펠리아스는 이아손이 절대로 성공하지 못할 것이라고 믿었다. 불가능해 보이는 임무를 수행하기 위해 이아손은 자신과 함께 아르고호를 타고 원정에 나설 용사들을 모집한 결과, 거의 모든 인원이 영웅으로 구성되었다. 헤라클레스와 페르세우스, 테세우스도 있었고, 오르페우스도 자신의 리라를 들고 동참했다. 쌍둥이자리의 두 밝은 별에 해당하는 폴리데우케스(라틴어 이름인 폴룩스로 더 잘 알려진)와 카스토르도 참여했다.

이렇게 아르고호는 모험에 나섰고, 많은 모험을 겪은 뒤에 마침내 흑해 연안에 있는 콜키스에 상륙했다. 황금 양털을 가진 날개 달린 숫양 크리소말로스(흔히 양자리와 동일시되는)는 콜키스의 왕인 아이에테스가 소유하고 있었다. 아이에테스는 황금 양털을 순순히 내주기 싫어 이아손에게 불가능해 보이는 세 가지 과제를 내주었다. 첫 번째 과제는 불을 뿜는 황소 두 마리를 몰고 밭을 가는 것이었다. 아이에테스의 딸인 메데이아는 아프로디테의 마법에 걸려 이아손을 보고 사랑에 빠진다. 메데이아는 이아손에게 황소가 내뿜는 불에 몸을 다치지 않는 마법의 물약을 주었다.

두 번째 과제는 용의 이빨을 심는 것이었다. 용의 이빨은 금방 자라서 이아손을 공격하는 병사가 되었다. 이번에도 이아손은 메데이아의 충고에 따라 병사들을 향해 돌을 하나 던진다. 돌에 맞은 병사는 다른 병사가 돌을 던졌다고 생각하고는 다투기 시작했고, 곧 병사들 사이에 싸움이 일어나 모두 서로를 죽이는 결과로 끝났다. 세 번째 과제는 황금 양털을 지키는 용을 지나가는 것이었다. 메데이아의 충고대로 오르페우스가 리라를 연주하자, 용은 잠이 들었다. 그 사이에 이아손과 오르페우스와 메데이아는 황금 양털을 가지고 아르고호로 돌아갔다. 도움을 받은 대가로 이아손은 메데이아와 결혼해 영원히 사랑하겠다고 약속했다.

그 뒤에도 아르고호 원정대는 많은 모험을 겪은 뒤에 이올코스로 돌아왔다. 메데이아는 마법을 사용해 펠리아스의 딸들을 시켜 펠리아스를 죽이게 함으로써 이아손에게 왕위가 돌아가게 했다. 하지만 이올코스의 백성들은 메데이아의 마법과 잔인함에 놀라 그들을 추방했고, 이아손과 메데이아는 코린토스로 갔다. 이곳에서 이아손은 메데이아와 한 약속을 깨고 글라우케 공주와 결혼했다. 그러자 메데이아는 글라우케를 죽음으로 몰아넣은 뒤에 달아나 버렸다. 이아손 역시 쫓겨났고, 메데이아와 한 약속을 깬 것 때문에 신들에게도 버림을 받았다. 방황하던 이아손은 썩어 가던 아르고호 잔해를 만나 그 아래에 앉아 쉬고 있었는데, 부서져 떨어진 뱃머리에 깔려 죽고 말았다.

이렇게 파란만장한 이야기에 아르고자리를 이루는 네 별자리와 헤르쿨레스자리, 페르세우스자리, 거문고자리(오르페우스의 리라)뿐만 아니라, 황도대의 두 별자리인 양자리와 쌍둥이자리까지 관련이 있다는 것은 그다지 놀라운 일이 아니다. 게다가 조랑말자리도 이 이야기와 관련이 있는데, 조랑말은 페르세우스가 타고 다닌 날개 달린 말인 페가수스의 아들 또는 형제라고 하며, 신들의 전령이자 오르페우스의 리라를 만든 헤르메스(로마 신화에서는 메르쿠리우스)가 카스토르에게 주었다고 한다.

조랑말자리는 작고 희미한 별자리로 이 이야기에서도 아주 작은 비중을 차지하지만, 그래도 이 별자리와 관련된 유명한 사건이 하나 있다. 조랑말자리는 7세기에 대낮의 대유성우가 일어난 장소이다. 이 유성우는 오늘날에도 볼 수 있다. 물론 지금은 대낮에 볼 수도 없고, 규모도 대단하지 않지만, 2월 6일 무렵에 극대기에 이른 이 유성우를 볼 수 있다.

은하수를 따라 멀리 나아가면

아르고자리, 곧 용골자리와 고물자리, 나침반자리, 돛자리는 주로 남반구에서 볼 수 있고, 2월의 밤하늘에서 상당히 넓은 면적을 차지한다. 여기에는 남반구에서 가장 밝은 별 몇 개도 포함돼 있어 찾기가 비교적 쉽다. 남십자자리에서 시작해 은하수를 따라 북쪽에서 동쪽으로 나아가면, 다음의 밝은 별자리로 돛자리와 용골자리가 나오고, 그 다음에는 고물자리와 나침반자리가 나온다.

은하수를 따라 더 멀리 나아가면, 큰개자리와 작은개자리와 오리온자리를 지난 뒤에 황도에 이르게 되고, 그 위에서 쌍둥이자리를 만나게 된다. 황도를 따라 오리온자리(황도 바로 아래에 있는)를 다시 지나고, 황소자리의 밝은 별 알데바란을 지나면 양자리가 나타난다. 물론 이 모든 천체를 하늘에서 동시에 보려면 제법 치밀한 계획이 필요하며, 여러분이 서 있는 위치에 따라 볼 수 있는 것이 달라질 수 있다. 예컨대 여러분이 있는 곳에서는 양자리가 막 서쪽 지평선 아래로 지고, 돛자리는 아직 동쪽 지평선 위로 떠오르지 않았을 수 있다. 그리고 여러분이 어디에 있든지 간에 헤르쿨레스자리와 그 옆에 있는 거문고자리는 2월의 밤하늘에서 보기 어렵다. 만약 여러분이 북반구에서 위도가 높은 곳에 있다면, 헤르쿨레스자리의 발끝이 북쪽 지평선 위로 고개를 내미는 것만 간신히 볼 수 있을 것이다. 조랑말자리도 보기 힘든데, 적어도 적절한 밤 시간에는 보기 어렵다. 2월 초에 초저녁

에만 잠깐 볼 수 있지만(돌고래자리 근처에서), 조랑말자리가 아주 희미하고 그 시간에는 하늘이 비교적 밝다는 점을 감안하면, 이 별자리를 볼 가능성은 아주 희박하다. 반면에 2월에 페르세우스자리는 여전히 북쪽 하늘의 중심 부근에 있다. 페르세우스자리의 밝은 별 알게니브(미르파크라고도 함)를 찾아보라. 알게니브는 마차부자리의 밝은 별 카펠라 근처에 있다.

눈길을 끄는 별들

이 별자리들을 모두 찾았으면, 이번에는 각각의 별자리를 좀 더 자세히 살펴보기로 하자. 한때 아르고자리였던 네 별자리에는 흥미로운 별이 2개 있다. 이 별자리들의 별에 이름을 붙이는 법은 별자리의 역사 때문에 다소 기묘하다. 대부분의 별자리는 바이어의 체계에 따라 그 별자리에서 가장 밝은 별은 별자리 이름 다음에 알파(α)를, 둘째로 밝은 별은 베타(β)를, 셋째로 밝은 별은 감마(γ)를 붙이지만, 이 별자리들은 예외다. 대신에 이 별자리들을 이루는 별들은 원래의 별자리에서 차지하던 위치에 따라 붙은 옛날의 그리스어 문자가 그대로 남아 있다. 거기다가 혼란스럽게도, 나침반자리에는 이 원칙이 적용되지 않는다. 나머지 별자리는 전통적인 방식을 따르는 반면에 왜 나침반자리의 별들에는 새로운 이름이 붙었는지는 수수께끼로 남아 있다.

나침반자리의 별들은 모두 희미한 편이며, 가장 밝은 별인 나침반자리 알파별도 실시 등급이 겨우 3.68등급에 불과하다. 이 별자리들 중에서 가장 밝은 별은 용골자리에 있는 카노푸스이다. 실시 등급이

−0.7등급인 카노푸스는 밤하늘에서 시리우스 다음으로 밝은 별이다. 카노푸스는 실제 밝기도 아주 밝은 별이다. 카노푸스는 태양보다 2만 배나 더 밝지만, 310광년이라는 먼 거리에 있기 때문에 시리우스보다 약간 덜 밝아 보인다. 시리우스의 실제 밝기는 태양보다 22배 더 밝은데, 단지 거리가 가까워서 밤하늘에서 아주 밝게 보일 뿐이다.

카노푸스는 질량이 아주 크고 뜨겁고 밝은 백색 초거성으로, 수명은 수백만 년 정도로 아주 짧은 편이다. 초거성은 이미 앞에서 몇 개 소개한 적이 있다. 오리온자리의 리겔은 청백색 초거성이고, 같은 별자리의 베텔게우스는 적색 초거성이다. 별의 색은 표면 온도와 나이에 대해 유용한 정보를 알려 준다. 적색 초거성은 청색 초거성보다 온도가 훨씬 낮고 나이는 더 많다. 백색(혹은 황백색) 초거성인 카노푸스는 적색 초거성과 청색 초거성의 중간에 위치한다.

고대 이집트 사람들은 카노푸스가 가을의 시작을 알린다고 믿었는데, 추분 때 카노푸스가 태양과 함께 떠오르기 때문이다. 카노푸스는 또한 이집트 신화에서 가장 중요한 신과 관련이 있어 '오시리스의 별'로 알려져 있다. 오시리스(가끔 오리온자리와 동일시되는)는 생명과 죽음과 풍요의 신인데, 카노푸스(가을은 수확의 계절이므로)와 관련이 있는 것은 이 때문일지 모른다.

베두인족은 카노푸스를 수하일이라 부르는데, 수하일은 중심에 있는 여성 별인 알자우자(다른 곳에서는 오리온으로 알려진)의 마음을 얻으려고 노력하지만 성공하지 못한다. 알자우자의 마음을 얻는 데 실패한 수하일은 하늘에서 먼 남쪽으로 유배를 떠난다. 인도에서는 카노푸스를 물의 여신 바루나의 아들인 아가스티야라고 부른다. 아가스티

야는 가장 오래되고 가장 중요한 힌두교 경전 중 하나인 《리그베다》에서 최고 브라만이 알려 준 만트라를 베껴 적은 현인들 중 한 명이다.

용골자리에서 눈길을 끄는 또 다른 별은 용골자리 에타별이다. 5장에서 이야기했듯이, 이 별은 1843년에 초신성이 되려고 시도했다가 실패한 변광성이다. 1843년에 용골자리 에타별은 시리우스를 비롯해 하늘의 모든 별을 압도할 정도로 밝은 빛을 냈다. 시리우스의 실제 밝기가 태양보다 22배 밝고, 카노푸스는 약 2만 배 밝다고 했는데, 용골자리 에타별은 무려 400만 배나 더 밝다.

고물자리와 나침반자리에서 맨눈으로 볼 수 있는 별들 중에는 그다지 눈길을 끄는 것이 없는데, 다만 고물자리에는 맨눈으로 간신히 볼 수 있는 산개 성단 M47이 있다. 이 성단은 실제로는 성도에서 고물자리보다 외뿔소자리에 더 가까이 있다. 그래도 고물자리의 일부로 분류되는 이유는 국제천문연맹이 1930년대에 빈 공간에 새로운 별자리를 더 만들지 못하도록 하기 위해 그은 경계선 때문이다. 기억날지 모르겠지만, 산개 성단은 모두 같은 분자 구름에서 탄생하여 서로 가까이 모여 있는 별들의 집단이다. 모든 별은 산개 성단으로 시작해 시간이 지나면서 점점 흩어져 간다. 황소자리의 플레이아데스 성단(좀생이 성단)이 가장 유명한 산개 성단인데, 뒤에서 더 자세히 살펴볼 것이다. M47은 찾기가 훨씬 더 어려우며, 아주 좋은 관측 조건에서도 맨눈에는 하나의 별처럼 보인다.

별빛을 분석해 별의 성분을 알아내다

아르고자리를 이루는 네 별자리 중 마지막 별자리인 돛자리에서 가장 밝은 별은 돛자리 감마별이다. 사실은 이 별은 하나의 별이 아니고 다중성이다. 이 다중성계 안에서 가장 밝은 별은 볼프-레이에별이다. 볼프-레이에별은 별의 한 진화 단계를 가리키는 용어로, 초거성이 아주 강한 항성풍을 내뿜으면서 빠른 속도로 질량을 잃는 별을 말한다. 프랑스의 샤를 볼프Charles Wolf와 조르주 레이에George Rayet는 1867년에 파리 천문대에서 하늘을 관측하다가, 백조자리에서 그 해에 그 스펙트럼이 다른 별들과는 눈에 띄게 다른 별을 3개 발견했다.

19세기 전반에는 별(혹은 다른 광원)에서 나오는 빛을 분석함으로써 별을 이루는 성분을 알아내는 기술이 개발되었는데, 분광법이 바로 그것이다. 앞에서 보았듯이, 백색광은 무지개색의 스펙트럼으로 이루어져 있으며, 이것은 다시 전자기 스펙트럼(우리 눈에 보이지 않는 열이나 전파 같은 전자기파를 포함한)의 일부를 이루고 있다. 분광법을 개척한 사람들은 어떤 광원에서 나온 빛을 그 스펙트럼으로 분해하면, 군데군데 빛이 빠져 검은 선으로 표시된 부분들이 나타난다는 사실을 발견했다. 예를 들면, 암선(빛이 빠진 부분)이 빨간색 부분에 하나, 초록색 부분에 하나, 파란색 부분에 둘이 나타날 수 있다. 그들은 수소나 헬륨, 산소를 태울 때 나오는 빛처럼 알려진 광원에서 나오는 빛의 스펙트럼들을 서로 비교해 보았다. 그 결과, 원소마다 각자 고유한 지문 스펙트럼이 있다는 사실을 알아냈다. 그리고 별빛의 스펙트럼에서 빠진 부분, 즉 암선들을 알려진 원소의 스펙트럼과 비교함으로써 별의 구성 성분을 알 수 있다는 사실을 발견했다. 이것은 별의 구성 성분을 알아내는 데뿐만 아니라, 다양한 진화 단계에 있는 별 내부에서 어떤 일이 일어나는지 알아내는 데 아주 유용한 정보를 제공했다.

볼프와 레이에는 백조자리의 별들에서 알 수 없는 지문을 하나 발견했다.(그것은 나중에 헬륨에서 나온 것으로 밝혀졌는데, 이 기체 원소는 지구에서도 그때까지 발견되지 않다가 1년 뒤에야 비로소 발견되었다.) 그들은 또한 탄소와 산소, 질소의 지문도 발견했는데, 이 원소들은 대부분의 별에서는 발견되지 않았다. 오늘날 우리는 이 원소들이 만들어지려면 별이 중심부에서 수소가 헬륨으로 변하는 핵융합 반응이 끝나야 하고, 헬륨이 더 무거운 이들 원소로 변하는 핵융합 반응이 계속 일어나려면 중심부가 충분히 커야 한다는 사실을 알고 있다. 이런 일은 나이가 아주 많고 질량이 아주 큰 별—초신성 단계를 이미 지난 별—에서만 일어날 수 있다. 두 사람은 백조자리에서 조사하던 별들에 특이한 원소가 여러 가지 존재한다는 사실만 알아냈을 뿐, 이런 사실은 나중에 가서야 밝혀졌다. 그럼에도 불구하고, 우리는 아직도 나이가 아주 많고 질량이 아주 큰 이 별들을 그들의 이름을 따서 볼프-레이에 별이라 부른다.

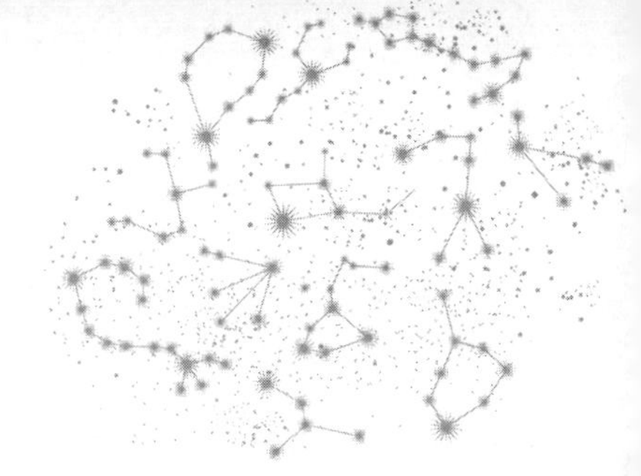

양자리와 분점

양자리는 9월부터 3월까지 볼 수 있고, 그 중간 무렵에 가장 잘 보인다. 황도대의 모든 별자리와 마찬가지로 양자리는 일 년 중 점성술에서 특별한 의미가 있는 것으로 간주되는 시기에 시야에서 사라진다. 이것은 점성술의 관점에서는 태양이 그 별자리에 있는 것이 중요할 뿐, 우리에게 그 별자리가 보이느냐 보이지 않느냐는 중요하지 않기 때문이다. 양자리와 그 안에 있는 밝은 별은 모두 다 춘분점과 관련이 있으며, 따라서 점성술에서 일 년의 시작과 관련이 있다. 다만, 오늘날에는 지구의 세차 운동 때문에 별자리들의 위치가 옛날과 달라져 춘분일 때 태양은 물고기자리에 있다.

양자리의 별들은 역사를 통해 봄의 시작을 알리는 역할을 했다. 양자리에서 가장 밝은 별이자 한때 춘분점의 표지였던 하말은 '양의 머리'란 뜻의 아랍어 '라스 알하말'에서 유래했다. 두 번째로 밝은 별인 샤라탄과 그 짝별인 메사르팀은 춘분점의 표지로 쓰이던 역사적 지위 때문에 그 이름을 얻었다. 샤라탄은 아랍어로 '두 개의 표지'란 뜻의 단어에서 유래했는데, 샤라탄이 이중성 또는 쌍성이라는 사실과 두 별이 분점을 나타낸다는 사실을 담고 있다. 메사르팀이란 이름은 '양자리의 첫 번째 별'이란 뜻의 산스크리트어나 '살찐 양'이란 뜻의 아랍어 또는 '장관의 시종'이란 뜻의 히브리어에서 유래한 것으로 추정된다. 메사르팀은 쌍성이어서 샤르탄-메사르팀계는 다중성계를 이루고 있다.

지금까지 우리가 만난 별들의 이름은 대부분 그리스어나 아랍어에서 유래하거나 훗날 유럽인이 만든 명명 체계에 따라 만들어졌다. 이 때문에 산스크리트어나 히브리어에서 유래한 별 이름은 특이하다. 산스크리트어나 히브리어에서 유래한 별명이 붙어 있는 별이 많은데, 두 언어에는 한때 별들에 이름을 붙이는 나름의 체계가 있었기 때문이다. 하지만 이들 이름 중에서 공식 이름으로 받아들여진 것은 거의 없다. 그리고 메사르팀이라는 이름의 정확한 유래는 아직 수수께끼로 남아 있다.

카스토르와 폴룩스

카스토르와 폴룩스는 쌍둥이자리에서 두 쌍둥이의 머리에 해당하는 밝은 별이다. 둘 중에서 카스토르가 더 밝은데, 실시 등급은 약 2등급이다. 사실, 카스토르는 하나의 별이 아니라 6개의 별로 이루어져 있으며, 돛자리 감마별처럼 여러 쌍의 쌍성으로 이루어진 다중성이다. 폴룩스는 카스토르보다 약간 덜 밝다.

그리스 신화에서 카스토르와 폴룩스는 이아손의 아르고호 원정대에 참여한 쌍둥이로 나온다. 두 사람은 제우스와 레다 사이에서 태어났는데, 제우스는 백조로 변신해 레다에게 접근했다. 백조로 변신한 제우스가 백조자리와 연관이 있다고 하는 이야기도 있다. 카스토르와 폴룩스는 흔히 알에서 태어났다고 이야기한다. 두 쌍둥이에 관한 또 다른 이야기는 은하수에서 백조자리의 위치와 관련이 있다. 한 전설에 따르면, 은하수가 소 떼를 나타낸다고 하는데, 쌍둥이자리가 반은 은하수에 걸쳐 있고 반은 은하수에서 벗어나 있는 것은 쌍둥이가 훔친 소 떼를 몰고 달아나는 모습을 나타낸다고 한다.

베비스의 성도에 묘사된 쌍둥이자리는 훔친 소 떼 이야기하고는 별로 관련이 없어 보인다. 아래 그림에서는 소 떼를 몰고 달아나는 쌍둥이의 모습을 전혀 찾아 볼 수 없다. 다른 그림들에서는 쌍둥이를 약간 다른 위치에 있는 모습으로 묘사한다. 이 그림에서는 폴룩스가 한 팔로 카스토르의 허리를 두른 채 둘이 나란히 앉아 있다. 폴룩스는 다른 손으로는 머리 위로 낫을 쳐들고 있고, 카스토르는 오른손에는 현악기를, 왼손에는 양쪽에 화살촉이 달린 화살을 들고 있다. 오늘날 쌍둥이는 보편적으로 카스토르와 폴룩스로 받아들여지지만, 역사적으로

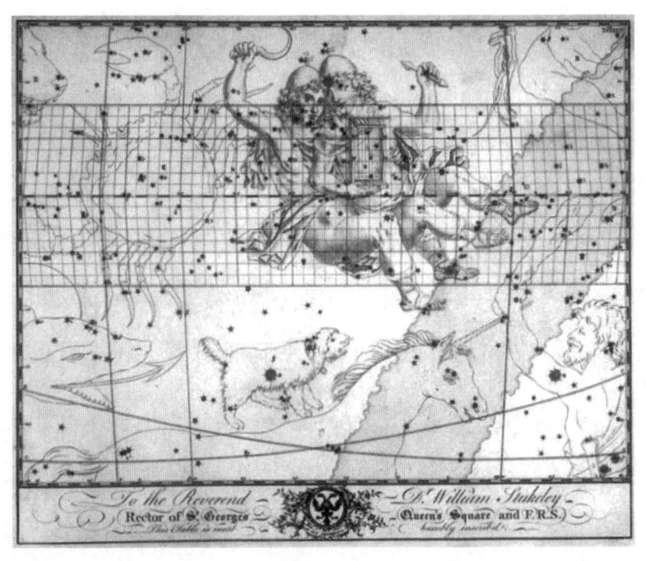

쌍둥이자리(베비스 아틀라스 이미지(Bevis Atlas images), Manchester Astronomical Society(UK)(www.manastro.org) 제공)

는 이 둘을 아폴론과 헤라클레스로 본 적도 있었다. 아르테미스의 오빠인 아폴론은 궁술과 음악의 신이기도 한데, 이 그림의 카스토르처럼 리라와 화살을 든 모습으로 자주 묘사되었다. 헤라클레스는 두 번째 과제에서 레르나의 히드라를 공격할 때 낫을 사용했기 때문에, 가끔 이 무기를 든 모습으로 묘사된다. 이것은 카스토르와 폴룩스가 왜 이런 물건들을 들고 있는지 잘 설명해 준다.

다른 문화들에서도 카스토르와 폴룩스를 주목했다. 밝기가 일부 이유이겠지만, 더 큰 이유는 태양과 달과 행성들이 지나가는 길인 황도대에 위치했기 때문이다. 중국 천문학자들은 카스토르와 폴룩스를 각각 음과 양으로 본 반면, 베다(아주 먼 옛날의 인도) 천문학자들은 둘을 합쳐 27개의 나크샤트라('달의 저택'이라고도 함) 중 하나인 푸나르바수 나크샤트라로 보았다.

중국 천문학과 점성술에도 달의 저택과 비슷한 개념이 있다고 말했다. 하지만 인도 천문학에서 이야기하는 이 개념은 중국 천문학에서와 같이 음력 한 달 동안 변하는 달의 위치를 가리키긴 하지만, 차이점이 있다. 베다에서는 천문학과 점성술을 포함해 온갖 것에 대해 이야기한다.(사실, 얼마 전까지만 해도 모든 문화에서는 이 두 분야가 하나로 합쳐져 있었다.) 서양의 황도대 별자리들은 일 년 동안 태양이 움직이는 것처럼 보이는 하늘의 길을 나타낸다. 베다 점성술에서도 이 황도대를 사용하지만, 여기에 더해 27개의 나크샤트라(달의 저택)를 설명한다. 이것들은 한 달 동안 달이 움직이는 것처럼 보이는 하늘의 길을 나타낸다. 베다 점성술에서는 이 각각의 구역을 별이나 별들의 집단으로 대표한다. 첫 번째 나크샤트라는 양자리의 머리에 해당하는 아쉬비니이다.

각각의 나크샤트라마다 관련 신화가 있다. 예를 들면, 첫 번째 나크샤트라는 아쉬빈스—새벽을 불러오고, 어둠을 빛으로, 무지를 지식으로 바꾸는 능력이 있는 쌍둥이 신—의 아내(혹은 어머니)인 아쉬비니(아스비니라고도 함)이다. 아쉬빈스는 또한 의술과 치료하고도 관련이 있다. 달이 아쉬비니 나크샤트라에 있을 때 태어난 사람은 민첩하고 명석하며, 치유의 손을 갖고 있다고 이야기한다. 푸나르바수(카스토르와 폴룩스로 대표되는)는 일곱 번째 나크샤트라로, 라마 신(비슈누의 화신 중 하나)이 이때 태어났다고 한다. 푸나르바수는 가끔 부활의 별이라 부르기도 하는데, 회복과 좋은 일이 다시 돌아오는 것과 관련이 있기 때문이다.

아르고자리와 노아의 방주

아르고호와 그 이야기와 관련이 있는 마지막 별자리는 비둘기자리이다. 요한 바이어는 1603년에 출판한 《우라노그라피아》에서 이 별자리를 부리에 올리브 가지를 물고 있는 비둘기 모습으로, 곧 노아의 비둘기 모습으로 그렸지만, 별개의 별자리로 묘사하진 않았다. 대신에 이웃 별자리인 큰개자리의 일부로 보았다. 비둘기자리를 별도의 별자리로 만들고 완전한 이름을 붙인 사람은 프랑스 천문학자 오귀스탱 루아이에Augustin Royer이다.

바이어는 다양한 탐험가와 상인에게서 얻은 정보를 이용해 비둘기자리와 남십자자리를 완전한 별자리 대신에 '성군'으로 분류했다. 하지만 루아이에는 1679년에 출판한 자신의 성도에서 두 별자리를 완전한 별자리로 격상시켰다. 베비스의 성도에서는 아르고자리를 나타낸 그림에서 비둘기자리를 찾아볼 수 있는데, 오른쪽 구석 아래에 올리브 가지를 물고 있는 비둘기의 모습으로 묘사돼 있다. 아르고호 원정대 이야기와 결부시켜 비둘기자리를 설명하는 다른 이야기도 있다. 즉, 피네우스 왕의 충고에 따라 이아손이 심플레가데스 바위 사이로 날려 보낸 새가 바로 이 비둘기라는 것이다. 베비스가 묘사한 아르고자리 그림을 보면, 이것이 (적어도) 그가 선호한 이야기처럼 보인다.

오귀스탱 루아이에에 대해서는 태양왕 루이 14세Louis XIV를 기려 새로운 별자리를 2개 도입하려고 시도했다는(실패로 끝났지만) 것 말고는 알려진 이야기가 별로 없다. 하늘의 어떤 천체나 별자리에 자신의 후원자 이름을 붙이려고 시도한 천문학자 이야기는 앞에서도 여러 번 나왔다. 가장 유명한 예는 갈릴레이일 것이다. 그는 자신이 발견한 목성의 4대 위성을 '메디치의 별들'이라고 이름 붙였다. 하지만 이 이름은 시간의 검증에서 살아남지 못했는데, 주된 이유는 목성의 위성이 4개뿐이 아니라 더 많은 것으로 밝혀졌기 때문이다. 헤벨리우스 부부는 1장에서 설명했듯이 후원자이던 폴란드 왕을 기려 '소비에스키의 방패자리'를 만들었다. 이와 비슷하게 몇 년 뒤인 1725년에 핼리는 헤벨리우스의 별자리 중 하나인 사냥개자리에 있는 별에 영국 왕 찰스 1세를 기려 코르 카롤리Cor Caroli('찰스의 심장'이란 뜻)라는 이름을 붙였다.

하지만 18세기 말에 이르자 천문학계는 이런 관행에 넌덜머리가 났다. 오귀스탱 루아이에가 프랑스 왕실 문장을 따 백합자리를, 루이 14세를 기려 '홀과 정의의 손 자리'를 만들려고 시도했지만, 이 별자리들은 자신의 성도에만 등장했을 뿐, 다른 곳에서는 어디에도 실리지 않았다. 마찬가지로 윌리엄 허셜은 새로 발견한 행성(천왕성)을 '조지의 별Georgium Sidus'이라 이름 붙였지만, 그 이름은 제한된 범위에서만 쓰이다가 나중에 완전히 폐기되고 말았다. 독일 천문학자 요한 보데Johann Bode도 죽은 프로이센 왕 프리드리히 2세를 기려 '프리드리히의 영예Honores Friderici'라는 별자리를 만들려고 시도했지만, 실패로 끝났다. 이제 천문학은 다음 단계로 넘어간 것처럼 보였다. 유럽의 많은 과학자가 지지한 프랑스 혁명과 미국 독립 혁명도 이런 관행에 불리하게 작용했다. 군주나 후원자의 이름을 천체에 붙이는 것은 더 이상 받아들이기 힘든 시대착오적 관행이 되었다.

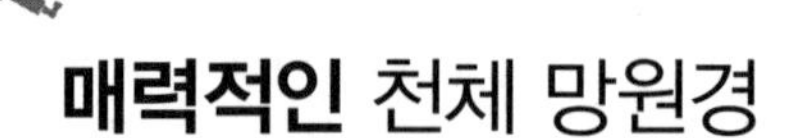

매력적인 천체 망원경

지금까지 우리는 맨눈으로 볼 수 있는 별들만 살펴보았다. 이 별들이나 달 또는 행성을 좀 더 자세히 보고 싶다면, 쌍안경이나 천체 망원경이 필요하다. 대부분의 천문학자는 쌍안경과 받침대를 사용하라고 권하는데, 망원경보다 훨씬 값싸고 다루기가 쉬우면서도 상당한 배율을 얻을 수 있기 때문이다. 그래도 굳이 망원경을 구입하고 싶다면 어쩔 수 없지만, 선택할 수 있는 망원경의 종류는 어지러울 만큼 많다.

나는 개인 망원경이 없다. 나는 사전에 어떤 종류의 별인지 확인한 뒤에 망원경을 통해 그 흐릿한 상을 바라보는 것보다 별자리와 거기에 얽힌 이야기에 더 관심이 많다. 망원경을 통해 보이는 것은 망원경의 배율에 크게 좌우된다는 사실을 명심할 필요가 있다. 그리고 배율은 여러분이 기꺼이 지불할 수 있는 돈에 큰 제약을 받는다. 그래도 꼭 개인 망원경을 사야 한다면, 나는 미드Meade나 셀레스트론Celestron처럼 유명한 제품을 사지는 않을 것이다. 대신에 나는 포터 가든 망원경Porter Garden Telescope을 선택할 것이다. 어디까지나 그럴 여력이 있다면 말이다. 포터 가든 망원경은 탐험가이자 건축가, 화가인 러셀 포터Russell Porter가 만든 것이다. 많은 점에서 이것은 정원용 해시계를 닮았으며, 심지어 망원경이라기보다는 비과학적 장식물에 더 가까워 보인다. 어떤 면에서 이 점은 포터가 노린 효과이기도 했다. 그는 일

포터 가든 망원경(Telescopes of Vermont(http://gardentelescopes.com) 제공)

년 내내 정원에 둘 수 있는 아름답고도 기능적인 망원경을 원했다.

포터는 1893년에 프레더릭 쿡Frederick Cook의 그린란드 탐험에 화가 겸 측량 기술자로 함께 따라 나섰으며, 1901년에는 볼드윈-지글러 북극점 탐험(실패로 끝났지만)에도 참여했다. 미국 버몬트 주 스프링필드의 고향으로 돌아온 뒤, 그는 천문학과 망원경 제작에 몰두했다. 1919년에는 망원경에 큰 열정을 가진 동료이자 성공한 사업가이던 제임스 하트니스James Hartness로부터 광학과 기계 분야의 엔지니어로 일해 달라는 제의를 받았다. 3년 뒤, 포터는 몇몇 제자와 함께 하트니스의 지원을 받아 스프링필드 망원경 제작자 클럽을 설립했다. 이 클럽은 나중에 스텔라페인 협회로 이름이 바뀌었는데, 지금은 세계에서 가장 규모가 큰 아마추어 천문학 협회이다. 이 협회는 매년 페르세우스자리 유성우가 쏟아질 무렵인 8월에 스텔라페인 대회라는 별 관측 모임 star party을 연다.

포터는 1920년대에 자신의 가든 망원경을 설계하는 일에 뛰어들었다. 아름다우면서도 실용적인 망원경을 만드는 것을 목표로 삼은 그는 같은 시대에 활동했던 윌리엄 모리스와 미술 공예 운동에 뛰어든 사람들의 철학을 실천에 옮겼다. 그들과 마찬가지로 포터도 구매 가능성의 중요성을 알아채지 못했다. 어쩌면 일부러 무시했는지도 모른다. 그가 만든 한 가든 망원경은 가격이 비교적 비싼 새 자동차와 맞먹었는데, 실제로 오늘날 버몬트 망원경 회사에서 그것을 정교하게 제작한 복제품도 그 정도 가격이 나간다. 하지만 포터는 아름답고 실용적인 망원경을 만드는 데 성공했다. 그것은 설치하거나 해체할 필요 없이 일 년 내내 정원에 아름다운 장식물로 그냥 두면서 하늘에 자세히 보고 싶은 게 있을 때마다 언제든지 들여다볼 수 있는 망원경이었다. 그와 스프링필드 망원경 제작 회사는 그 망원경을 약 50대 만들었는데, 그중 일부는 오늘날 박물관과 과학 센터, 개인 컬렉션에 보관돼 있다. 포터는 조지 엘러리 헤일의 개인적 부탁을 받고 더 크고 더 전통적인 전문가용 망원경을 설계했는데, 캘리포니아 주 팔로마 산 천문대에 설치된 구경 5m짜리 헤일 망원경이 그것이다.

포터 가든 망원경과 트랜싯

포터 가든 망원경은 그때나 지금이나 절대로 아마추어용 망원경이라고 할 수 없지만, 그 기묘한 성격에도 불구하고 중요한 역할을 했다. 17세기와 18세기에는 망원경은 기능성뿐만 아니라 아름다움에도 최대한 신경을 썼는데, 부자 아마추어는 국립 천문대나 왕립 천문대에 설치된 최고 성능의 망원경에 조금도 손색이 없거나 더 나은 망원경을 자랑했다. 하지만 19세기 말에 이르자 상황이 역전되었다. 천문대들은 웬만한 부자 아마추어로서는 엄두도 낼 수 없을 만큼 아주 크고 값비싼 망원경을 주문 제작하기 시작했다. 20세기 후반에는 상황이 아마추어에게 더욱 불리해졌는데, 여러 나라가 협력해 기상 조건과 관측 조건이 비교적 좋은 오지의 산꼭대기에 거대한 망원경을 짓기 시작했기 때문이다. 그와 동시에 작고 비교적 값싼 아마추어용 망원경은 황금과 유리로 만든 아름다운 장식품의 성격을 잃고, 기능성에 중점을 둔 소년의 장난감 비슷한 것이 되었다.

19세기 말과 20세기 초에는 전통적인 디자인에서 벗어남으로써 망원경에 새로운 팬을 끌어들이려는 시도들이 있었다. 이것은 오늘날 닌텐도 위Wii나 아이팟iPod이 성공을 거둔 것과 비교할 수 있다. 두 경우 모두 디자인과 마케팅에 공을 들임으로써 본질적으로 이전 제품과 다름없는 제품에 새로운 고객을 끌어들일 수 있었다. 19세기 말과 20세기 초에 소수의 망원경들도 이와 비슷한 전략을 택했는데, 공식적으로는 그다지 성공했다고 말할 수 없다. 그중에서 포터의 가든 망원경이 한 가지 예외였고, 또 하나는 전신 공학자 조사이어 래티머 클라크Josiah Latimer Clark가 발명한 도구였다.

클라크가 만든 트랜싯 장비—위아래 방향으로만 움직일 수 있고 좌우 방향으로는 움직이지 않는 망원경—는 주로 사람들이 관측한 결과를 별들과 비교할 수 있도록 하기 위해 설계한 것이었다. 그는 "만약 이 매력적인 장비가 제대로 알려지기만 한다면, 청진기나 카메라처럼 큰 인기를 끌 것이다."라고 기대했다. 특허를 얻은 뒤에 낸 소책자에서 클라크는 "자연을 사랑하는 사람들은 천체들의 움직임을 아주 정밀하게 관찰하는 데에서 큰 즐거움을 얻을 것이다."라고 주장했다. 그는 이 망원경의 가격을 책정하고 홍보하면서 이것을 아주 일상적인 물건으로 인식시킴으로써 사람들이 과학 장비로 여기지 않게 하는 것을 목표로 삼았다. 그는 팸플릿에서 이 망원경을 온갖 종류의 가정 용품과 비교했는데, "천문학에 관한 책이라면 전혀 펼쳐 볼 생각이 없더라도 트랜싯 장비를 그 제작 원리를 알 필요 없이 마치 전화를 사용하듯이 사용하고 싶은 생각이 드는 사람들"이 큰 매력을 느낄 것이라고 기대했다. 애석하게도 트랜싯 장비는 포터의 가든 망원경과 마찬가지로 큰 호응을 얻지는 못했다.

하지만 일반 대중 사이에서 망원경은 우리를 별과 연결시켜 주는 현대적인 정밀 공학 제품으로서뿐만 아니라, 18세기에 그랬던 것처럼 아름다움과 박식함을 보여 주는 도구로 큰 매력이 있다.

12

3월, 점성술과 황도대

수백 년 동안 천문학자와 점성술사는
하늘에서 같은 부분을 살펴보며 연구했고, 똑같은 천문표를 사용했으며,
심지어 때로는 같은 사람이 두 가지 일을 다 하기도 했다.
오늘날에는 점성술을 반박하는 과학적 증거가 훨씬 많지만,
500년 전 심지어는 1000년 전에 사용했던 것과
똑같은 용어를 사용해 논쟁이 진행되는 일이 많다.

점성술은 믿을 만한 것일까?

18세기의 유명한 비국교도 찬송가 작사가 아이작 와츠Isaac Watts는 어린이가 황도 12궁을 외우는 데 도움을 주기 위해 다음과 같은 시를 썼다.

The Ram, the Bull, the Heavenly Twins,(양, 황소, 하늘의 쌍둥이,)
And next the Crab, the Lion shines,(다음엔 게, 사자가 빛나고,)
The Virgin and the Scales;(처녀와 천칭;)
The Scorpion, Archer, and the Goat,(전갈, 궁수, 염소,)
The Man that pours the Water out,(물을 쏟는 남자,)
The Fish with glittering scales.(비늘이 반짝이는 물고기.)

아이작 와츠는 오늘날에도 여전히 불리는 찬송가를 많이 작사했지만, 아마도 〈게으름과 짓궂은 장난에 대항하여Against Idleness and Mischief〉라는 시로 가장 유명할 것이다. 이 동요는 《이상한 나라의 앨리스》에서 〈어쩜 이리 작은 악어가How Doth the Little Crocodile〉라는 시로 패러디되었다. 와츠의 작품 중에서 전적으로 혹은 주로 천문학이나 점성술을 다룬 것은 하나도 없지만, 교육과 관련된 것은 많다. 그의 책에 실린 많은 시처럼 이 시를 책에 포함시킨 이유는 와츠가 황도 12궁을 모든 어린이가 알아야 할 지식이라고 생각했기 때문이다.

일반적으로 일 년 중 언제 어디서건 황도대 일부와 황도 12궁 중 일부를 볼 수 있다. 예를 들어 3월에는 양자리, 황소자리, 쌍둥이자리, 게자리, 사자자리, 처녀자리를 볼 수 있다. 이것들은 밤하늘에서 가장 잘 알려진 별자리들에 속한다. 큰곰자리나 오리온자리처럼 그 모양은 잘 알려지지 않았다 하더라도, 점성술의 별자리로는 잘 알려져 있다. 이 별자리들은 점성술에서 항상 핵심 별자리로 사용돼 왔는데, 태양과 달과 행성들이 지나가는 것으로 보이는 하늘의 길인 황도를 표시하기 때문이다. 이 별자리들은 하늘에서 어떤 사건이 일어날 가능성이 가장 높은 곳, 따라서 점성술사가 해석할 메시지가 나타날 가능성이 가장 높은 곳을 표시한다.

점성술을 믿건 믿지 않건, 서양 사람들은 대부분 자신의 별자리를 알고 있다. 내 별자리는 전갈자리이지만, 나는 십대 시절(특히 소녀가 별점을 믿기 쉬운 나이)에도 아버지와 할아버지까지 전갈자리라는 사실 때문에 점성술에 대한 믿음이 별로 크지 않았다. 별자리가 같으니, 나에 대한 예언 내용은 아버지와 할아버지에게도 마찬가지로 적용되어야 할 것이었기 때문이다. 이 생각은 점성술에 대한 환상에서 깨어나는 데 도움이 되었다.

오늘날의 천문학자들은 점성술에 대한 공격을 막아 낼 수 있는 무기—점성술이 들어맞지 않는 이유와 따라서 천문학과 혼동해서는 안 된다는 논리—로 잘 무장하고 있다. 점성술에 대한 첫 번째 반론은 신문과 잡지의 별자리 운세가 부추기는 개념—전체 인구 중 12분의 1은 모두 똑같은 성격과 운명을 가진다는—을 공격한다. 물론 점성술사는 이 공격을 아주 쉽게 반박할 수 있다. 출판 산업의 상업적 필요를 충족시키기 위해 만든 별점과 개인에 맞춰 제공하는 '진짜' 별점은 구별

해야 한다고 주장하면서 말이다. 점성술에 대한 또 하나의 반론은 논박하기가 좀 더 어려운데, 점성술의 규칙들이 정해진 이후에 일어난 새로운 발견들을 물고 늘어지기 때문이다.

천문학자의 의심과 지적

우선, 천문학자들은 점성술이 실제로 어떻게 효과가 있는지에 대해 의문을 제기한다. 만약 행성이 우리의 삶에 어떤 영향을 미친다면, 우리에게 어떤 힘을 미쳐야 할 텐데, 그 힘이란 도대체 무엇인가? 우리와 행성들 사이의 먼 거리를 뛰어넘어 작용할 수 있는 힘은 오직 두 가지만 알려져 있다. 그것은 중력과 전자기력인데, 두 힘은 거리가 멀어질수록 급격하게 약해진다. 중력으로 말할 것 같으면, 우리에게 미치는 행성들의 중력은 달보다 훨씬 약하다. 달은 비록 행성만큼 질량이 크지는 않지만, 거리가 훨씬 가까워 우리에게 미치는 중력의 영향이 훨씬 크다. 마찬가지로 태양 자기장의 효과로 나타나는 전자기력은 가끔 지구에서 어떤 현상이 일어나게 하지만, 행성들이 미치는 효과를 압도할 가능성이 높다. 태양은 행성들보다 훨씬 크며, 자기장도 훨씬 강하다. 또, 많은 행성보다 거리도 더 가깝다.

하지만 점성술에서는 지구에서 일어나는 일에 영향을 미칠 수 있는 행성들의 잠재력은 거리 따위에는 상관없이 모두 비슷하다고 말하는데, 이것은 그 영향력이 뭔가 알려지지 않은 힘을 통해 작용한다는 것을 뜻한다. 만약 그렇다면, 다른 별들 주위에서 새로 발견된 행성들이나 심지어 태양계에서 발견된 수천 개의 소행성(본질적으로 작은 행성인)에 대해서는 뭐라고 말할 것이냐고 천문학자들은 계속해서 이의를 제기한다.

마지막으로, 천문학자들은 황도대의 열세 번째 별자리인 뱀주인자리를 지적할 것이다. 수천 년의 시간이 흐르는 동안 세차 운동 때문에 하늘에서 태양과 달과 행성들의 위치가 별들을 배경으로 조금씩 변해 왔다. 그 결과, 지금은 뱀주인자리가 태양과 달과 행성들이 지나가는 길에 위치한 별자리들 중 하나가 되었다. 이것은 생일에 해당하는 황도대 별자리가 더 이상 태양의 위치와 일치하지 않는다는 것을 의미한다. 뱀주인자리가 황도대의 열세 번째 별자리라는 것은 국제천문연맹이 각 별자리의 경계선을 정하면서 공식적으로 인정되었지만, 프톨레마이오스가 성도에 뱀주인자리가 황도를 가로질러 가는 것으로 기록한 2세기 무렵부터 이미 알려져 있었다. 하지만 프톨레마이오스는 점성술에 관한 자신의 저서인 《테트라비블로스*Tetrabiblos*》에서 뱀주인자리를 황도대 별자리로 인정하지 않았고, 이것은 그 후 점성술의 전통으로 굳어졌다.

오늘날의 점성술사들은 단순히 별점이 잘 들어맞는다는 사실로 스스로를 변호한다. 그들은 점성술이 잘 성립하고, 세상에는 과학으로 설명할 수 없는 것이 얼마든지 많은데, 왜 자신들이 틀렸다고 인정해야 하느냐고 항변한다. 그리고 별점이 잘 들어맞는다는 사실만 있는 그대로 받아들이면 되지 않느냐고 말한다. 이 주장은 이 사태의 본질을 잘 말해 준다. 만약 점성술이 효과가 있다고 믿는다면, 점성술이 과학적으로 불가능하다는 그 어떤 주장도 닫힌 마음에서 나온 옹졸한 소견이라고 일축할 수 있다. 하지만 만약 점성술이 효과가 없다고 믿는다면, 과학적 주장이 매우 설득력 있게 들린다.

점성술은 그 역사가 아주 길며, 오랫동안 천문학과 밀접한 관계가 있는 것으로 간주돼 왔다. 흔히 천문학자라고 불린 초기의 점성술사는 현대의 점성술사보다 점성술이 왜 효과가 있는지 설명하는 데 더 많은 정성을 기울였다. 최초의 천체 관측 기록들은 점성술사가 자기 일(주로 앞날을 예고하는 징조를 읽고 이해하는 것)을 하는 데 도움을 얻기 위해 기록되고 보관되었다. 고대 메소포타미아 사람들, 더 구체적으로는 바빌로니아인은 하늘과 모든 자연을 신들이 메시지를 남기는 일종의 게시판으로 보았다. 이 주장은 점성술이 왜 효과가 있는지 설명했다. 지상에서 일어나는 모든 일—홍수, 기아, 왕의 죽음과 탄생—은 신들 때문에 일어난다고 보았다. 그리고 신들이 보낸 메시지를 읽고 눈앞에 다가온 재난을 피할 수 있는 행동을 권고하는 것이 움마누라고 부르는 전문가 계급이 맡은 일이었다. 예를 들면, 일식과 월식은 특별히 강력한 징조로, 군주에게 위험한 것으로 간주되었는데, 그래서 일식이 일어날 때에는 군주가 안전한 곳으로 숨고 대신에 가짜 왕을 왕좌에 앉히는 것이 관행이 되었다.

행성을 뜻하는 영어 단어 '플래닛planet'은 '방랑자'란 뜻의 그리스어 단어에서 유래했다. 태양과 달, 그리고 맨눈으로 볼 수 있는 5개의 행성—수성, 금성, 화성, 목성, 토성—은 모두 '고정된' 별들을 배경으로 독립적으로 움직이는 것처럼 보이는 반면, 나머지 별들은 모두 함께 일정하게 움직이는 것처럼 보인다. 별들은 하늘에서 제멋대로 돌아다니는 방랑자들(지금은 태양계에 속한 천체들로 밝혀졌지만)과는 대조적으로 하늘에 고정돼 있다고 말했다. 그리고 별들이 고정돼 있는 이유는 세월이 아무리 흘러도 별들은 변하지 않고 서로 항상 같은 거리만큼 떨어져 있기 때문이라고 설명했다. 방랑자들은 이러한 독립적인 움직임 때문에 신의 메시지를 전달하는 전령으로 생각되었다. 행성들은 독립적으로 움직이지만, 모두 하늘을 가로지르며 뻗어 있는 띠, 즉 황도대에서만 움직인다는 사실은 일찍부터 관측되었다. 메소포타미아 사람들은 수천 년이 지나는 동안 황도를 나누어 동물들과 사람들로 대표되는 열한 구역으로 나누었는데(천칭자리는 훗날 그리스인이 추가했음), 이것이 바로 오늘날까지 쓰이는 황도 12궁이다. 다른 문화들에서는 황도대를 다른 방식으로 쪼갰다. 앞서 언급했던 고대 인도 천문학의 '나크샤트라(달의 저택)'는 하늘을 27개 또는 28개의 별자리로 나누었다.

베비스가 황도의 북쪽 하늘을 묘사한 그림은 황도대의 별자리들을 반으로 자른 모습을 보여 주는데, 원형 성도의 경계선들이 표시돼 있다. 위 왼쪽 구석에 베비스가 적어 놓았듯이 프톨레마이오스의 성도

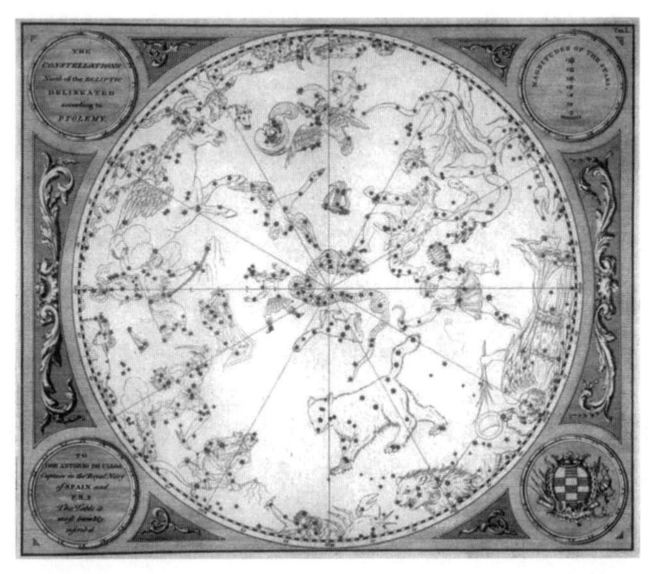

황도의 북쪽 하늘(베비스 아틀라스 이미지(Bevis Atlas images), Manchester Astronomical Society(UK)(www.manastro.org) 제공)

를 바탕으로 한 이 성도에서는 전갈자리와 궁수자리 사이의 황도에 뱀주인자리가 표시돼 있는 반면, 천칭자리는 전혀 보이지 않는다.

황도대의 별자리

열두 별자리 중 하나만 빼고 나머지는 모두 메소포타미아에서 유래했지만, 모두 같은 시기에 생겨난 것은 아니다. 7장에서 간단하게 언급했듯이, 이 별자리들의 유래에 관한 인기 있는 가설은 약 3000년씩 시간 간격을 두고 세 단계에 걸쳐 한 번에 4개씩 만들어졌다고 본다. 각각의 별자리 집단에는 봄, 여름, 가을, 겨울과 각각 상징적으로 관련이 있는 별자리가 하나씩 포함돼 있다. 예를 들면, 쌍둥이자리와 황소자리, 양자리는 모두 봄과 관련이 있다. 쌍둥이자리와 비슷한 쌍둥이 개념은 많은 문화의 창조 신화에 등장한다. 예를 들면, 하늘과 땅, 낮과 밤, 땅과 바다 같은 쌍둥이 개념이 있다. 이와 비슷하게, 황소와 숫양은 수컷의 생식력과 연관짓는 경우가 많으며, 따라서 생명의 시작과도 연관이 있다. 처녀자리, 사자자리, 게자리는 여름과 관련이 있다. 일반적으로 낟알과 함께 묘사되는 처녀자리는 여름의 풍요를 상징하는 일종의 어머니 대지를 대표한다. 사자자리는 일반적으로 한여름에 하늘에서 가장 높은 지점에 이르는 태양처럼 힘과 중요성과 관련이 있다. 게자리도 가장 높은 지점에 이른 태양을 대표하지만, 절대적인 높이보다는 방향 전환(하루하루 지남에 따라 더 높아지다가 다시 낮아지기 시작하는)에 더 중점을 둔다.

궁수자리와 전갈자리와 천칭자리는 가을을 나타내는 세 별자리이다. 궁수자리와 전갈자리는 둘 다 하락의 시작을 상징하는데, 발사된 화살과 꼬리의 침은 태양의 궤적을 아래로 향하게 하는 원인이 되기 때문이다. 한편, 천칭자리는 추분점에서 낮과 밤의 균형을 상징하는 것으로 해석할 수 있다. 물고기자리와 물병자리와 염소자리는 겨울 별자리이다. 각각의 별자리에서는 물이 중요한 역할을 담당하는데, 태양이 지평선 너머로 진 뒤에 가는 곳이라고 생각한 지하 세계와 관련된 도상학에서 표현되는 것과 마찬가지다.

황도 12궁의 유래에 관한 가설은 이 별자리 집단들이 모두 역사상 천문학적으로 중요한 의미가 있는 지점과 분점에 변화가 생긴 시점에 생겼다고 주장한다. 하지만 앞에서 설명했듯이 이러한 변화는 세차 운동 때문에 일어나며, 따라서 이따금씩 동일한 천문학적 지점을 표시하기 위해 새로운 별자리들이 필요하다. 이 가설에 따르면, 쌍둥이자리와 처녀자리, 궁수자리, 물고기자리는 기원전 6500년 무렵에 생겼고, 황소자리와 사자자리, 전갈자리, 물병자리는 기원전 3500년 무렵에 생겼으며, 양자리와 게자리, 천칭자리, 염소자리는 기원전 1000년 무렵에 생겼다. 이 시점들을 감안하면, 이제 다시 새로운 별자리 집단을 만들 때가 되었다는 사실을 알 수 있다. 다만, 완전히 새로운 별자리 집단을 만드는 대신에 기존의 별자리들로 대체하면 된다. 지금은 춘분 때 태양이 위치한 별자리는 물고기자리이며, 하지 때에는 쌍둥이자리이다. 이 가설은 아주 명쾌할 뿐만 아니라, 별자리들의 기원에 대해 우리가 아는 이야기하고도 일치한다. 예를 들어 황도대 별자리 중 유일하게 동물이 아닌 별자리인 천칭자리는 북반구에서 춘분 때 태양이 천칭자리에 오기 전에는 성도나 천문표에 등장한 적이 없었다.

점성술의 역사

초기 문명에서는 하늘은 큰 사건이나 군주의 생애와 운명에 관한 메시지만 하늘에 담고 있다고 생각했다. 훗날 이것은 모든 사람 혹은 적어도 의사를 부를 수 있는 모든 사람의 건강에 관한 메시지도, 그리고 더 나중에는 점성술사에게 별점을 볼 수 있는 사람의 생애에 관한 메시지도 담고 있는 것으로 확대 해석되었다. 훗날 마침내 천문학자들이 점성술과 거리를 두면서 공개적으로 점성술을 비판하기 시작했지만, 그동안 사람들의 사고 방식은 이미 점성술에 푹 젖어 있었다. 그래서 대부분의 사람은 여전히 별과 행성이 자신의 삶에 어느 정도 영향을 미친다고 생각했으며, 이런 생각은 놀라울 정도로 고치기가 어려웠다.

고대 그리스인이 메소포타미아의 점성술을 받아들일 때, 그들은 그 별자리들과 함께 각각의 행성(태양과 달을 포함해)이 서로 다른 신을 나타낸다는 개념을 받아들였지만, 거기다가 자신들의 일부 개념도 섞어 합쳤다. 고대 그리스인은 이미 기하학적 관계와 만물의 기본 구성 요소(즉, 흙, 불, 공기, 물)에 대한 이론을 알고 있었다. 이 이론들은 그리스 점성술에 포함되었고, 그래서 마르쿠스 마닐리우스Marcus Manilius가 프톨레마이오스보다 조금 앞선 시기에 점성술의 규칙을 정할 때, 그것은 상당히 장황한 것이 되었다. 짜증스럽게도 그는 새로운 규칙들이 왜 성립하는지 아무 설명도 제시하지 않았다.

프톨레마이오스는 자신의 저서 《테트라비블로스》에서 점성술을 정당화하는 근거를 일부 제시하려고 시도했다. 달은 조수에 영향을 미치고, 태양은 계절 변화와 기후와 식물의 생장에 영향을 미치니, 태양과 달과 그 밖의 천체들이 사람의 성격과 건강과 운명에 당연히 영향을 미치지 않겠는가? 사실, 이 정도의 상상력을 발휘할 필요도 없었다. 프톨레마이오스가 책을 쓸 무렵, 의학과 점성술은 이미 밀접한 관계가 있었다. 기원전 460년 무렵에 의사로 활동한 히포크라테스 Hippocrates는 메소포타미아에서 그리스로 전해진 점성술 개념에 큰 영향을 받았다. 오늘날 그는 히포크라테스 선서를 만든 것으로 유명하다. 하지만 그는 점성술을 바탕으로 한 의술 체계도 만들었는데, 이것은 16세기까지도 유럽에 큰 영향력을 미쳤다.

히포크라테스에 따르면, 행성들은 우리 몸에서 네 가지 체액(혈액, 점액, 황담즙, 흑담즙)의 균형에 영향을 미친다고 한다. 네 가지 체액은 네 가지 원소(공기, 물, 불, 흙)와 관련이 있으며, 네 가지 원소는 또 각각 다른 행성과 관련이 있다. 황도대의 각 부분은 우리 몸에서 각각 다른 부위를 지배한다고 생각했다. 황도대는 양자리와 머리에서 시작하여 물고기자리와 발가락으로 끝난다. 한편, 행성들은 각자 특정 원소나 원소들에 지배를 받는다. 행성들이 황도대의 어느 별자리에 있느냐에 따라 그 별자리와 관련이 있는 몸의 부위에서 그 행성과 관련된 원소의 힘이 강화되거나 약화되고, 그 결과 그 부위에서 체액의 균형이 달라질 수 있다. 특정 별자리나 행성과 관련이 있는 식물이나 광물을 사용해 치료하거나 균형을 잡을 수도 있다. 프톨레마이오스는 행성들이 태양이 열과 빛을 내뿜는 것처럼 그 영향력을 내뿜는다고 주장했다. 여러분이 이 특정 조합에 어떤 영향을 받느냐 하는 것은 태어나거나 수태되는 시점에 별들과 행성들의 배열이 어떠했느냐에 달려 있다.

기원전 5세기에 히포크라테스가 만든 개념, 즉 우리 몸이 황도대의 별자리들에 영향을 받는다는 개념은 2000년이 더 지난 뒤까지도 여전히 큰 영향력을 떨쳤다. 무엇보다도 점성술에 큰 힘을 실어 준 것은 바로 이 의학 이론과의 연관 관계였다. 즉, 점성술이 질병을 이해하고 치료하는 데 사용되었기 때문이다. 이 때문에 기독교가 점성술에서 미래를 예측하는 요소를 사실상 금지했던 중세 유럽에서도 점성술은 살아남을 수 있었다. 종교적 이유 때문에 점성술에서 미래를 예측하는 요소를 못마땅하게 여겼던 이슬람 세계에서 점성술은 새로운 차원으로 진화했다. 다수의 중요한 천문학자 겸 점성술사가 역사적 사건과 점성술적 정렬 사이에 어떤 연관 관계가 있는지 조사하기 시작했다. 오늘날의 천문학자들이 옛날 문서에서 언급된 천문학적 사건과 대조함으로써 그 문서가 기록된 연대를 알아내는 것처럼. 그들은 또한 하늘에서 메시지를 읽는 방법을 자세히 연구했고, 이 지식이 다시 유럽으로 흘러들어갔다.

점성술의 영광과 추락

12세기에 활동한 프랑스 신학자 생 빅토르의 위고Hugo of St. Victor는 천문학은 점성술의 실용적 부문에 지나지 않는다고 주장했는데, 천문학자는 자료를 수집하는 일을 하고, 점성술사는 그것을 해석하는 일을 한다고 했다. 15세기에 이르러 점성술은 유럽에서 제도화되었는데, 대학에서 정식 과목으로 가르치고, 모든 궁정에 점성술사를 두었기 때문이다. 인쇄술이 발명되고 나자 1460년 무렵부터는 점성술의 예언들이 날씨에서부터 다음 번에 일어날 자연 재해나 역병의 창궐에 이르기까지 모든 것을 다룬 문서와 소책자로(나중에는 책력의 형태로) 인쇄되기 시작했다.

이 무렵에 점성술이 왜 들어맞는지 정당화하는 설명은 조금 기묘한 방향으로 흘러갔다. 헤르메스 문서라 일컫는 일련의 문서가 발견되었는데, 모세 이전에 기록된 것이라 알려졌다. 더 오래된 문서일수록 더 믿을 만하다는 르네상스 시대의 믿음 때문에 이 문서는 점성술에 대해 매우 신뢰할 만한 원천 정보로 간주되었다. 이 문서는 훗날 2세기(프톨레마이오스 이후)에 만들어진 것으로 밝혀졌지만, 그때에는 문서에 포함된 개념들이 이미 널리 퍼진 뒤였다. 이 개념들은 하늘이 땅과 어떻게 상호 작용하는지 설명하며, 그에 따라 점성술이 어떻게 성립하는지 설명한다. 이 헤르메스 문서에서 이야기하는 우주의 주요 특징은 모든 곳에 정령 또는 악마가 존재하며, 그 영향력을 주변에 미친다는 것이다. 행성들과 황도대의 별자리들은 모두 이 악마들을 방출하는데, 점성술적 조합에 따라 서로 다른 악마들이 방출된다. 하지만 악마들이 지상에 사는 인간의 삶을 완전히 지배하지는 않는다. 따라서 순수한 본능을 극복할 수 있는 것처럼 지성을 적절히 훈련함으로써 악마의 영향도 극복할 수 있다고 했다.

16세기에는 점성술을 믿는 사람들이 크게 늘어났다. 점성술사들은 이제 유럽과 중동의 궁정과 대학에서만 활동하는 데 그치지 않고, 개인적으로 점성술사 겸 의사로 활동하는 사람들이 더 많았다. 셰익스피어는 자신의 희곡에서 점성술을 자주 언급했는데, 청중이 점성술에 관한 용어에 익숙하다고 생각한 것으로 보인다.

점성술의 인기가 이렇게 높아지자, 점성술에 대한 비판도 높아졌는데, 특히 유럽에서 그랬다. 개신교는 그 지위가 불안정해진 가톨릭 교회의 권위에 도전하고 나섰다. 점성술은 반역 사건에서 마법과 연금술과 얽히기 시작했다. 군주의 몰락을 예언하는 것은 반역으로 간주되었다. 어떤 사람들은 점성술의 대중화(소책자와 책력의 형태로) 때문에 지적 순수성이 훼손되어 이런 종류의 의심을 받게 되었다고 믿었다. 점성술사가 되면 분명히 큰돈을 벌 수 있었고, 개인적으로 점성술사로 활동하는 데에는 아무런 제약이 없었다. 하지만 이 점은 의사도 마찬가지였는데, 의사는 이런 비판을 받지 않았다.

그래서 돈을 벌기 위해 여러 가지 일을 하는 점성술사와 존경할 만한 천문학자를 구별하게 되었는데, 점성술사는 대체로 사기꾼으로 간주되었다. 티코 브라헤의 조수를 지내고 루돌프 2세 황제의 궁정에서 브라헤의 뒤를 이은 요하네스 케플러도 그런 사람들 중 하나였다. 오늘날 케플러는 행성들의 운동과 궤도 모양을 정의하는 법칙을 발견한 것으로 유명하지만, 그 당시에는 별점을 잘 치는 것으로도 유명했다. 그는 돌팔이 점성술사들을 점성술의 과학적 기초를 제대로 모른다면서 업신여겼지만, 정작 그 자신은 점성술을 지지했고, 가끔 별점을 쳐주고 부족한 수입을 보충했다. 그는 점성술 딸의 부양이 없다면 현명하지만 가난한 천문학 어머니는 굶어 죽고 말 것이라고 표현했다. 그가 만든 천궁도 400여 개는 오늘날 세계 각지의 도서관에 남아 있는 것으로 추정된다.

케플러를 조수로 고용한 브라헤도 별들이 지상의 생명들에 영향을 미친다는 원리를 받아들였지만, 그 영향이 절대적이라는 주장에는 반박했다. 그는 점성술사들의 일부 주장과 별들을 해석하는 데 사용하는 일부 해석 체계를 의심했지만, 점성술 자체를 반대하지는 않았다. 브라헤는 1572년에 초신성을 발견했을 때 그것을 점성술적으로 해석했고, 1577년에 혜성을 발견했을 때에도 똑같이 했다.

그런데 1650년부터 1700년 사이에 돌연히 점성술은 과학적 신뢰성을 잃게 되었다. 어떤 한 가지 결정적 사건이 이런 결과를 낳은 것은 아니었다. 비록 평소에 개인적으로 조롱하긴 했어도, 천문학자들이 갑자기 점성술을 비난하고 나선 것도 아니었다. 예를 들면, 영국의 초대 왕실 천문관인 존 플램스티드John Flamsteed는 1675년에 왕립 그리니치 천문대가 설립되었을 때, 친구들을 재미있게 하느라 천궁도를 만들어 별점을 쳤다.

그 시기에 점성술의 기반을 일거에 와르르 무너뜨린 어떤 천문학적 사건이 있었던 것도 아니다. 그보다는 두 세대에 걸쳐 동시에 일어난 많은 사건들의 결과로 점성술과 천문학 사이의 틈이 점점 더 크게 벌어진 것으로 보인다. 무엇보다도 1650년경에 이르러 지동설(태양 중심설)이 표준 우주 모형으로 자리 잡았는데, 그러자 황도대를 비롯해 별자리들의 의미 자체가 크게 변하게 되었다. 별자리들은 이제 더 이상 절대적인 배열이 아니라, 우리의 관점에 따라 그렇게 보인다는 사실이 명백해졌다. 망원경이 발명되어 천문학 도구로 사용되자, 천체들에서 이전에 점성술사들이 전혀 생각지 못했던 특징들이 새로 발견되었다. 혜성 역시 아이작 뉴턴과 에드먼드 핼리가 그 궤도가 행성처럼 규칙적이며 예측 가능하다는 사실을 발견하면서 앞날의 재앙을 경고하는 징조로서의 힘을 잃게 되었다. 뉴턴의 중력 법칙 역시 점성술적으로 작용하는 힘들이 있다는 주장의 기반을 뒤흔들었다.(흥미로운 사실은, 그 당시 중력 이론에 대한 반론들이 중력이 그 힘을 전달하는 가시적 수단이 전혀 없이 원격으로 작용하는 것으로 가정한다고 공격했다는 점이다.) 마지막으로, 어쩌면 이게 가장 중요한 것일 수 있는데, 과학을 하는 방법, 그리고 사실상 과학이 무엇이냐에 대한 태도에 큰 변화가 일어났다. 이 새로운 학문은 정량적 증거를 수집하고, 한 물체가 다른 물체에 어떻게 영향을 미치는지 측정하는 것을 바탕으로 했다. 반면에 점성술은 정량적으로 확실히 측정할 수 있는 것을 전혀 다루지 않았다.

이렇게 두 분야가 완전히 갈라서기 전까지 천문학은 점성술에 많은 빚을 졌다. 수백 년 동안 천문학자와 점성술사는 하늘에서 같은 부분을 살펴보며 연구했고, 똑같은 천문표를 사용했으며, 심지어 때로는 같은 사람이 두 가지 일을 다 하기도 했다. 오늘날에는 점성술을 반박하는 과학적 증거가 훨씬 많지만, 500년 전 심지어는 1000년 전에 사용했던 것과 똑같은 용어를 사용해 논쟁이 진행되는 일이 많다. 그러니까 미래를 예측할 수 있다는 게 사실이냐가 논쟁의 주요 초점이다. 이 모든 논란에도 불구하고, 점성술은 결코 사라지지 않을 것처럼 보인다.

황도 12궁에 관련된 신화

앞에서 우리는 황도대의 열세 별자리 대부분과 그것과 관련된 신화를 살펴보았다. 양자리의 숫양은 일반적으로 그리스 신화에서 황금 양털이 자란 그 숫양과 관련이 있다. 황소자리는 테세우스가 죽인 미노타우로스와 관련이 있으며, 이 이야기는 아리아드네가 자신의 왕관을 얻은 이야기로 이어지는데, 북쪽왕관자리는 이 왕관을 나타낸다. 황소자리는 때로는 헤라클레스가 일곱 번째 과제를 해결하다가 붙잡은 크레타의 황소와 관련이 있다고 이야기하기도 한다. 어쨌든 황소자리는 베비스가 그린 것처럼 일반적으로 뒷다리가 없는 반쪽 황소로 묘사된다. 이것은 황소자리가 미노타우로스를 나타낸다는 설에 힘을

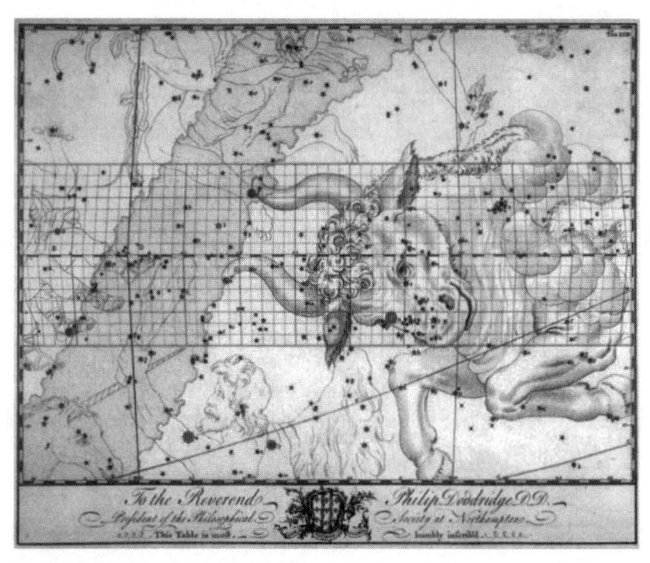

황소자리(베비스 아틀라스 이미지(Bevis Atlas images), Manchester Astronomical Society(UK)(www.manastro.org) 제공)

실어 주는데, 알다시피 미노타우로스는 반은 소, 반은 인간의 모습을 하고 있기 때문이다.

쌍둥이자리는 이아손의 아르고호 원정대에 참여한 쌍둥이인 폴룩스와 카스토르를 나타낸다. 게자리는 2장에서 보았듯이 헤라가 헤라클레스를 공격하라고 보냈지만, 헤라클레스가 자기도 모르게 발로 밟아 죽인 영웅적인 게를 나타낸다. 사자자리도 헤라클레스 이야기와 관련이 있는데, 헤라클레스가 죽여 그 가죽을 걸치고 다녔다는 네메아의 사자를 나타낸다. 한편, 처녀자리는 봄이 되면 지하 세계에서 올라오는 페르세포네와 관련이 있다. 천칭자리는 로마 시대에 가서 만들어졌기 때문에 관련된 그리스 신화나 로마 신화가 없다. 천칭자리를 이루는 별들은 프톨레마이오스의 성도에서 전갈자리의 발톱 중 일부를 이룬다. 전갈자리는 그리스 신화에서 오리온을 죽인 전갈을 나타낸다. 궁수자리는 그리스 신화에 등장하는 다양한 켄타우로스와 관련이 있지만, 특히 크로토스와 관련이 있다고 많이 이야기한다.

크로토스는 목동과 음악의 신인 판(상반신은 사람이고 다리와 꼬리는 염소이며 이마에 뿔이 난)과 님프 에우페메 사이에서 태어난 아들이다. 에우페메는 학예를 담당하는 아홉 여신인 무사(영어로는 뮤즈)의 유모였기 때문에, 크로토스도 그들과 함께 자랐다. 무사 중에는 천문학과 점성술을 담당하는 우라니아와 비극을 담당하는 멜포메네도 있었다. 멜포메네는 1852년에 그리니치 천문대에서 하인드J. R. Hind가 발견한 소행성에 그 이름이 붙어 있다. 그 당시 왕실 천문관이던 조지 비델 에어리는 그 소행성의 이름을 지어 달라는 부탁을 받았는데, 마침 에어리의 딸이 얼마 전에 죽었기 때문에 에어리는 딸을 생각해 무사 중에서 비극의 여신 이름을 소행성에 붙였다. 무사는 크로토스를 별들 사이에 올려놓는 데 나름의 역할을 했다. 크로토스가 죽자, 무사는 아버지인 제우스에게 크로토스를 하늘의 별자리로 만들어 달라고 호소했고, 그래서 크로토스는 궁수자리가 되었다. 어떤 사람들은 더 작은 별자리인 화살자리는 그의 활에서 발사된 화살이라고 말한다.

염소자리는 크로토스의 아버지인 판을 나타낸다. 폭풍의 신이자 올림포스 신들의 적인 티폰에게서 달아나던 판은 나일 강으로 뛰어들었다. 땅 위에서 판은 상반신은 사람이고 하반신은 염소였는데, 물속으로 들어가자마자 상반신은 염소로 변하고 나머지는 물고기로 변했다. 판은 반은 염소, 반은 물고기인 바로 이 모습으로 하늘로 올려져 염소자리가 되었다. 물병자리는 일반적으로 2장에서 소개했듯이 독수리에게 납치되어 올림포스 산에서 신들의 술잔에 술을 따르는 시종이 된 가니메데스와 관련이 있는 것으로 전해진다. 마지막으로 물고기자리가 있다. 물고기자리의 두 물고기는 사랑의 신인 에로스와 미의 여신인 아프로디테를 나타낸다. 이 둘도 판처럼 티폰에게서 도망치다가 물속으로 뛰어들면서 물고기로 변했다.

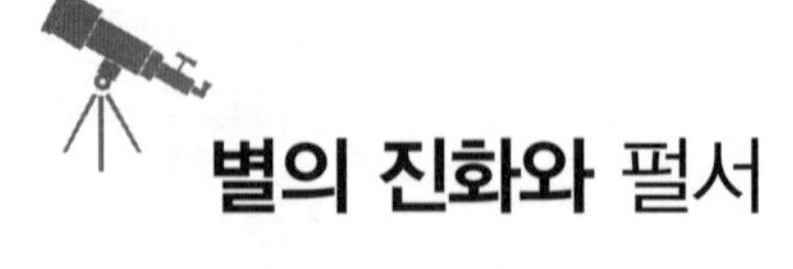

별의 진화와 펄서

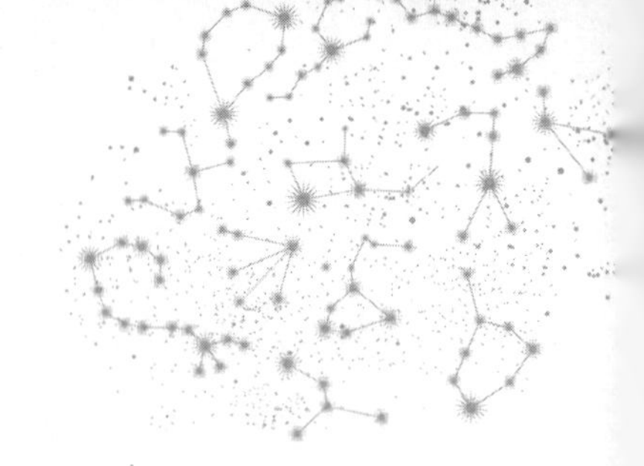

현대 천문학자들에게는 황도대의 별자리들이 다른 별자리들에 비해 특별한 의미를 지니지 않는다. 이들 별자리도 다른 별자리와 마찬가지로 다양한 종류의 별들로 이루어져 있다. 별자리를 이루는 천체들 중에는 성운과 초거성, 성단도 있는데, 황소자리에는 최초로 발견된 펄서pulsar 중 하나가 있다. 황소자리는 황도대 별자리들에 있는 별들을 관측하기에 아주 좋은 장소인데, 그만큼 볼 만한 게 많기 때문이다.

황소자리는 아주 밝은 별자리로, 북반구에서는 가을과 겨울에 관측하기가 가장 좋다. 가장 밝은 별인 알데바란은 적색 거성으로, 밤하늘 전체에서 열세 번째로 밝은 별이다. 알데바란과 함께 아주 밝은 별 몇 개와 약간 어두운 별 몇 개가 'V'자 모양을 이루고 있는데, 이것들은 히아데스 성단이라는 산개 성단에 속한다. 히아데스 성단은 맨눈으로도 쉽게 볼 수 있기 때문에 먼 옛날부터 알려졌고, 별자리처럼 이 성단과 관련된 그리스 신화까지 있다. 그리스 신화에서 히아데스는 아틀라스의 다섯(혹은 그 이상) 딸로 나오며, 역시 아틀라스의 일곱 딸인 플레이아데스와는 이복 자매 사이이다. 히아데스가 오빠 히아스의 죽음을 슬퍼하자, 제우스가 이를 측은히 여겨 그들을 별로 만들어 주었다고 한다. 하늘에 히아데스 성단이 나타나면 비가 온다는 이야기가 전해져 오는데, 죽은 오빠를 그리며 이들 자매가 흘리는 눈물이라고 한다.

히아데스와 이복 자매 사이인 플레이아데스 성단(좀생이 성단)은 같은 황소자리에 있는 또 하나의 산개 성단으로, 가끔 일곱 자매별이라 부른다. 플레이아데스 성단은 황소자리를 이루는 별들의 일부가 아니라, 황소자리의 일반적인 형태를 이루는 별들 근처에서 발견할 수 있으며, 그래서 초기의 성도들에서는 별개의 별자리로 표시되었다. 베비스의 성도에서는 황소의 목 꼭대기 부근, 황소자리의 끝에 해당하는 구름 같은 부근에 황소자리의 일부로 표시돼 있는 걸 볼 수 있다.

초신성의 잔해

기억하고 있을지 모르겠지만, 히아데스 성단과 플레이아데스 성단 같은 산개 성단은 같은 분자 구름에서 생겨난 젊은 별 수천 개로 이루어진 집단이다. 이것은 이 별들의 나이가 대략 같으며, 대부분 '젊은' 별이라는 것을 의미한다. 여기서 천문학자들이 젊다고 하는 것은 나이가 수억 년보다 적다는 뜻이다. 플레이아데스 성단은 밤하늘에서 아주 유명한 산개 성단 중 하나이다. 플레이아데스 성단은 대부분의 성단보다 더 가까운 거리에 있으며, 맨눈으로도 분명한 성단임을 쉽게 알아볼 수 있다. 세계 각지의 문화들에는 거의 다 이 성단과 관련된 이야기가 있는 것처럼 보이며, 대부분의 종교 역시 마찬가지다. 성경에서도 여러 차례 언급되며, 힌두교에서는 이 성단이 전쟁의 신인 스칸다의 여섯 어머니로 나오고, 이슬람 세계의 일부 학자들은 《코란》에서 언급된 별인 알나짐과 관련이 있다고 주장해 왔다.

▌플레이아데스 성단(Robert Gendler 제공)

황소자리에는 이 두 산개 성단뿐만 아니라, 게성운도 있다. 게성운은 맨눈에는 보이지 않지만, 천문학사에서 차지하는 중요성 때문에 언급할 가치가 있다. 게성운은 초신성이 폭발하면서 생긴 잔해이다. 게성운은 질량이 아주 큰 별이 초신성이 되어 폭발할 때 바깥쪽으로 퍼져 나간 물질로 이루어져 있으며, 별 내부에서 만들어진 온갖 원소들—헬륨, 탄소, 산소 등—뿐만 아니라, 사용되지 않고 남은 수소도 포함돼 있다. 이렇게 폭발한 별에서 뿜어져 나온 이 물질 구름에서 새로운 별과 심지어 새로운 태양계가 생겨나고 있다.

게성운을 만든 별은 1054년에 폭발하면서 초신성이 되었다. 이 초신성은 중국 천문학자들이 관측하여 기록으로 남겼는데, 유럽에서는 이 초신성을 약 3주일 동안 낮에도 볼 수 있을 만큼 밝게 빛났는데도 불구하고 제대로 관측한 사람이 없었다. 유럽 사람들이 이 초신성을 간과한 것은 1572년에 티코 브라헤가 발견한 초신성을 거의 보지 못한 것과 같은 이유에서였다. 그들의 우주관은 별을 완전하고 불변의 존재로 여겨, 별에 어떤 변화가 일어난다는 것은 상상도 할 수 없었다. 별의 밝기가 급작스럽게 변한다는 것은 이 우주관과 들어맞지 않았다. 그래서 그들은 그런 것을 찾을 생각도 하지 않았고, 그 결과로 하늘에 나타난 것도 제대로 보지 못했다.

이 성운을 관측해 기록으로 남긴 최초의 유럽인은 존 베비스로, 그때는 1731년이었다. 그리고 그로부터 100년이 지난 뒤에야 이 성운은 게성운이란 이름을 얻게 되었다. 아일랜드의 천문학자 윌리엄 파슨스 William Parsons(로스 백작이라고도 함)가 버 성에서 자신의 대형 망원경으로 본 것을 그림으로 그렸는데, 게처럼 생겼다고 생각해 그런 이름을 붙였다. 로스의 대형 망원경은 그 당시로서는 세상에서 가장 큰 망원경이었는데, 지금은 버 성에서 복원되어 1840년대의 전성기 때 그랬던 것처럼 방문객들의 경탄을 자아내고 있다. 20세기 초에 게성운은 중국 천문학자들이 남긴 기록 때문에 거기서 초신성이 폭발한 것이 확인된(그럼으로써 일부 성운이 어떻게 생겨났는지에 대해 단서를 제공한) 최초의 성운 중 하나가 되었다.

게성운 한가운데에는 초신성으로 폭발해 이 성운을 만든 별의 중심부가 아직 남아 있다. 이 중심부에서 가장 유명한 초기의 펄서 중 하나가 발견되었다. 최초로 발견된 펄서는 여우자리의 PSR 1919+21로, 박사 과정 대학원생이던 조슬린 벨Jocelyn Bell과 지도 교수인 앤터니 휴이시Antony Hewish가 1967년에 발견했다. 그들은 처음에 이 펄서를 LGM-1이라 불렀는데, 이것은 'little green men-1(작은 녹색인-1)'의 약자로, 그들이 수신한 신호를 외계인이 보낸 것이라고 생각하여 그런 이름을 붙였다.

펄서는 아주 규칙적인 펄스의 형태로 전파를 방출하는 전파원이다. 펄서의 정체는 강한 자기장을 가지고 아주 빨리 회전하는 중성자별로 밝혀졌다. 중성자별은 양 방향으로 전파 빔을 내보내는데, 그와 동시에 아주 빠른 속도로 회전하기 때문에 마치 회전하는 등대 조명에서 나온 빛줄기가 옆으로 계속 이동하면서 나아가는 것처럼 그 전파 빔이 우주 공간에서 퍼져 나간다. 그것이 지구 쪽을 향할 때에만 전파 신호가 주기적으로 탐지되기 때문에, 전파 펄스, 곧 주기적으로 맥동하는 전파의 형태로 관측된다. 1933년에 처음 발견된 중성자별은 질량이 아주 큰 별이 초신성 폭발을 하고 남은 중심부가 수축하여 생긴, 밀도가 아주 높은 별이다. 질량이 이보다 더 큰 별은 초신성 폭발을 한 뒤에 블랙홀이 된다. 중성자별의 중심부는 밀도가 아주 높아서 원자들이 그 구성 입자인 중성자와 양성자와 전자로 분해된다. 그 후 양성자와 전자는 결합하여 중성자가 되어 중성자별에는 중성자만 남게 되는데, 그래서 그런 이름이 붙게 되었다.

조슬린 벨과 앤터니 휴이시가 펄서를 처음 발견했을 때 반농담조로 '작은 녹색인-1'이란 이름을 붙인 것에서 알 수 있듯이, 그 전파 펄스는 여러 가능성 중에서도 외계인이 보낸 신호일지 모른다고 생각했다. 그들은 〈네이처Nature〉에 발표한 논문에서도 이 점을 언급했다가 언론의 큰 관심을 끌었다. 그리고 이 발견 뒤에 젊고 매력적인 여성이 있다는 사실을 안 언론이 이 뉴스를 대대적으로 보도했고, 벨에게 실물 크기의 다양한 성도 위에서 지적으로 보이는 포즈를 취하게 하면서 사진까지 찍었다. 그런데 1974년에 이 발견에 대해 노벨 물리학상을 받은 사람은 조슬린 벨이 아니라 앤터니 휴이시였다. 이 점에 대해 여러 사람이 부당하다고 이야기했지만, 정작 벨 자신은 아무런 이의를 제기하지 않았다. 벨은 대학원생(자신이 여자라는 사실과 상관없이)이 노벨상을 받으면 얼마나 이상하겠느냐고 지적했다. 또, 학생이 한 연구 결과에 대해 비난을 받건 칭찬을 받건 최종 책임을 지는 사람은 지도 교수여야 한다고 말했다.

게성운 중심에 있는 황소자리의 펄서는 벨과 휴이시가 최초의 펄서를 발견하고 나서 불과 1년 뒤에 발견되었다. 이 발견을 통해 펄서와 초신성 사이의 연관 가능성이 강하게 제기되었다. 만약 초신성에서 생긴 게 분명한 성운 중심에서 펄서가 발견되었다면, 그 펄서 역시 초신성에서 생겼을 가능성이 높아 보였다. 그리고 이 추정은 옳은 것으로 드러났다.

황도대의 별들

황소자리 외에 다른 황도대 별자리들에서 보이는 별들은 다소 실망을 안겨 줄 수도 있다. 비교적 밝은 별자리인 양자리와 쌍둥이자리의 별들은 이아손과 아르고호 원정대 이야기에서 이미 만나 보았다. 2장에서 보았듯이 게자리에는 산개 성단 M44(벌집 성단이라고도 부르는)가 있다.

사자자리는 매년 11월에 사자자리 유성우가 쏟아지는 곳이고, 아주 밝은 별 레굴루스가 있다. 처녀자리는 아주 큰 별자리로, 황도대를 빙

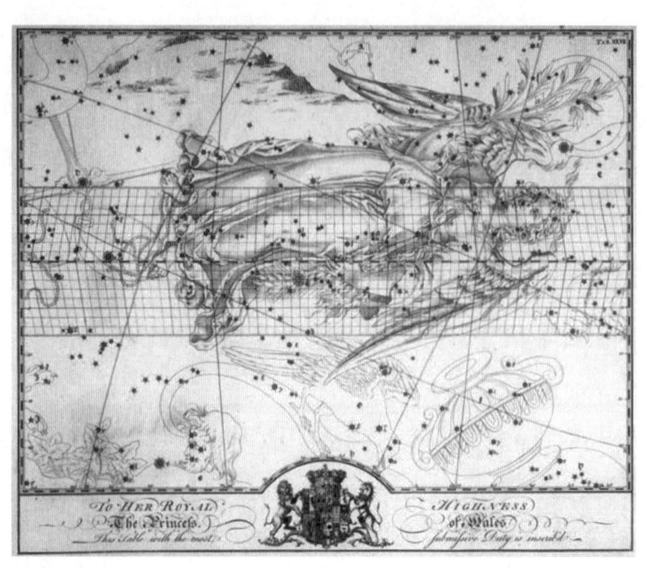

처녀자리(베비스 아틀라스 이미지(Bevis Atlas images), Manchester Astronomical Society(UK)(www.manastro.org) 제공)

두르며 길게 뻗어 있고, 비교적 밝은 별이 몇 개 있다. 가장 밝은 별은 청색 초거성이자 세페이드 변광성인 스피카이다. 대부분의 그림에서와 마찬가지로 베비스가 그린 위 그림에서도 스피카는 처녀가 왼손에 들고 있는 낟알로 묘사돼 있다.

스피카는 그리스 천문학자 히파르코스Hipparchos가 세차 운동으로 인한 분점의 이동을 발견하는 데 사용한 별로 유명하다. 세차 운동은 시간이 지남에 따라 지구 자전축의 방향이 조금씩 변하는 현상인데, 이 때문에 황도도 변하고, 그와 함께 분점과 지점도 이동한다. 그래서 이렇게 이동한 분점과 지점을 표시하기 위해 약 3000년마다 새로운 별자리들을 만들어야 했고, 그 때문에 황도 12궁이 생겨났다. 하지만 히파르코스 이전에는 세차 운동이 일어난다는 사실을 알아챈 사람이 아무도 없었다. 그저 약 3000년이 지날 때마다 분점과 지점을 표시하는 기존의 별자리들이 부정확하므로 별자리를 새로 만들어야겠다고 생각했을 뿐이다. 히파르코스는 기원전 130년 무렵에 스피카와 밝은 별들의 위치를 측정해 이전의 천문학자들이 측정한 위치와 비교한 결과, 분점들이 황도에서 100년마다 최소한 1°씩 이동한다는 사실을 알아냈다. 그렇게 360°를 이동하면 황도를 한 바퀴 빙 돌게 된다. 오늘날에는 72년마다 약 1°씩 이동하는 것으로 밝혀졌고, 따라서 황도대의 별자리가 하나 이동하는 데에는 약 2160년이 걸린다.

황도대에서 처녀자리 다음에는 작고 희미한 천칭자리가 오고, 그 다음에는 전갈자리가 온다. 전갈자리에는 아주 밝은 안타레스를 포함해 밝은 별이 여러 개 있다. 초거성인 안타레스는 동반성과 함께 쌍성을 이루고 있다. 뱀주인자리에는 바너드별이 있는데, 《은하수를 여행하는 히치하이커를 위한 안내서》에서 아서 덴트Arthur Dent와 포드 프리펙트Ford Prefect가 히치하이킹을 맨 처음 시도한 장소로 유명하다. 천문학자들에게는 태양계 밖에서 최초의 행성이 거의 발견될 뻔한 장소로 더 유명하다. 1990년에 바너드별을 관측하던 사람들이 그 별 주위를 도는 행성 때문에 나타났을 가능성이 큰 흔들림을 발견했다. 하지만 나중의 조사를 통해 그 결과에 오류가 있는 것으로 밝혀졌다.

뱀주인자리에서 주목할 만한 또 하나의 별은 반복 신성인 뱀주인자리 RS이다. 이 별은 평소에는 실시 등급이 12등급인데, 갑자기 맨눈으로 볼 수 있을 만큼 밝아졌다가 다시 어두워진다. 이런 일이 20년마다 계속 반복된다. 다음에 다시 밝아지는 때는 2025년으로 예정돼 있다. 뱀주인자리 다음에는 궁수자리가 있는데, 6장에서 말했듯이 궁수자리는 우리은하의 중심에 해당한다. 궁수자리는 많은 성운이 모여 있는 곳이기도 하지만, 이 성운들은 맨눈에는 보이지 않는다. 궁수자리 다음에는 아주 희미한 세 별자리인 염소자리, 물병자리, 물고기자리가 있다. 이 세 별자리에는 맨눈으로 볼 만한 별은 없지만, 실시 등급이 2.9등급인 물병자리의 청백색 초거성에는 사달수드라는 재미있는 이름이 붙어 있는데, '최고의 행운'이란 뜻이다.

일 년 내내 각각 다른 부분들이 보이는 황도대는 천체 관측자를 위한 이 안내서에서 대미를 장식하기에 아주 적격이다. 황도대 별자리들은 많은 종류의 별들과 이 책에 나온 그리스 신화 중 많은 이야기와 관련이 있다. 게다가 태양과 달과 행성들이 지나가는 길이기 때문에, 황도대는 전 세계의 모든 문화에 전해 내려오는 신화에서 특별히 중요한 위치를 차지한다. 밤하늘에 대해 우리가 느끼는 호기심과 매력은 수천 년 전부터 시작되었으며, 지금도 계속 강하게 이어지고 있다. 옛날 사람들은 별들에 영웅과 괴물의 이미지를 투영한 반면, 우리는 그곳으로 여행하거나 적어도 별들이—그와 함께 별의 먼지에서 탄생한 우리 자신이—무엇으로 만들어졌는지 이해하길 꿈꾼다.

에필로그

늘 새로운 발견이 일어나는 밤하늘

솔직히 말해서, 이 책은 내 개인적 관심과 흥미가 많이 반영된 책이다. 나는 국제적으로 공인된 별자리 88개를 포함해 별자리에 관한 내용을 완벽하게 다루려고 노력했지만, 그 나머지 부분은 조금 기묘한 성격을 띠고 있다. 내가 개인적으로 연구하고 관심을 가진 분야에 대한 이야기, 즉 박사 학위 논문의 주제인 허셜 오누이와 내가 오랫동안 일한 그리니치 천문대의 컬렉션과 그곳에서 일한 사람들의 역사가 많이 포함된 것은 어쩔 수 없다. 점성술에 대한 나의 관심은 여성 잡지 애호에서 비롯된 측면도 좀 있지만, 점성술에 반감을 가진 천문학자들 사이에서 하도 오랫동안 일하다 보니 그에 대한 반발로 혹시 점성술에도 장점이 있지 않을까 찾고 싶은 충동도 일조했다.

그 밖에 내가 이 책에 실리길 원한 주제들이 여럿 있는데, 이것들은 이 책 전체를 통해 계속 반복해서 나온다. 가능하면 나는 천문학자들의 개인적인 이야기를 많이 소개하려고 애썼는데, 특히 남편이나 오빠나 아들을 도와 중요한 기여를 하고서도 그 당시에는 제대로 인정

을 받지 못했던 여성 천체 관측자의 이야기에 신경을 썼다.

이 책에 실린 이야기들은 문화적 필요와 별자리 사이의 관계를 잘 보여 준다. 수렵 채집 사회에서는 밤하늘의 별을 언제 어디서 식량을 풍부하게 구할 수 있는지 알려 주는 신호로 보았다. 농경 사회에서는 작물을 언제 어떻게 재배해야 할지 알기 위해 별들이 필요했다. 한편, 더 복잡한 관료 사회의 지배 계층은 식량 공급뿐만 아니라 사회 내에서 자신의 위치를 보장하기 위해 밤하늘의 별들을 관측했다. 시간이 지나면서 아주 먼 곳에서 필요한 물자를 찾거나 안전하게 운송하는 수단으로 항해의 중요성이 커졌다. 그리고 권력자의 행동을 정당화하는 수단으로 점성술이 부상했다. 그래서 궁정 점성술사의 역할이 중요해졌고, 천체를 관측하고 기록하게 되었으며, 근대적인 천문학과 점성술이 발전하게 되었다. 결국 18세기에는 천문학(점성술과 분리된)에 대한 지식을 알고 직접 천체 관측 활동을 하는 것이 유행했고, 19세기에는 가치 있는 취미 활동으로 간주되었다. 20세기에는 천체 관측이 여전히 대중적인 매력을 일부 지니고 있으면서도 애호가들에 국한된 활동으로 변했지만, 우주 여행 덕분에 천문학(천체 관측은 아니더라도)은 뉴스에서 늘 단골 메뉴로 등장했다. 21세기에 접어들어 천문학은 또다시 주목의 대상이 되고 있다. 일식이나 금성의 일면 통과가 일어났고, 2009년 세계 천문의 해에는 망원경 발명 400주년과 닐 암스트롱의 달 착륙 40주년을 기념했다. 여행이 이전보다 훨씬 수월해져 일식을 볼 수 있는 곳을 찾아가 관측하거나 어두운 밤하늘이 있는 곳을 찾아가거나 옛날의 천문대를 방문하기가 훨씬 쉬워졌다. 대도시에서도 천체 관측자들은 태양은 물론이고 밝은 별들과 별자리들에 대해 알아볼 수 있으며, 세계 각지에서 다수의 천문 관련 행사도 열렸다. 천체 관측 활동에 직접 참여하길 원한다면, 역사상 지금처럼 좋은 때도 없었다.

여행은 이 책 전체를 통해 반복되는 또 하나의 주제이다. 천문학은 환상적인 여행 아이디어를 제공한다. 자신이 사는 곳에서 볼 수 없는 별자리나 일식 또는 천문학의 역사적 유적을 보고 싶다면, 언제든지 그것을 핑계로 배낭을 꾸릴 수 있다. 천체 관측 활동이 레저 활동으로서 지닌 이점은 이게 다가 아니다. 수집가들의 전성기는 17세기와 18세기였을지 모르지만(그들의 컬렉션은 오늘날 일부 인상적인 박물관의 토대가 되었음), 수집 활동은 지금도 인기 있는 취미로 각광받고 있다. 아스트롤라베와 망원경 같은 거래 물품에서부터 운석 같은 실질적인 천문학적 자료에 이르기까지 수집할 가치가 있는 물건들이 많다.

마지막으로, 나는 이 책을 통해 여러분이 우리가 뭉뚱그려서 '별'이라고 부르는 하늘의 다양한 천체들에 대해 얻는 것이 좀 있었으면 한다. 비록 철저하게 다루지는 않았지만, 나는 맨눈으로 볼 수 있는 사례들을 위주로 가능하면 아주 어린 성운과 산개 성단에서부터 나이가 아주 많은 거성과 왜성, 블랙홀에 이르기까지 많은 종류의 천체를 소개하려고 애썼다. 대부분의 사람은 때때로 이 용어들을 접하지만, 나는 이 책이 여러분에게 이 천체들이 정확하게 무엇이며, 더 큰 그림 속에서 어디에 속하는지 더 명확한 개념을 갖도록 도움을 주고 싶었다.

물론 천문학에서 무엇보다 흥미진진한 것은 늘 새로운 발견이 일어난다는 사실이다. 탐험하고 이해해야 할 전체 우주가 바로 저기에 있다. 어쩌면 여러분이 혹은 미래에 여러분의 자녀(다섯 살 때 여러분이 만들어 준 복제 별자리 카드에 자극을 받은)가 다음 번의 놀라운 발견을 이룰 아마추어 천문학자가 될지도 모른다. 그 전에는 그저 밤하늘을 바라보는 것을 즐기면 된다.

즐거운 지식과 더 나은 삶 **지혜와 교양**

갈매나무의 '지혜와 교양' 시리즈는 교양인으로서 살아가는 데 꼭 필요하고 알아야 하는 지식과 정보를 어렵거나 딱딱하지 않게, 특히 청소년의 눈높이에 맞춰 친절하고 감각적인 텍스트로 전달하고자 합니다.

지혜와 교양 1
소설이 묻고 과학이 답하다
소설 읽는 봉구의 과학 오디세이
민성혜 지음 | 유재홍 감수 | 값 12,000원
2011년 문화체육관광부 우수교양도서 선정
2011년 행복한아침독서 청소년(중3~고1) 추천도서 선정

지혜와 교양 4
십대에게 들려주고 싶은 우리 땅 이야기
지리 선생님과 함께 떠나는 통합교과적 국토 여행
마경묵, 박선희, 이강준, 이진웅, 조성호 지음 | 13,000원
2014년 행복한아침독서 청소년(중1~2) 추천도서 선정

지혜와 교양 2
우주의 비밀
SF 소설의 거장 아시모프에게 다시 듣는 인문학적 과학 이야기
아이작 아시모프 지음 | 이충호 옮김 | 14,000원
2012년 행복한아침독서 청소년(중3~고1) 추천도서 선정
2012년 책따세 겨울방학 추천도서 선정

지혜와 교양 5
초파리
생물학과 유전학의 역사를 바꾼 숨은 주인공
마틴 브룩스 지음 | 이충호 옮김 | 14,000원
2014년 미래창조과학부 인증 우수과학도서 선정

지혜와 교양 3
세상이 던지는 질문에 어떻게 답해야 할까?
생각의 스펙트럼을 넓히는 여덟 가지 철학적 질문
페르난도 사바테르 지음 | 장혜경 옮김
박연숙 감수 | 14,000원
2012년 5월 한국출판문화산업진흥원 청소년 권장도서 선정

지혜와 교양 6
지금 지구에 소행성이 돌진해 온다면
우주, 그 공간이 지닌 생명력과 파괴력에 대한 이야기
플로리안 프라이슈테터 지음 | 유영미 옮김 | 15,500원
2014년 미래창조과학부 인증 우수과학도서 선정

십대에게 들려주고 싶은 밤하늘 이야기

초판 1쇄 발행 2014년 9월 18일
초판 2쇄 발행 2014년 12월 8일

지은이 에밀리 윈터번
옮긴이 이충호
펴낸이 박선경

기획/편집 • 권혜원, 이지혜
마케팅 • 박언경
표지 디자인 • 고문화
본문 디자인 • 김남정
제작 • 디자인원(031-941-0991)

펴낸곳 • 도서출판 갈매나무
출판등록 • 2006년 7월 27일 제395-2006-000092호
주소 • 경기도 고양시 덕양구 화정로 65 2115호
전화 • (031)967-5596
팩스 • (031)967-5597
블로그 • blog.naver.com/kevinmanse
이메일 • kevinmanse@naver.com

ISBN 978-89-93635-50-8/03440
값 15,000원

• 잘못된 책은 구입하신 서점에서 바꾸어드립니다.
• 본서의 반품 기한은 2019년 9월 30일까지입니다.
• 수록된 이미지 중 출처 확인 중인 것은 추후 반드시 밝히고, 필요한 경우 저작권 사용료를 지불하겠습니다.

이 도서의 국립중앙도서관 출판예정도서목록(CIP)은 서지정보유통지원시스템 홈페이지(http://seoji.nl.go.kr)와 국가자료공동목록시스템(http://www.nl.go.kr/kolisnet)에서 이용하실 수 있습니다.(CIP제어번호: CIP2014025453)